形式与气候：
传统民居建筑智慧与适应性研究

张　涛　张琪玮　著

中国建筑工业出版社

图书在版编目（CIP）数据

形式与气候：传统民居建筑智慧与适应性研究 / 张涛，张琪玮著. -- 北京：中国建筑工业出版社，2024.8. -- ISBN 978-7-112-30295-6

Ⅰ . TU241.5

中国国家版本馆 CIP 数据核字第 2024TW0894 号

责任编辑：张幼平　费海玲
责任校对：王　烨

形式与气候：传统民居建筑智慧与适应性研究

张　涛　张琪玮　著

*

中国建筑工业出版社出版、发行（北京海淀三里河路9号）
各地新华书店、建筑书店经销
北京光大印艺文化发展有限公司制版
建工社（河北）印刷有限公司印刷

*

开本：787毫米×1092毫米　1/16　印张：16　字数：345千字
2024年8月第一版　2024年8月第一次印刷
定价：**68.00**元
ISBN 978-7-112-30295-6
（43185）

目 录

第一章

绪论

第一节　可持续发展与生态建筑

一、可持续发展困境

1. 建筑高能耗与气候变化

众所周知，建筑物从设计到施工，从运行到寿命终结，每一环节均会产生建筑能耗。建筑能耗包括建造能耗、运行能耗、拆除能耗。建造能耗占建筑能耗总量的 5% ～ 15%，包括建材产品生产与运输能耗、施工能耗等，能耗多寡与节约潜力很大程度取决于工艺过程。运行能耗占建筑能耗总量的 80% ～ 90%，包括供暖、通风、空调、照明能耗等，能耗的多寡与节能潜力主要取决于规划和建筑设计。拆除能耗在建筑能耗总量中的占比 ≤ 5%，包括拆除过程中的能耗以及垃圾处理等，能耗的多寡与节能潜力取决于建筑物的实际寿命。

作为能耗大户的建筑行业，据美国能源署（EIA）预测，2015 年至 2035 年建筑能耗将增长 15.86%；其中因体量大、舒适度要求高等特点，居住建筑的能耗将增加 12.49%，占 2035 年建筑总能耗的 52.04%。目前，居住建筑仍然以化石能源作为主要的能源供应，其消耗量约占能源总消耗量的 40%（其次分别是占比 21% 的电力和占比 20% 的天然气等）。

目前我国建筑用能已经达到全国能源消费总量的 1/4 左右，占我国能源总消耗量的比例已由 20 世纪 70 年代末的 10% 上升到目前的 27.5%，单位建筑面积供暖能耗相当于相同气候区发达国家的 2 ～ 3 倍，并将随着人民生活水平的提高逐渐增高。

建设节约型社会，建筑节能和低碳可持续发展势在必行。除了制定相应的政策法规和严格管理外，建筑师应从完善生态设计观念和提高生态设计技能两个层面进行突破。

2. 气候变化引发的思考

人类进入工业社会之后，伴随着生产力的迅猛发展，在取得巨大成就的同时，也因对自然生态环境的破坏而付出了极大的代价：大片森林、草原被肆意砍伐甚至毁灭；物种生命脆弱，甚至逐渐步入灭绝，全球气候变暖、温室效应、紫外线辐射、飓风、洪水、沙漠化风暴等一系列气候问题相继出现。联合国气候变化专门委员会（IPCC）在气候变化评估报告中指出："全球气候变暖的客观事实毋庸置疑，并且很可能由人类活动导致"，"气候变化已对许多自然和生物系统产生了负面影响，如果不采取措施减排温室气体，气候变化将加剧"，"在现有经济技术条件下，减排温室气体有相当大的潜力"。

为应对气候变化，2020 年 9 月，在第 75 届联合国大会一般性辩论上，中国向世界宣布力争实现 2030 年前碳达峰、2060 年前碳中和的双碳战略目标。目前，我国碳排放量面临总量大、影响广等巨大挑战，亟需全方位、系统性的科技创新。

3. 国际社会文化日益趋同化的影响

随着经济全球化的发展，世界经济大发展的同时也出现了一系列问题，表现最突出的就是大多数经济弱国对经济强国生活方式、价值观以及文化等的羡慕和盲从，继而带来了世界范围内地域性文化的削弱和消解，文化形式的多样性面临极大的挑战。

在建筑学领域，随着全球化进程的加快和深入，以现代主义为代表的建筑风格和实践已经在我国占主导地位，现代功能和现代科技已得到普遍认可，而传统的建筑形式、材料和建造方式被工业化生产方式逐步取代，建筑逐渐"西化"，少有地方特点。其原因之一就是忽视对传统建筑形式、建造方式、文化价值、技术更新、生态性能等方面的深度挖掘。

吴良镛先生在《论中国建筑文化的研究与创造》一文中谈道："面临席卷而来的'强势'文化（全球化），处于'弱势'的地域文化如果缺乏内在活力，没有明确发展方向和自强意识，不自觉地保护与发展，就会显得被动，有可能丧失自我的创造力与竞争力，淹没在世界'文化趋同'的大潮中。……失去建筑的一些基本准则，漠视中国文化，无视历史文脉的继承和发展，放弃对中国历史文化内涵的探索，显然是一种误解与迷茫。……为了较为自觉地把研究推向更高的境界，要注意追溯原型，探讨范式。建筑历史文化研究一般常总结过去，找出原型，并理出发展源流。找出原型及发展变化就易于理出其发展规律。但作为建筑与规划研究不仅要追溯过去，还要面向未来，特别要从纷繁的当代社会现象中尝试予以理论诠释，并预测未来。"吴先生这段话，道出了对待历史的科学态度，也指明了历史研究发展的方向。

死守着僵化的传统故步自封或者完全摒弃传统而追随全球化潮流的做法都行不通，也许解决问题的办法之一就是在全球化进程中对于传统建筑进行更加深入的审视和研究，并将研究成果应用到当前的建筑创作中，追溯原型，探讨范式，深度挖掘，科学利用，以形成具有本土特色的文化并传承下去。

二、生态建筑发展需求

1. 生态建筑概念

所谓生态建筑即是尽可能地利用建筑物当地的环境与相关自然因子（如阳光、空气、水流等），使之符合人类居住需求，并且降低各种不利于人类身心健康的环境因素的作用，同时尽可能不破坏当地环境因子循环，确保当地生态体系健全运作的建筑。生态建筑的核心内容即为根据当地的实际自然环境，运用建筑学、生态学的基本原理，合理安排建筑与其他相关因素的关系，使建筑物与其周围环境成为一个有机的整体，同时具有节水、节地、节能、减少污染、延长建筑寿命、改善生态环境等优点。

2. 生态建筑起源

生态建筑的产生与生态学和生态工程密不可分。生态学由德国学者海格尔于 1866 年提出，最初是研究生物生存条件、生物及其群体与环境相互作用的过程及其规律的科学，目的是指导人与生物圈（即自然、资源与环境）的协调发展，强调共生与再生。生态工程由美国生态学家奥德姆（H. T. Odum）于 20 世纪 60 年代提出，是人类用来控制以自然资源为能量基础的生态系统所使用的少量辅助性工程，其研究内容非常广泛，包括生态建筑、农业生态工程、林业生态工程、草业生态工程、环境生态工程、水土保持生态工程等。

生态建筑学（Arcology）由美籍意大利建筑师保罗·索勒瑞（Paolo Soleri）在 20 世纪 60 年代将生态学（Ecology）和建筑学（Architecture）合并而成，即从生态学的角度认识建筑，将生态学的理论应用到建筑设计中，以使建筑与自然和谐共生。1969 年美国景观建筑师伊恩·麦克哈格（McHarg）在著作《设计结合自然》（*Design With Nature*）中指出："生态建筑学的目的就是结合生态学原理和决定因素，在建筑设计领域寻求解决人类聚居中的生态和环境问题，改善人居环境，并创造出经济效益、社会效益和环境效益相统一的效益最优化。"这也标志着生态建筑学的正式诞生。

1988 年，我国建筑学家吴良镛教授在其著作《广义建筑学》一书中创造性地提出了"广义建筑学"这一概念，强调以城市规划、建筑与园林为核心，综合工程、地理、生态等相关学科，构建人居环境科学体系，以建立适宜居住的人类生活环境。1999 年 6 月 23 日，国际建协第 20 届大会在中国召开，与会代表在"21 世纪的建筑学"主题下签署了《北京宪章》。《北京宪章》强调人与自然互为依存的辩证关系，提出由改造自然、征服自然发展到今天的保护自然，倡导科技与人文共进。

3. 生态建筑特征

生态建筑节能、节地、节水，对环境污染较小，与自然生态环境之间具有良性循环关系，因此生态建筑又称绿色建筑、可持续建筑。其基本特征，一是充分利用可再生资源，二是节约、再利用资源，三是减少废物排放，四是创造宜人环境。

4. 生态建筑要求

目前对生态建筑的要求主要体现在合理规划、围护结构节能、利用可再生能源、节约水资源、室内装修环保、提高人均绿地面积等方面。

对自然环境的保护与尊重是生态建筑的根本。生态建筑在注重环保的同时还应给使用者以足够的关心。建筑应尽可能多地将自然元素引入使用者身边：空气来自树林而非风扇与空调，光线来自太阳而非照明设施……人们在这样的建筑中工作与生活，将更加舒适健康、充满活力。

5. 生态建筑研究发展

许多国家都研究和制订了生态建筑的标准和评估体系。如国际可持续建筑环境促进会的 GBTool 评价工具，美国绿色建筑协会制定的《绿色建筑评估体系》，美国绿色建筑理事会制定的 LEED（能源及环境设计先导计划），15 个国家在加拿大商定的《绿色建筑挑战 2000》，英国建筑研究中心制定的 BREEM《生态建筑环境评估》，日本环保省的 CASBEE《建筑环境效益综合评估》，以及我国住房和城乡建设部住宅产业化促进中心制订的《绿色建筑技术导则》《中国生态住宅技术评估手册》《绿色生态住宅小区建设要点与技术导则》等。国外发达国家如德国、美国、日本等很早就开始了生态建筑的研究和设计。德国于 20 世纪六七十年代就开始了生态建筑的研究，在建筑节能、屋顶绿化、太阳能利用等方面的研究已广泛应用于实践。

20 世纪 80 年代顾孟潮提出"未来的世界是生态建筑学的时代"的观点。1994 年 5 月《中国 21 世纪议程——中国 21 世纪人口、环境与发展白皮书》出台，从我国具体国情出发，提出人口、经济、社会、资源与环境协调可持续发展的总体战略。1996 年国家自然科学基金委员会正式将"绿色建筑体系研究"列为"九五"重点资助课题；1998 年将"可持续发展的中国人居环境研究"列为重点资助项目；2000 年我国颁布《建筑节能技术政策》；2001 年，建设部通过《绿色生态住宅小区建设要点与技术导则》，首次明确提出绿色生态小区的概念、内涵及技术导则。2001 年开始实行《夏热冬冷地区居住建筑节能设计标准》，同年我国第一部生态住宅评估标准《中国生态住宅技术评估手册》出台，提出以可持续发展战略为指导，以节约资源、防止污染、保护生态为主题，创造健康、舒适的居住环境，推进住宅产业的可持续发展。2003 年开始实行《夏热冬暖地区居住建筑节能设计标准》，2010 年开始实行新版《夏热冬冷地区居住建筑节能设计标准》JGJ 134—2010、《严寒和寒冷地区居住建筑节能设计标准》JGJ 26—2010（2019 年 1 月 7 日起为 JGJ 26—2018）。

近年来我国专家就黄土高原生态居住区模式进行了深入的研究，形成了我国生态建筑又一突破性成果。另外北方严寒地带节能、夏热冬冷地区的建筑节能研究以及生态城市的规划、西北地区传统窑洞的改造、生态厕所、太阳房等都显示了我国在生态建筑理论及实践上的不懈努力。

以适宜的建筑节能技术降低建筑碳排放成为研究热点。由于技术、设备及用能方式落后等原因，目前农村住宅运行阶段产生的碳排放总量较大，《中国建筑节能年度发展研究报告 2021》数据显示，农村住宅运行阶段产生的碳排放量约占全国建筑运行阶段碳排放总量的 1/4。被动节能技术是根据建筑所处地域的气候特征，以无机械动力的方式与周围环境进行能量交换，可降低建筑能耗并提高建筑生态性 1/2，故应优先考虑采用被动节能技术降低建筑运行期间的能耗，进而降低建筑运行阶段产生的碳排放。因此，针对 2030 碳达峰与 2060 碳中和建筑行业碳减排目标倒逼，亟需面向碳中和的建筑理论、方法和范式的创新。

第二节 传统民居研究现状

一、传统民居概述

"传统"是世代相传、具有特点的风俗道德、思想作风等。传统民居是先民们在与大自然的斗争中，根据当地的气候、地理条件，充分利用当地的建筑材料，通过不断的实践和经验积累，创造出的为人们所接受的、可世代相传的居住建筑。刘加平院士总结认为，传统民居是建立在农耕生产方式之上，通过不断"试错、改良"方式积淀的产物。它是劳动人民几千年来生产实践的智慧结晶，融入了其自身的民族与文化特点，是世界优秀文化遗产的一部分；它充分利用当地的建筑材料与地形特点，是适应当地的气候条件与风俗习惯的产物。

传统民居从时间上更是一个发展的概念，它既不是指最原始的住居，也不是指某一特别时段的住居，而是指发展到今天之前所存在的、已形成一定的文化定式与物质形态的较具典型意义的住居。

中国传统民居的研究始于1929年中国营造学社成立之时，至今已硕果累累。我国传统民居研究大致可以归为五个方面：民居形式、空间、细部测绘的研究；民居社会、文化、哲学性研究；民居营造技术的研究；民居保护、改造的研究；民居生态性能方面的研究。

二、传统民居生态性

1. 传统民居生态性研究历程

民居研究大致分为四个阶段，如表1.2.1所示。第一、二阶段较少涉及生态性的研究，第三阶段对于民居生态经验的理论研究有所涉及。陆元鼎、魏彦钧所著《广东民居》，对建筑与气候、建筑与地形地貌、自然环境进行研究，可谓开此研究之先河。该书"建筑与气候"一节论述了广东及海南地区在特殊湿热环境下的通风与防潮、遮阳与隔热、环境降温、防白蚁、防台风等方面的策略；在"建筑与地形"中论述了建筑结合水面等方面的内容。第四阶段，民居研究视野日益开阔，有关生态经验的研究也逐渐深入，在理论上取得了大量成果。陆元鼎先生主编的《中国民居建筑》一书从民居与气候和民居与地形地貌角度论述了中国民居与自然环境的关系。孙大章先生所著《中国民居研究》在论述民居形制生成诸因素时也涉及地理因素、地方材料因素等与生态经验有关的内容。另外，《中国古代建筑技术史》中的"古代建筑防护技术"阐述了通风采光、防腐防蚁、防火、供暖防寒、防潮防碱等方面的内容。荆其敏、张丽安所著《中外传统民居》列举了大量国外传统民居，尽管此书多为资料性的介绍而较少分析，但是大量图画对了解各地民居形态特征很有帮助。

陆琦教授编著的《广东民居》总结了民居营建的经验，并结合气候、地形对夏季隔热、防潮、防风进行了分析。

对传统民居研究具有代表性的是西安建筑科技大学刘加平院士的西部绿色建筑国家重点实验室团队，他们首次建构了地域传统建筑绿色"技术原型"理论，确立了新地域乡村建筑绿色"技术原型"重构的原理、方法与设计科学基础，并成功实施了民居绿色更新，其实践案例和研究涉及我国西部地区、云南、辽宁、海南等地。

中国传统民居研究历程

表 1.2.1

	时段	研究成果	研究特点
第一阶段	20 世纪 30 年代 至 1949 年	《中国营造学社汇刊》的少量论文，《穴居杂考》（龙庆忠）、《云南一颗印》（刘致平）、《四川住宅建筑》（刘致平，1941 年完成）、《西南古建筑调查概况》（刘敦桢，1941 年）、《中国建筑史》（梁思成，1944 年）等	提出民居作为传统建筑的一种类型，仅对单个建筑进行考察
第二阶段	1949 年 至"文化大革命"开始	《中国住宅概说》（刘敦桢，1957 年）、《徽州明代住宅》（张仲一，1957 年）、《福建客家土楼调研》（未出版）、《苏州旧住宅参考图录》（同济大学）、《北京四合院》（王其明）、《内蒙古陕甘古建民居》（刘致平）、《吉林民居》（张驭寰）、《浙江民居调研》（1960～1963 年，未出版），以及对陕南、关中、苏州、湘南、湘西、浙东、晋中、江西吉安、广西壮族、云南白族、湘黔桂的侗族、羌族、藏族等的调研（未发表）等	调研深入，对于民居特点进行了一些分析，资料丰富，但对于历史性和地域典型性关注较少
第三阶段	"文化大革命"后至 20 世纪 90 年代初	《中国居住建筑简史——城市、住宅、园林》（刘致平）、《浙江民居》（1984 年）、《中国古代建筑史》（刘敦桢）、《云南民居》（王翠兰、陈谋德，1986 年）、《福建民居》（高轸明，1987 年）、《广东民居》（陆元鼎，1990 年）、《苏州民居》、《新疆民居》、《陕西民居》、《中国传统民居建筑》（汪之力）、《中国民居》、《中国传统民居百题》、《中国美术全集·建筑艺术卷——民居卷》、《中国古建筑大系·民间住宅——建筑卷》等	资料丰富，研究范围广，有一定深度，但是研究多关注建筑形态特征，仍然按照传统建筑学的方法进行分析。民居分类受到行政区划影响较大，成果多为资料性的
第四阶段	20 世纪 90 年代至今	《中国古代建筑技术史》、《传统村镇聚落景观分析》（彭一刚，1992 年）、《云南民族住屋文化》（蒋高宸，1997 年）、《中国民居建筑》（陆元鼎，2003 年）、《中国民居研究》（孙大章，2004 年）、《乡土建筑——跨学科研究理论与方法》（李晓峰，2005 年）、《岭南湿热气候与传统建筑》（汤国华，2005 年）以及陈志华、楼庆西等的乡土建筑类研究。地域传统建筑绿色"技术原型"理论，新地域乡村建筑绿色"技术原型"重构原理、方法与设计科学基础，民居绿色更新实践案例（西部绿色建筑国家重点实验室团队）等	研究方法和角度呈现多样化，从单体拓展到群体研究，向文化学等学科渗透，但是应用性研究较少

2. 传统民居生态性研究成果

1）传统民居建筑形态生态经验研究

西安建筑科技大学博士生赵群的《传统民居生态建筑经验及其模式语言研究》（2004年），从气候调节技术原型出发，系统提炼出六种建筑空间和构筑上的生态建筑模式语言；

天津大学博士生李建斌的《传统民居生态建筑及应用研究》（2008 年），详细分析了中国传统民居的选址与群体营建、空间与形态营建、材料与细部营建等多个层面的生态营建特征和设计规律，以及西方近代各个阶段民居的设计理念、生态策略、具体方法等；浙江大学博士生王建华的《基于气候条件的江南传统民居应变研究》（2008 年），从江南民居自然背景入手，建立了适合江南农村的中性温度与室外温度的关系式和相对舒适区域及所采取的应对设计技术措施；哈尔滨工业大学硕士生王浩的《朝鲜族传统民居生态建筑经验研究》（2007 年），从生态和技术的角度诠释了传统民居的空间构筑形态，归纳出了朝鲜族传统民居生态建筑经验的表现内容及给现代居住建筑设计带来的启示；大连理工大学硕士生赵琰的《辽南海岛民居气候适应性研究》（2007 年），分析归纳出传统民居生态技术策略的优势和局限，提出改进措施与辽南海岛民居在气候适应性方面的相关策略。四川大学硕士生何昕的《阿坝州壤塘县藏族传统民居建筑空间特征研究》（2024 年），从壤塘传统民居形体构成、平面功能以及结构构造三个维度展开建筑空间特征梳理和总结，揭示了壤塘民居建筑的空间特征。

2）传统民居热环境生态经验研究

传统民居热环境包括室内热环境及室外热环境，其中室内热环境是研究重点。室内热环境是指影响人体冷热感觉的环境因素，这些因素主要包括室内空气相对湿度、空气温度、气流速度、人体与周围环境之间的辐射换热壁面辐射温度等。国内外对于建筑室内热环境，研究内容主要集中在热舒适的评估方法和预测模型构建、室内热环境的影响因素与营造调控、室内空气品质改良、建筑适应性设计，其中舒适节能减排的理论、技术及方法创新是前沿热点与发展趋势。研究方法多采用问卷调查与现场测试结合数值模拟。总体上，国内近些年在人体热感觉、室内热环境品质改良等方面的研究水平和成果部分处于国际领先。

针对传统民居室内热环境的研究主要集中在以下四个方面：民居室内热环境时空分布特征、民居室内热环境需求、民居室内热环境影响机制以及目标优化方法与技术路径。

民居室内热环境时空分布特征：研究结果如北方传统民居冬季室内空气平均温度普遍低于 14℃，只有火炕 + 被褥微气候环境整体温度稍高。

民居室内热环境需求：热舒适是人们对热环境满意的心理状态。近年大量研究表明，由于地域气候、生活方式、文化经济、微环境、农户活动状况及穿着等方面因素存在差异，乡村民居对室内热环境要求更低、范围更宽、适应性更强。热舒适温度作为热环境计算参数，应正确反映人们的热需求及满足绿色节能要求，适合的评估方法和预测模型至关重要。代表性的评估方法有：适于有机械制冷或供暖建筑的稳态热平衡方法（ET、SET、PMV-PPD 等）；适于自然通风且无机械制冷或供暖建筑的适应回归方法；填补非稳定环境下预测值和实际热感觉之间差距的自适应热平衡方法（nPMV、ePMV、aPMV 和 ATHB 等）。三类方法各有优点和局限性。

民居室内热环境影响机制：建筑室内热环境质量不仅与热舒适相关，也与建筑能耗息息相关。目前研究主要针对能耗的影响因素及节能方法。

民居室内热环境的目标优化方法与技术路径：建筑性能优化设计方法包括单目标优化和多目标优化。当室内环境达到热舒适时，经济、节能与低碳三者之间存在相互竞争的关系，如果必须同时达到多个目标，属于典型的多目标优化问题。多目标优化设计主要流程包括确定目标函数、优选决策变量与定义约束、性能模拟与算法优化寻找最优解集、建立优化模型、不同目标最优方案和技术群。性能模拟中 Energyplus 软件在能耗计算方法、用户界面等方面较 DOE-2、DeST 更加全面，特别是兼顾了邻室温差较大时的传热问题，更适用于农宅。优化算法主要有遗传算法（NSGA-II、SPEA-2、MOGA、SMS-EMOA 等，其中 NSGA-II 和 SPEA-2 使用频率最高）、粒子群算法、蚁群算法等。为了简化和优化，相继开发了不少软件，如符合中国既有乡村民居特点和需求的中国居住建筑性能模拟优化软件 CResOp 等。

我国针对传统民居室内热环境的研究成果颇丰。如在西安建筑科技大学侯继尧教授窑洞民居研究的基础上，周若祁教授主持的"绿色建筑体系研究"将绿色建筑（生态建筑）基本原理和传统窑居相结合进行了深入研究。西安建筑科技大学刘加平教授的国家杰出青年自然科学基金重点资助项目"传统民居生态建筑经验科学化研究"对以西北黄土高原窑洞为代表的传统民居的生态经验进行了分析。该项目以地区基本聚居单位自然村落为研究对象，从建筑技术的角度对民居环境进行模拟和实测，分析室内外的物理环境，总结营建规律的优劣，吸取传统黄土窑洞的建筑经验，改造其不足之处，并提出相应的建设对策。该研究以可持续发展为指导思想，以生态系统的良性循环为基本原则，以探索民居生态建筑科学经验为目标，结合当地环境与资源的实际情况，进行科学、切实、可行的构造改造。项目之下已有数篇论文发表，如闫增峰的硕士论文《窑居建筑室内热环境动态模拟》、博士论文《生土建筑室内热湿环境的研究》。与此同时，也有一些学者在建筑创作实践中应用传统民居的生态经验，如西安建筑科技大学主持的延安枣园绿色住区实践、清华大学主持的张家港生态住宅试验等实践活动。这些实践与前一时期比较，对民居生态经验的应用在创作的深度上有所突破，建筑创作的目的更加明确，而且实践的背后都有相关的理论支持，这些实践活动对于民居生态经验的应用研究也具有积极意义。

3）传统民居气候适应性研究

以刘加平教授为核心的研究团队在设计策略和气候分区题目下取得了一系列的成果，其从气候数据及其分析方法出发，探讨各种技术手段在不同气候条件下的适用性。西安建筑科技大学杨柳的博士论文《建筑气候分析与策略研究》（2003 年）建立了一套系统的适应我国城市建筑方案设计阶段的气候分析方法，能够有效分析建筑与室内外气候环境之间的关系，以获得舒适的室内热环境，并节约常规能源。硕士论文《被动式太阳能建筑设计气候分区》（谢琳娜，2006 年）从建筑与气候的关系出发，分析我国 188 个城市气候观测点典型气象年中影响被动式太阳能建筑设计的主要外部气象参数。刘加平教授指导的博士论文《人体热舒适气候适应性研究》（茅艳，2006 年）则从另一个角度修正了关于舒适度的概念。清华大学博士生夏伟的《基于被动式设计策略的气候分区研究》利用相关统计软件进行了验证和定性分析，形成了各气候区内不同被动式设计策略的有效性排序以及单项设计策略在不同气候区的适用程度排序，最终以图形化方式表达。《傣族传统民居建筑原型对气候设计策略的回应与补充研究》（张涛，2023 年）以云南勐腊水傣干栏式傣家竹楼传统民居的建筑原型为研究对象，基于被动式气候设计理论，研究得出民居建筑原型在遮阳、防热、防雨、防潮、保温与节能等方面对标准策略的最低、最高回应率分别为 67% 与 100%，平均回应率 84.8%；受材料及技术条件的限制，部分策略的回应不足，但是通过其他的方法及措施可以得到很好的补充。

4）传统民居外围护结构研究

昆明理工大学硕士生石基美的《程阳八寨传统民居围护体系技术研究》（2008 年），讨论了程阳八寨传统民居的围护体系存在的问题及改造措施。昆明理工大学硕士生范雪峰的《云南地方传统民居屋顶的体系构成及其特征》（2005 年），从材料特性、工艺基础、构造原理、艺术形态对传统民居的屋顶形态与技术特点进行了分析，探索云南地方传统民居屋顶建造的方法和规律及启示。重庆大学硕士生周巍的《东北地区传统民居营造技术研究》结合气候、社会、文化总结出东北民居营造技术的地域性特点。重庆大学硕士生郭鑫的《江浙地区民居建筑设计与营造技术研究》（2006 年）从地方性技术的角度研究了江浙地区传统民居的内外部空间及营造技术。西安建筑科技大学博士生张继良的《传统民居建筑热过程》（2006 年），结合南、北典型民居讨论了建筑围护结构壁体的导热及表面的对流、辐射、相变换热过程，从理论上揭示了传统民居建筑保温、隔热和维持室内温度环境稳定性的机理。西安建筑科技大学硕士生师奶宁的《不同区域传统民居围护结构热工性能研究》（2006 年），选取不同气候区域具有代表性的传统民居，探究其围护结构的构造方法、热工性能，利用 Excel 绘制出温度与热工性能参数之间的关系曲线。内蒙古工业大学的刘铮老师深入研究了不同类型蒙古族民居的环境特性，探究民居演变、发展的内在规律，并对民居材料、构造和形成整体房屋后的热湿环境、能耗指标、太阳能利用率、利用形式及其他环境特性进行了研究。华南理工大学的汤国华教授研究了岭南传统建筑适应岭南湿热气候的经验和理论，重点研究了防太阳热辐射和通风散热两方面。青海大学建工系刘连新通过对青海东部农业区农村旧民居的屋顶、墙体、门窗、地面等围护结构保温性能的探究，发现这些围护结构的保温节能形式与效果对现代建筑具有一定的借鉴之处。

华南理工大学郑力鹏论证了庑殿顶的防风性能优于双坡顶和歇山顶；历史上建筑屋顶由缓变陡的趋势并不影响其防风性能，且有利于防水；坡屋顶加檐墙的做法有其防风防火的作用。西安建筑科技大学硕士生张俭的《传统民居屋面坡度与气候的关系研究》（2006 年），系统讨论了传统民居屋面坡度与保温、隔热、防风、防雨、防辐射的关系。

三、传统民居生态性研究存在的问题

1）传统民居建筑形态及空间构成主要是按照不同地区或者不同文化进行分类研究，从全国建筑热工区划角度出发进行的研究较少；

2）针对传统民居建筑外围护结构的研究主要集中于建筑选材及构造方法层面，而对传统民居外围护结构热工性能层面涉及很少；

3）传统民居的室内热舒适性问题，大部分的研究都是基于一年中某几日或短周期的数据来推算特定民居的全年综合气候适应性特点，很少有研究以全年为周期对民居的热舒适性进行探讨；

4）针对屋檐对窗口遮阳与气候的适应性方面的研究大多集中在概念说明层面，而没有更深入的实际数据计算来说明；

5）对传统民居屋顶的研究大多集中在对屋顶形态的研究与技术特点的分析，以屋顶构架体系为核心探讨构成材料的力学特性、构造原理、工艺技术、空间形态等，以此挖掘地方传统民居屋顶建造的一些方法和规律。而对传统民居屋面坡度的研究，尤其是与气候因素的关系方面，相关资料较少涉及，仅有的几篇文献也只是研究了传统民居屋面坡度的大小与气候因素之间的定性关系，缺乏定量分析。

第三节　本书内容

一、研究目的

传统民居是代表某个特定地区文化特色的建筑，是特定气候背景条件下建筑形式、空间组织美学、地域材料和当地建筑技术的有机整合。各个地区的传统民居与当地气候条件具有与生俱来的适应性，这种气候适应性特色是传统民居的精髓所在，也是现代生态建筑设计中最值得借鉴的部分。

我国传统民居的研究已经历了几十年的历程，对围护结构的热工性能、屋面坡度、屋檐出挑深度与气候因素的相关性研究很少，人们只是依据传统的经验和习惯进行建造，对其具体热工性能、遮阳性能、防雨性能以及热舒适性能还缺乏总体上更全面、更深入的定量分析。

建筑原型是原始普遍的建筑形制和历史沉淀的潜在经验。在农耕文明背景下，通过不断的"试错"，历经时间检验得以保留的广大地域性传统民居，其建筑原型具有与自然、社会环境适应共生的生态特性。本书以传统民居为对象，以气候适应为目标，深入挖掘传统民居建筑形制在聚落选址、场地规划、平面布局、空间形态、结构形式、材料选择、营造技艺等方面的绿色属性；通过对与当地气候因素有极大相关性的传统民居外围护结构热

工性能的理论研究和数据分析，挖掘传统民居外围护结构气候适应性的内在机理，探究其内在的生态智慧，希望为建立立足于气候适应基础之上的现代生态型建筑设计体系提供理论依据，推动传统建筑文化的继承，更为地域乡村绿色建筑的更新与发展提供理论依据。

二、研究内容

基于上述目的，本书将重点在以下几个方面展开论述：

对中国典型传统民居适应气候的建筑空间构成模式进行研究：对世界典型气候区典型民居在特定建筑选址、空间构成、平面布局下的建筑外围护结构特性进行探讨。以被动式设计策略的有效性为依据，对我国不同热工区划内典型传统民居在建筑选址、空间构成、平面布局等方面进行探究，总结出不同热工分区内典型传统民居建筑气候适应性的生态特色模式。

对中国典型传统民居外围护结构热工性能与气候适应性进行研究：针对不同热工区划内典型传统民居的外围护结构——外墙、屋面、门窗等，基于不同材料及构造形式对其热工性能进行定量化分析。通过与现代建筑常见的外围护结构热工性能的对比分析，探讨传统民居在气候适应性方面的生态性优点。与现行热工设计规范作比较，提出中国典型传统民居外围护结构的改进目标，为民居的气候适应性评价提供依据。对不同热工区划典型传统民居外围护结构构件——屋面和墙体的热阻、热惰性指标与各气候因子的相关性进行分析。

对中国典型传统民居外围护结构细部构造的气候适应性进行研究：以不同热工区划典型传统民居的屋面坡度为研究对象，探讨屋面坡度与诸气候因子（太阳辐射、温度、风速、降雨）的相关性，以及不同热工区划典型传统民居屋面挑檐深度与从窗口投光入室的长短与气候因素的相关性。

三、研究意义

虽然生态型居住建筑这个概念出现的时间不长，但是与其所体现的现代生态思想相一致的建筑观念和构造做法却早已存在于传统民居之中。

自古以来，从最初的原始遮蔽物到以后的乡土建筑，人类为了获得理想的居住环境，根据自己的生产需要、生活习俗、经济能力、审美观念，结合不同的气候条件、地理环境、风俗习惯，因地制宜、就地取材，建造了大量的民居建筑。这些传统的民居建筑不受程式约束，灵活地组织空间，有效地利用空间，充分适应自然条件，从选用的建筑材料和房屋的营造技术到村落的选址和布局，处处体现着人与自然的和谐统一，体现了朴素的生态精神和良好的生态观。传统民居建筑中的技术方法与今天的可持续建筑体系在很多方面是一致的，能很好地达到节能和保护环境的目的，我们应该发掘其永恒的内涵，使其在现代建筑中焕发出新的生命力。因此，用生态和技术的眼光重新审视传统民居在处理人与环境和资源关系方面的巧妙之处，特别是保存在其中的朴素的生态建筑思想和技术经验对现代生态建筑的发展会起到非常积极的作用。

本书希望能对目前传统民居研究工作予以一定的补充，为民居的研究、设计、改造工作提供可靠的理论根据和数据参考；通过总结其在传统技术、地方材料和建筑手段方面的先进经验，加以消化吸收，并创造性地应用于现代居住建筑设计之中，使之具中国本源的生态特征，使民居建筑真正成为"Renew、Reuse、Recycle、Reduce"的生态民居，让我们具有悠久文化传统的民居建筑在历史的长河中继续得到传承与发展，促进传统民居的可持续发展。

第二章
气候分类及特征

第一节　基本概念

地球科学（Geoscience）是研究地球内部、地表、大气和生物等各个方面的现象及过程的科学。地球科学是以地球系统为研究对象，探究各圈层的物质组成、结构分布、相互作用过程、形成和演变规律与控制机理以及与人类活动关系的基础学科。其中地球系统包括大气圈（对流层、平流层、中间层、暖层、散逸层）、水圈（包括冰雪圈）、陆圈（地壳即含土壤层的岩石圈、地幔、地核）、生物圈（包括人类）和日地空间等。

地球科学对人类理解地球的形成和演化历史、地球系统的运行规律、自然环境的变化机制以及人类活动对地球环境的相互作用效应具有重要意义，不仅深化了人类对地球的认识，还为人类解决现实问题和构建可持续未来提供了科学支持。作为多学科交叉融合的科学，地球科学广义上涵盖了地理学、地质学、地球物理学、地球化学、海洋科学、大气科学与空间物理学等多个分支学科。其中大气科学也称气象学，研究对象是大气圈，包括气候学、天气学等分支学科。

一、气象

1. 气象

气象是指在地球大气中每时每刻都在发生的冷热、干湿、风、云、雨、雪、雹、霜、雾、雷、虹、霾、闪电等各种各样的自然现象，这些现象统称为大气现象，简称气象。

气象要素是描述大气属性和大气现象的一系列参数，构成和反映了大气的状态。主要气象要素包括气温、气压、湿度、风速、风向、降水量、云量、能见度、日照、辐射等，其中表示大气性质的如气温、气压、空气湿度，表示空气运动状况的如风向、风速，表示大气稳定度及垂直结构的如能见度，表示大气中发生的天气现象的如台风、大雾、暴雨、雷电等。

2. 气象学

气象学也称大气科学，是专门研究大气的各种现象，探讨其演变规律和变化过程，并用于指导生产及服务生活的科学。大气圈中的风云变化，时刻影响人们的生产与生活、健康与舒适，人们迫切需要了解地球上最重要的能源——太阳能经过大气圈到达下垫面时，大气中所发生的一切物理（化学）现象和过程，于是产生气象学。气象学分支学科主要有大气物理学（研究大气物理性质及变化原理，即狭义气象学）、大气化学、大气探测学、动力气象学、应用气象学、灾害气象学、气候学、天气学、大气环境学、全球变化学等，其中与地理和环境科学关系最密切的是气候学。在气象学上，大气的物理性状主要以气象要素和空气状态方程来表征。

二、气候

1. 气候

气候概念古已有之。气候（Climate）一词源于希腊语，意思为倾斜，指太阳光线照射到地面的倾斜角。我国春秋战国时期的古书《素问》中记载："五日谓之候，三候谓之气，六气谓之时，四时谓之岁。"即以五日为一候，三候十五天为一气，六个节气是一季，四个季节是一年。中国古代一年分为二十四节气、七十二候，合称气候。

30年时段的气候平均状态具有一定的代表性，基本能反映当地的气候特征。因此世界气象组织（WMO）规定，标准气候平均状况需要计算30年的时间。对于当前气候，WMO规定采用刚刚过去的30年的平均值作为准平均，每过10年更新一次。目前应用的准平均取值为1991～2020年的准平均。

气候的定义分为三个阶段：

古典气候定义：20世纪以前为古典气候学阶段。此阶段的气候是指一段时期内众多大气状态的平均状态。用统计平均来表征气候特征，如月（年）平均气温、月（年）平均降水量、月（年）平均气压三大要素。

近代气候定义：20世纪初到70年代为近代气候学阶段。此阶段的气候是指在太阳辐射和大气环流、下垫面性质和人类活动的长时间相互作用下，某一地区多年天气的综合表现，包括该地区多年天气的平均状态（经常发生的天气状况）和极端情况（某些年份偶尔出现的极端天气状况），强调气候是天气的综合或总和。因此，气候由两种参量表征：一种是表示气候平均状态的恒量，另一种是表示气候在极端状态之间波动幅度的变量。

现代气候定义：20世纪70年代至今为现代气候学阶段。此阶段的气候是指天文圈、大气圈、水圈、冰雪圈、岩石圈、生物圈相互之间长期进行能量和物质交换，形成的大气综合状态在较长时间内的统计特征，包括平均值、极值、各阶矩和各气候变量的联合概率分布等。因此，气候不是几个要素的简单平均状态，而是热量、水分、空气运动的大气综合状态的统计特征，反映了气候相对稳定又不断变化的双重特性。

2. 气候学

气候学是以地球气候为研究对象，通过定量观测、数值模拟与综合分析等，研究气候的分布、特征、形成、变化和未来预测，包括气候的时空分布特点、形成和变化的动态过程、形成原因、变化机制、演变规律、各子系统间的相互作用及未来气候变化的趋势和预测等。气候学按研究空间尺度划分，有大气候学、局地（中）气候学和小气候学；按研究原理和方法划分，有统计气候学、天气气候学、物理气候学、动力气候学、卫星气候学和地理气候学等；按研究目的划分，有理论气候学、区域气候学和应用气候学；按研究时段划分，有地质时期气候学、历史时期气候学、近代气候学和现代气候学。现代气候学从概念上已经不再是气象学或地理学的一个分支的经典气候学，而是大气科学、地球物理和地球化学、地理学、地质学、冰川学、海洋学、天文学、生物学以及与社会科学相互渗透、共同研究的交叉科学。

3. 气候系统

1）系统组成

气候系统是指在地球外宇宙（主要为太阳辐射）的强迫作用下，决定地球气候的形成、分布和变化的物理系统，包括大气圈、水圈、冰雪圈、岩石圈和生物圈五个子系统（图2.1.1）。

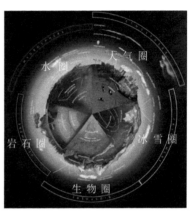

大气圈是主体部分，其他4个子系统都可视为大气圈的下垫面，太阳辐射是系统的能源供给。在太阳辐射的作用下，气候系统内部产生一系列不同时间、空间尺度的物理、化学作用，各组分之间通过物质和能量交换，紧密结合成一个复杂、有机联系的系统，共同决定各地区的气候特征（图2.1.2）。

图2.1.1　气候系统的五个子系统

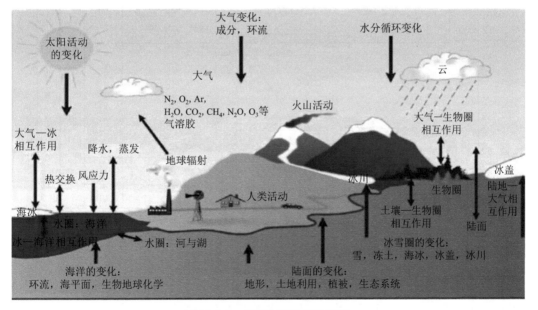

图2.1.2　复杂有机的气候系统

2）大气圈

① 大气圈：大气圈又名大气层，是指由于地球的引力作用，在地球周围聚集着的一个深厚而连续的气体圈层。人类就生活在大气圈底部的下垫面上。大气层分为对流层、平流层、中间层、暖层及散逸层（图 2.1.3），各分层性质见表 2.1.1。对流层的空气热量主要来自大地，离地面越近，温度越高。平流层在 22～27km 处存在臭氧层（臭氧层可以吸收太阳紫外线），由于离地遥远，吸收不到地面的能量，只能靠吸收太阳紫外线短波辐射，形成海拔越高、温度越高的现象。由于平流层上部热、下部冷，不易形成对流，以大气平流运动为主。电离层与散逸层统称为高层大气层。电离层与散逸层中无臭氧，温度随海拔升高逐渐下降，之后由于距离近，吸收了更多波长的紫外线，温度又持续上升。

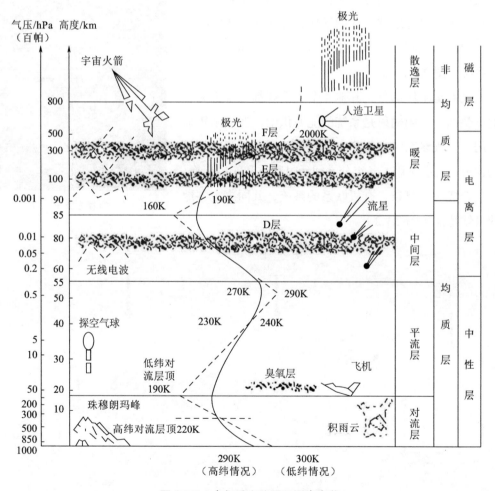

图 2.1.3　大气垂直分层及温度变化

大气圈使生物免受太阳紫外线伤害，满足生物圈维持生命的需要；同时大气圈是气候系统的主体部分，也是气候系统中最活跃、最容易变化的部分。例如，当太阳辐射发生变化后，通过热量输送与交换，一个月内就可以重新调整对流层的温度分布。

大气层各分层性质　　　　　　　　　表 2.1.1

	气温特征	天气特征	厚度	图例分析
对流层	温度随海拔升高逐渐下降，平均每上升 100 m，气温下降 0.6 ℃ 对流层大气上部冷、下部热，利于对流运动	近地面水汽和杂质，通过对流运动向上输送，产生各种天气现象，如风霜雨雪等	低纬度：太阳辐射强，对流强，因此对流层较厚，为 10～18km 高纬度：太阳辐射弱，对流较弱，因此对流层薄，为 8～9km	冷空气 C 冷却下沉 受热上升 A 热空气 对流层 地面
平流层	下层气温变化很小，但 30km 以上温度随海拔升高逐渐上升 上部热、下部冷，不易形成对流，平流运动为主	水汽和杂质很少，无云雨现象，能见度好，适合航空飞行	22～27km 处存在臭氧层，臭氧层吸收太阳中紫外线，海拔越高，温度越高	热空气 C 平流层 A 冷空气 对流层
中间层、暖层、散逸层	无臭氧，温度随海拔升高逐渐下降 之后由于距离近，吸收更多波长紫外线，温度又持续上升	80～120km：流星现象 80～500km：电离层，能反射，对无线电通信作用重要	平流层顶到 2000～3000km	冷空气 C 冷却下沉 受热上升 A 热空气 中间层 平流层

② 大气：大气是指包围地球大气层中的混合气体，即空气总体。根据大气成分的垂直分布特点，整个大气层分为均质层的低层大气层（距离地面 90km 以下，大气成分基本处于中性分子状态）和非均质层的高层大气层（距离地面 90km 以上，大气成分在重力分离作用及紫外线光化学作用下，基本处于离解状态）。

均质大气是多种气体的混合物，主要成分有干洁空气（低层大气中除去水汽和悬浮在大气中固态与液态微粒以外的整个混合气体）、水汽（大气中的水蒸气）、固态与液态微粒（气溶胶粒子，气溶胶由固体或液体小质点分散并悬浮在气体介质中形成的胶体分散体系）三部分。干洁大气的主要成分是氧气（O_2）、氮气（N_2）、氩气（Ar）、二氧化碳气体（CO_2）。

③ 大气现象：大气现象是大气中冷、热、干、湿、风、雨、雪、云、雾、雷、电、光等各种物理状态和物理现象的总称。根据其物理组成或形成物理过程的不同，大致归为七类：大气要素直接表现的现象，如由温度、湿度、风等所表现的冷热、燥湿、风暴等；大气中水汽凝结现象，如云、雾、霜、露、雾凇等；大气中的降水现象，如毛毛雨、雪、冰雹、雨凇等；大气中尘粒现象，如烟、霾、浮尘及由风引起的扬沙、沙尘暴等；大气光学现象，如晕、华、虹、蜃景等；大气电学现象，如闪电、极光等；大气声学现象，如雷

声、声音异常传播等。广义的大气现象还包括大气中的化学反应现象，如在平流层及以上高空中常出现的臭氧层变化等。

④ 大气过程：指大气圈中存在的各种物理过程，如辐射过程、增温冷却过程、蒸发凝结过程等（图 2.1.4）。

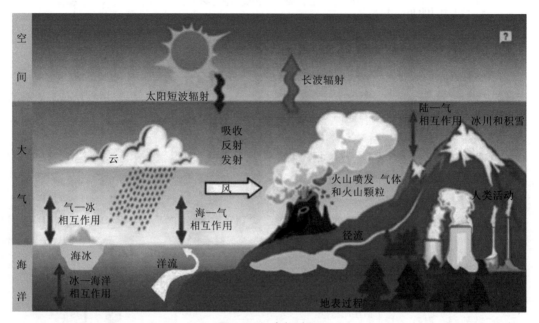

图 2.1.4 大气过程

3）水圈

水圈包括地表上的海洋、湖泊、江河和地下水以及大气中的一切液态水。海洋在气候的形成与变化中最为重要，约占地球表面积 70.8% 的海洋是太阳辐射能的巨大热容器与调节器。海洋总质量约为大气质量的 250 倍。穿过大气到达地球表面的太阳辐射约 80% 被海洋吸收，然后洋流将大量热量从赤道向极地输送，在平衡全球能量中发挥重要作用，或者通过长波辐射、潜热释放及感热输送的形式传输给大气。

4）冰雪圈

冰雪圈指地球表层存在的固态水体，主要由冰体和积雪组成，包括大陆冰盖、高山冰川、海冰、地面雪盖（季节性降雪、大陆雪被、大陆雪盖）以及永冻层等（图 2.1.5），可以分为冰原、季节性雪被与永久性冻土。大陆冰盖又称大陆冰川，简称冰盖，是长期覆盖在陆地上的面积大于 5 万 km² 的终年不化的冰雪覆盖体，自边缘向中心隆起、规模如盾形冰体。地球上现存的两大冰盖为南极冰盖与格陵兰冰盖。高山冰川是发育于山区、形态深受地形限制的冰川，特点为规模较小。海冰为海洋上的冰，根据来源可以分为咸水冰和淡水冰，根据运动状态可以分为固冰和浮冰。地面雪盖即季节性降雪（大陆雪被、雪盖），是指在特定季节或时段，地表被积雪覆盖，这种覆盖通常是季节性的，随着气温的升高或降低而消融或增加。永冻层则是指在地表以下一定深度处，温度长期低于0℃，表层水分常年冻结，不受季节性气温变化影响的永久性地貌。

大陆冰盖　　　　　　　　　　　　　高山冰川

海　冰　　　　　　　　　　地面雪被　　　　　　　　　　永久冻土

图 2.1.5　冰雪圈构成

冰雪圈是大气和海洋的冷源，在气候系统中具有致冷效应。致冷效应主要源于冰雪表面对太阳辐射的较高反射率，它使冰雪覆盖地区的地面和大气温度降低；同时由于冰雪导热率小，具有很好的绝热性，能阻止或大大削弱大气与冰雪覆盖下的地表之间的热量交换，因此冰雪对地表热量平衡作用明显。冰雪覆盖又有致干效应。冰雪覆盖地区气温低，水汽易凝华而导致空气变干，使冰雪表面形成的气团干而冷。冰雪圈对气候系统储热贡献很大，夏季储存大量热量，冬季释放同等的热量。

冰雪圈是气候变化的指示器。气候长期变化导致冰雪圈中冰原、高山冰川和冻土呈现明显变化，需要数年、百年或更长时间。因为惯性作用，冰川变化常落后于气候变化，因此常把冰川进退范围和厚度作为反映气候长期变化的重要指标。海冰和季节性雪被与气候系统相互作用的时间尺度较小，为数月至几年，适合用于指示气候短期变化。

5）岩石圈

岩石圈亦称陆面，包括山脉、地表岩石、沉积物、土壤和洋底。根据不同的海拔高度和起伏形势，陆面分为山地、高原、丘陵、平原、盆地等（图 2.1.6）。它们以不同规模，错综复杂地分布在各大洲，又因岩石、沉积物和土壤等性质的不同，对气候的影响更加复杂，主要有动力和热力两个方面。海陆分布和山脉大地形是大气环流形成的重要因素。土壤温度和湿度对土壤反射率、水汽蒸发、局地环流和局地气候均有显著影响。另外，土壤还是大气气溶胶的来源。

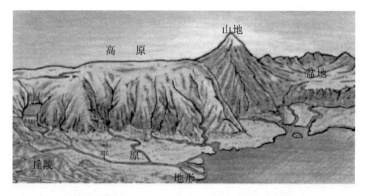

图 2.1.6　陆地表面类型

6）生物圈

生物圈指的是陆地、海洋和空气中的动物、植物、微生物，也包括人类（图 2.1.7）。

气候影响生物，生物又反作用于气候。气候因素中的气温、降水量和太阳辐射直接影响全球生物群落的地理分布和状况，其变化也决定了生物发生时间尺度（或为一个季节或为数千年不等的自然变化）。反之，生物对于大气和海洋的二氧化碳平衡、气溶胶的产生、其他气体成分和盐类有关的化学平衡等都有着重要作用；同时植物的分布变化、生长与破坏情况也影响地面的粗糙度、反射率，决定水分蒸发与蒸腾、地下水循环和物质循环等，从而影响气候。

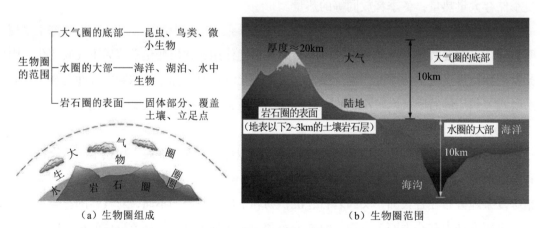

（a）生物圈组成　　　　　　　　　　（b）生物圈范围

图 2.1.7　生物圈组成及范围

人类活动深受气候影响，又通过农牧业、工业生产及城市建设等不断改变土地、水流等状况，从而改变地表的物理特性及地表与大气间的物质和能量交换，对气候产生影响。如撒哈拉沙漠显著扩张，一方面是由于人类过度放牧导致植被减少，另一方面是由于引入深井技术改变了牧民逐草而居的传统游牧生活，使牧畜长期逗留在深井附近，过度啃食地方植被，土壤随之发生严重退化。植被破坏后，裸露的地表反射更多的太阳辐射，沙漠吸收热量较少，对流减弱，降水减少，反过来加速荒漠化进程。同时，植被减少使大气中生物源的气溶胶（气溶胶可以作为水汽凝结核，有助于云雨形成）减少，降水也相应减少。

三、天气

1. 天气

天气（Weather）是指某一地区，距离地表较近的大气层在某一瞬间或短时间内的大气状态（如气温、湿度、压强等）和大气现象（如风、云、雾、降水）的综合。

天气现象是指发生在大气中的各种自然现象，即某瞬时内大气中的各种气象要素空间分布的综合表现（图 2.1.8）。

天气过程就是一定地区的天气现象随时间的变化过程。天气变化即天气随时间的变化，天气变化周期较短。

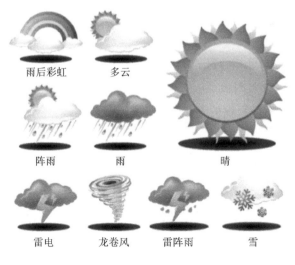

雨后彩虹　　多云　　阵雨　　雨　　晴　　雷电　　龙卷风　　雷阵雨　　雪

图 2.1.8　天气现象

2. 天气学

天气学是以不同尺度的天气系统为对象，研究天气系统和天气现象的分布、特征、发生、发展、演变规律及其诊断分析和预报方法的科学。1950 年以前，天气学基本采用天气图进行定性分析和研究预报。1950 年以后，除天气图外，卫星探测资料、雷达回波成为研究的基本工具，计算机模拟数值定量化成为主流。

3. 天气系统

天气系统是指引起天气变化和分布的各种尺度的大气运动系统，如气旋（低压）、反气旋（高压）、锋（冷锋、暖锋、准静止锋）和高压脊、低压槽等。根据水平尺度和时间尺度的不同将天气系统分类见表2.1.2。不同尺度的天气系统相互交织作用，共同影响区域的天气气候特征。因此，认识和掌握常见天气系统的类型、运动变化规律及对应的天气现象，对于了解区域天气、气候的形成变化，预测天气变化过程，理解区域地理环境的形成演变具有重要意义。

各种尺度的天气系统 表2.1.2

尺度种类		行星尺度	大尺度	中尺度	小尺度
水平尺度/km		≥1000	100～1000	10～100	0.1～10
时间尺度		一周以上	3～5d	≤1d	1h以内
垂直速度量级/（cm/s）		0.1	1.0	10	100
天气系统	温带	超长波、长波	气旋、反气旋、锋	背风波	雷暴单体
	副热带	副热带高压	季风低压、切变线	飑线、暴雨	龙卷风
	热带	热带辐合带、季风	热带气旋、云团、东风波	热带风暴、对流群	对流单体

四、气候与天气

气候是天气的综合或总和（表2.1.3）。气候与天气的空间尺度不同：气候针对整个气候系统，天气基本针对大气对流层。气候与天气的时间尺度相差悬殊：气候是长时间尺度的大气过程，天气是短时间尺度的大气过程。

天气与气候对比 表2.1.3

	气候	天气
概念	一个地区大气的多年平均状态	某一地区、距离地表较近的大气层在短时间内的具体状态
时间尺度	某一时段的平均状态及统计特征	某一时刻的阴晴、温、风等大气状态
空间尺度与物质范畴	气候系统：大气圈、水圈、冰雪圈、陆面、生物圈	天气系统：大气对流层
稳定性	相对稳定、慢过程，决定于边界条件	瞬息万变、快过程，决定于初始条件

气候变化周期较长，如季际、年际、十年际、百年际、千年际、万年际等，不仅包括该地多年来经常发生的天气状况，而且包括某些年份偶尔出现的极端天气状况。例如从近百年的长期观测中总结，上海在6月中旬到7月中旬，经常会出现阴雨连绵、闷热、风小、潮湿的梅雨天气，但是有的年份如1958年出现了少雨的"空梅"，有的年份如1954年6～7月出现了连续阴雨50～60天的"丰梅"。"断梅"和"开梅"的有无以及迟早也历年不同，这就是上海初夏时的气候特征。

天气变化周期短，变化时间快。天气时间尺度从几小时到几天、十多天等。天气过程的时间分段一般以 5d 以下为短期天气过程，5 ～ 10d 为中期天气过程，10d ～ 3 个月为长期天气过程。

第二节　气候形成变化影响因子

气候的形成和维持是如何达到平衡的问题，气候的变化和异常则是偏离平衡态的问题，两者的物理过程不同。气候的形成和变化受多种因子制约，可以归纳为以下五类影响因子（图 2.2.1）：

太阳辐射因子：气候形成和变化最主要的因子。作为大气运动最根本的能源，到达地球表面的太阳辐射，其时空分布及变化决定地球气候的最基本特征。

宇宙－地球物理因子：天体引潮力或地球运动参数的时空变化，引起地球变形力的产生，导致地球上大气和海洋发生变形，进而引起气候变化。

环流因子：大气环流和洋流不仅对全球气候系统中的热量重新分配发挥重要作用，同时参与水循环过程并承担输送水分的作用，是气候形成与变化的基本因素。

下垫面因子：作为大气对流层的主要热源与水源，又是低层空气运动的边界面，下垫面性质不同，包括海陆分布、地形（如山地与平原）与地面特性（如裸地与植被覆盖地、冰雪面和沙漠地）等，其差异引起不同的热力作用和大气动力作用，对大气的温湿度、风及尘埃的含量有很大影响，因此，下垫面是气候形成与变化的基本因素。

人类活动因子：通过改变化学成分、改变下垫面性质和人工释放热量等，对气候产生影响。

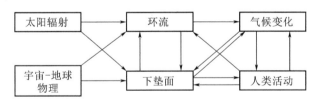

图 2.2.1　气候形成变化主要影响因子

一、太阳辐射因子

太阳不断地向宇宙空间以电磁波的形式发射巨量辐射能。太阳辐射是地球上能源供给的根本来源，是气候系统最重要的能量来源，更是大气中一切物理现象和物理过程形成的基本动力。

太阳辐射到达地球表面后，其时空分布及变化决定了地球气候的基本特征，如不同地区的气候差异和气候的季节交替，源于太阳辐射在地表的分布不均及其随时间的周期变化。地面和大气在获得太阳辐射增温的同时，自身又具有热辐射。太阳、地球和大气之间不断地以辐射方式进行能量转换，形成地表复杂的大气热力状况，维持地表热量平衡，成为天气变化和气候形成及演变的基本因素。所以太阳辐射是气候形成和变化的最主要因子。

太阳辐射在大气上界的时空分布是由太阳与地球间的天文位置决定的，又称天文辐射。天文辐射决定的地球气候称为天文气候，反映了世界气候的基本轮廓。具体地区地面上受到的太阳辐射照度则随当地的地理纬度、大气透明度、季节及时间等的不同而变化。

除太阳本身的变化外，假定太阳辐射经过大气时不被削弱，地球表面又是完全均匀的，则一年之内到达地球表面上各地的天文辐射总量，主要取决于日地距离、太阳高度和白昼长度三个要素。

日地距离：地球绕太阳公转的轨道为椭圆形，太阳位于两焦点之一上。因此，日地距离以一年为周期，时时都在变化。地球上受到太阳辐射的强度与日地间距离的平方成反比，大气上界的太阳辐射强度在一年中变动于 −3.5% ~ 3.4% 之间。

太阳高度角：指地球上任一地点太阳光入射方向和地平面的夹角，分日变化和年变化。太阳高度角越大，则太阳辐射越强，所以太阳高度角也是决定天文辐射能量的一个重要因素。

白昼长度：指从日出到日落的时间间隔。赤道上四季昼夜长度均为 12 h，赤道以外昼长四季有变化。纬度 23°26′ 的春、秋分昼夜长各为 12 h，夏至日昼最长，冬至日昼最短；纬度 66°33′ 以上地区出现极昼和极夜现象。南北半球的冬夏季节时间正好相反。

二、宇宙 – 地球物理因子

宇宙因子指月球和太阳对地球上海水的引力（引潮力）。月球质量虽比太阳小得多，但因离地球近，其引潮力是太阳引潮力的 2.17 倍。其多年变化在海洋中产生多年月球潮汐大尺度的波动，这种波动在极地最显著，使海平面高度改变 40 ~ 50mm，使海洋环流系统发生变化，影响海—气间的热交换，引起气候变化。

地球物理因子指地球重力空间的变化、地球转动瞬时的运动和地球自转速度的变化等。地球表面重力分布是不均匀的，由此引起海平面高度的不均匀，并且使大气发生变形。地轴在不断地移动，地球自转速度也在变动，这些都会引起离心力的改变，相应地引起海洋和大气的变化，导致气候变化。据研究，厄尔尼诺现象与地球自转速度变化（速度减慢）有密切联系（地球自转减慢有可能是形成厄尔尼诺的原因）。

宇宙因子、地球物理因子的时空变化，导致地球受到的太阳天文辐射发生变动，引起地球上变形力的产生，导致地球上大气和海洋的变形，进而引起气候发生变化。

三、环流因子

气候形成的环流因子包括大气环流和洋流，两者密切关联，对气候系统中的热量和水分的重新分配发挥重要作用。

1. 热量影响

大气环流和洋流一方面将低纬度的热量传输到高纬度，调节赤道与两极间的温度差异；另一方面又因大气环流方向（由海向陆与由陆向海）的差异和洋流冷暖的不同，导致同一纬度带上大陆东西岸气温差别明显，破坏了天文气候的地带性分布。

2. 降水影响

自然水循环过程复杂，主要通过蒸发、大气中水分输送、降水和径流四个环节实现（图 2.2.2）。水分循环分为外循环与内循环（图 2.2.3）。水分外循环（大循环）是海陆之间的水分交换。太阳辐射使从海洋表面蒸发到空中的水汽，被气流输送到大陆上空，通过一定的过程凝结成云而降雨；地面雨水又通过地表江河和渗透到地下的水流回到海洋。水分内循环（小循环）是水分从海洋表面蒸发，被气流带至空中凝结，然后以降水的形式回落海中，以及水分通过陆地表面水体、湿土蒸发和植物蒸腾到空中，经凝结再降落到陆地表面。

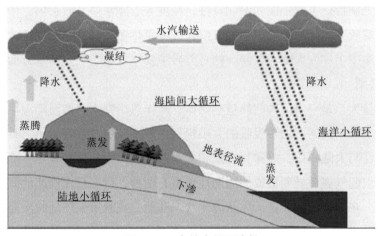

图 2.2.2 自然水循环途径

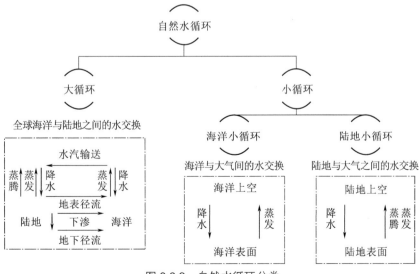

图 2.2.3 自然水循环分类

地球上总水量是不变的，地球的水量平衡通过大气环流实现。大气环流对降水起决定性作用，是产生各区域气候差异的重要机制。一个地区由于降水量的不同，表现为干旱与湿润两种状态。对建筑而言，降水量与降水强度关系到屋面、墙面、地面等建筑外围护结构的设计。

四、下垫面因子

人类生活在大气圈底部的下垫面上。下垫面因子包括海陆分布、地形起伏、冰雪覆盖。下垫面是低层大气的主要热源与水源，也是低层空气运动的边界面，对气候影响显著。

1. 海陆分布

在同样的天文辐射下，海洋和大陆的增温和冷却差异较大，进而各自上空的气温、气压、大气运动方向、湿度、降水差异较大。海洋性气候为某一地区受海洋影响较深，并反映海洋影响的气候特征（常年温和湿润特性；湿度大、降水多且较均匀、冬季偏多）；反之，受大陆影响较大，反映大陆影响的气候特征（夏热冬冷特性；湿度小、降雨少、降水不均匀、夏季集中）称为大陆性气候。两者差异主要体现在气温与降水方面。

1）气温差别

海洋热容量大，是一个巨大的热量存储器；海洋热惰性大，增温降温均较慢，因此也是一个温度调节器。反之，大陆吸收的太阳辐射仅限于表层，热容量小，具有热敏性。因此，同纬度海洋与大陆相比，海洋具有温和湿润的特性，大陆具有夏热冬冷的特性。同时由于海陆分布引起气温差异而造成的周期性风系有两种：以一日为周期的海陆风和以一年为周期的季风。在滨海地区，白天风从海洋吹向陆地，夜晚风从陆地吹向海洋，称为海陆风（图2.2.4）。季风是指大范围地区近地面层的盛行风向随季节而有显著变化的现象。

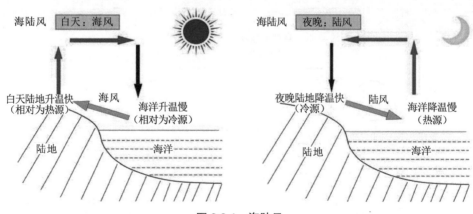

图 2.2.4　海陆风

2）水分差别

大气中的水分主要来自下垫面的蒸发。湿度方面，海洋性气候一般大于大陆性气候，因为海洋的蒸发量远大于大陆，上空水汽含量较多。降水量与空气中水汽含量及空气抬升作用（凝云致雨）相关。同纬度地区海洋性气候降水量更多，分配更均匀，冬季偏多；大陆性气候降水集中于夏季，降水变率大。越向内陆，海洋气团变性越严重，空气越干燥，降水量越少，到了大陆中心就形成干旱沙漠气候。

2. 地形起伏

世界陆地面积约占全球面积的 29%。根据海拔高度和起伏形势，陆地地形分为山地、高原、平原、丘陵和盆地等类型，构成崎岖复杂的下垫面。地形对气候的影响体现在气温、降水、地方风与垂直气候带等多方面。

1）气温影响

海拔高度、高大地形、坡地方位、凹凸地形对气温影响较大。随着海拔升高，气温降低，所以高山或高原上的温度比同纬度平原地区低。庞大的高原和绵亘的高山对寒潮和热浪的气流运动有相当大的阻挡作用（加之自身的辐射差额和热量平衡特性），对气温影响广泛而显著。坡地方位不同，日照和辐射各异，土温和气温差异明显。如向阳坡阳光照射好，气温也随之高于背阳坡。凸地处气温日较差、年较差皆较小：凸起地形与陆面接触面积小，受地面日间增热、夜间冷却影响较小；凸地处风速较大，湍流（急而回旋的水流或气流）交换强；夜间地面附近的冷空气沿坡下沉，大气中较暖空气取而代之。凹陷地形则相反，气温日较差较大：凹地被周围山坡围绕，白天阳光强烈照射下地温急剧增高，下层气温升高，而夜间地面散热快，冷气流下沉，谷底和盆地底部特别寒冷；凹陷地形气流不通畅，湍流交换弱；无论冬夏，山顶气温日振幅小，谷地气温振幅大。陡崖介于二者之间（图 2.2.5）。

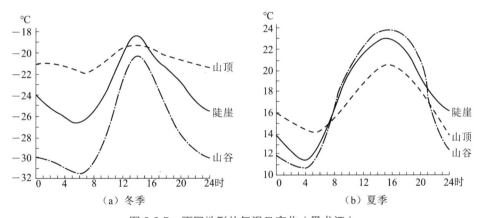

（a）冬季　　　　　　　　　　　（b）夏季

图 2.2.5　不同地形的气温日变化（黑龙江）

2）降水影响

地形（如山地坡向和高度）影响降水形成、降水分布与降水强度。当海洋气流与山地坡向垂直或交角较大时，迎风坡多成为"雨坡"，背风坡则成为"雨影"区域。高山的迎风坡，降水量最初随高度的增加而递增，到最大降水量高度（凝结高度）时达最大值，此后随高度继续增加而递减。因为在凝结高度以下，山坡对气流的动力和热力作用明显，上升运动加强，促使山坡降水随高度增加，至最大降水量高度；由此向上，空气中水汽大为减少，上升运动不可能形成更多的降水，因此随高度的增加降水量递减。

3）地方风影响

因经过山区而形成的地方性风有焚风、山谷风和峡谷风等。

① 焚风：沿着背风山坡向下吹的干热风为焚风（图 2.2.6），干热如焚，是山地经常出现的一种现象。这是因为当气流爬越山脉时，湿空气沿着迎风坡上升绝热冷却，开始是按干绝热率（即 1℃ /100m）直减降温，当空气湿度达到饱和状态时，水汽凝结成云致雨，气温就按湿绝热率（即 0.5℃ /100m）直减降低，大部分水分在山前降落。气流越过山顶后，因失去水汽而相对干燥的空气沿背风坡下沉，基本按干绝热率增温。这样过山后的空气温度比山前同高度的空气温度要高得多，湿度也小得多。

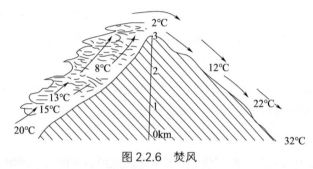

图 2.2.6　焚风

② 山谷风：山谷风因山地热力因子而形成（图 2.2.7），是在山区经常出现的现象。地面风白天常从谷地吹向山坡，晚上常从山坡吹向谷地，形成山谷风。白天，坡上空气比同高度的自由大气增热强，于是暖空气沿坡上升，成为谷风；谷地上空较冷的自由大气，由于补偿作用流向谷地，成为反谷风。夜间，山坡上因辐射冷却，坡面空气迅速变冷，密度增大，沿坡下滑，流入谷地，成为山风；谷底空气因辐合而上升，在谷地上空向山顶上空分流，成为反山风。一般在早晨日出后 2 ～ 3h 开始出现谷风，随着地面增热，风速逐渐加强，午后达到最大；以后因为温度下降，风速逐渐减小，日落前 1 ～ 1.5h 谷风平息而渐渐代之以山风。山谷风还有明显的季节变化：冬季山风比谷风强，夏季谷风比山风强。

③ 峡谷风：当空气由开阔地区进入山地峡谷口时，气流横截面面积减小，根据流体连续性原理，空气质量不可能在这里堆积，于是气流加速前进，形成强风，这种风称为峡谷风（图 2.2.8）。

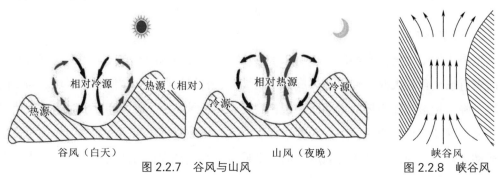

谷风（白天）　　　　　　　　　山风（夜晚）　　　　　　峡谷风
图 2.2.7　谷风与山风　　　　　　　　　　　图 2.2.8　峡谷风

4）垂直气候带

垂直气候带是指高山地区从山麓至山顶间的气候分带。各种气候要素随海拔高度的增高而发生变化：气温随高度的升高而降低；降水量随高度的升高而增加，达最大降水高度后，又随高度升高而减小；气压随高度增加而降低；风速随海拔升高而增大。因此，依据气候特征量，将一个山地在垂直方向上划分为若干个垂直气候带。图 2.2.9 为长白山北坡垂直气候带。

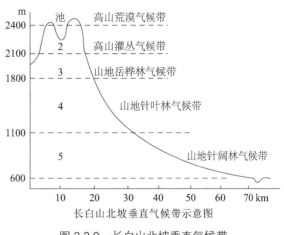

长白山北坡垂直气候带示意图

图 2.2.9 长白山北坡垂直气候带

3. 冰雪覆盖

地球上各种形式的总水量中约 2.15% 是冻结状态。冰雪圈是指地球表层存在的固态水体，包括大陆冰盖、高山冰川、海冰、季节性雪被和永冻层等。全球约有 10% 的面积被冰雪覆盖，主要分布在高纬地区和高海拔地区。

冰雪具有致冷效应，主要与冰雪覆盖的辐射特性和冰雪与大气之间的能量交换有关。冰雪表面的反射率大，导致地球损失大量的太阳辐射能。雪盖表面长波辐射能力强（近似黑体），使得雪盖表面由于反射率加大而产生的净辐射亏损加大，雪面温度更低。冰雪表面与大气间的能量交换能力很微弱，因为冰雪对太阳辐射的透射率和导热率都很小，大气就得不到地表的热量输送。冰雪融化时需消耗大量热能，融雪地区的气温往往比附近无积雪覆盖区的气温低很多。

五、人类活动因子

人类通过改变大气化学组成、改变下垫面性质以及人工释放热量影响气候。

1. 改变大气成分

温室效应：大气中温室气体包括水汽、CO_2、甲烷、氧化亚氮、氯氟烃类和臭氧。研究表明，温室气体浓度的增加主要是由人类活动造成的；温室气体在大气中存留的时间可长达几十年至几百年，故温室效应也可延续几十年至几百年；大气中温室气体浓度的增加，将导致全球气候明显的变化，主要表现为气温升高。自工业革命以来，大气中 CO_2 浓度有了明显的增长，主要原因是大量燃烧化石燃料和大量砍伐森林；此外，死亡生物体的腐败和呼吸作用也都排出 CO_2。据研究，排放入大气中的 CO_2 约有 50% 为海洋吸收，另一部分被植物的光合作用还原吸收。

阳伞效应：人类活动所造成的硫酸盐气溶胶、大气尘埃等大气颗粒物的增加，可以像阳伞那样遮挡太阳辐射，从而改变地气系统的辐射收支，进而影响地球气候，表现为对地面有降温作用，同时降低大气垂直向上运动的速度。

2. 改变下垫面性质

毁林和荒漠化对气候的影响：大片森林被砍伐、大片草原被开垦、大片农田被占用，以及填湖造陆、开凿运河、建造大型水库等，将改变下垫面性质，对气候产生显著影响：地表反射率增大，降水减少，气候变暖变干，以及水土流失、风沙加强等。

3. 人工释放热量

城市是人类活动的中心，在工业生产、机动车运输、居民炉灶和空调工作、人畜新陈代谢过程中，大量温室气体、人为热、人为水汽、气溶胶和污染物排放至大气中影响气候。人类活动对气候的影响在城市中表现最为突出。城市气候特征归纳为城市风速减小和"五岛"（热岛、混浊岛、干岛、湿岛、雨岛）效应。

第三节　全球气候分类

一、气候分类方法

世界各地区的气候错综复杂，各具特点。尽管影响气候的因素多种多样，空间尺度差异极大，但全球气候的分布却具有明显的地带性和规律性。引起气候地带性分布的原动力是太阳辐射。太阳辐射按照地理纬度在地表分布存在差异；海、陆、山脉、森林等不同性质的下垫面，在到达地表的太阳辐射的作用下将产生不同的物理变化，使得气候除具有温度大致按纬度分布的特征外，还具有明显的地域性特征。

根据应用目的不同，气候的分类方法有多种。常见的有按水平尺度、按影响范围、按气候带与气候型分类等。

1. 按水平尺度分类

按水平尺度的大小，气候可分为大气候、中气候与小气候（表2.3.1）。大气候是指全球性和大区域的气候，如热带雨林气候、地中海型气候、极地气候、高原气候等。中气候是指较小自然区域的气候，如森林气候、城市气候、山地气候以及湖泊气候等。小气候是指更小范围的气候，如贴地气层和小范围特殊地形下的气候，如一个山头或一个谷地的气候。

气候系统按水平尺度分类　　　　　　　　　　　　　　　　表 2.3.1

类型	概念	例子
大气候	全球性和大区域的气候	热带雨林气候、地中海型气候、极地气候、高原气候等
中气候	较小自然区域的气候	森林气候、城市气候、山地气候、湖泊气候等
小气候	更小范围的气候	一个山头、一个谷地的气候等

2. 按影响范围分类

将全球气候按照影响范围的大小进行分类，目前广为接受的是巴里（Barry）气候系统分类法，其将全球气候分为全球性风带气候、地区性大气候、局地气候和微气候四类，四类气候范围不同，形成因子也各有侧重，气候特征的具体影响尺度见表2.3.2。

气候系统按影响范围分类　　　　　　　　　　　　　表 2.3.2

系统	气候特性的大致尺度		时间范围
	水平范围 /km	竖向范围 /km	
全球性风带气候	2000	3～10	1～6 个月
地区性大气候	500～1000	1～10	1～6 个月
局地（地形）气候	1～10	0.01～1	1～24h
微气候	0.1～1	0.1	24h

第一类为全球性风带气候，它与风带息息相关，大气温度与气压变化引起气团漂移而造成风带，温度与压力则随太阳辐射量而变化。地轴对黄道平面的倾斜（黄道平面是假想中的通过地球与太阳中心的平面，地球每年沿黄道面公转一次）（图2.3.1）、地球的自转、大面积陆地与海洋对太阳辐射能吸收量和反射量的差异以及在蒸发过程中消耗的大量太阳能，都是造成太阳辐射量变化的原因。全球气候的性质在大的方面与地表上局部地形条件及表面覆盖物的变化无关。

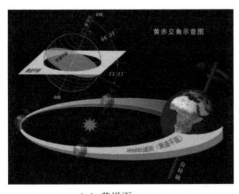

（a）黄道面

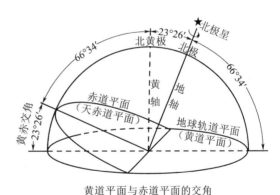

（b）黄赤交角

图 2.3.1　黄道面与黄赤交角

第二类为地区性大气候，水平范围不到1000km，高度在10km以下。性质与全球性气候差不多，不过地表条件稍稍发挥作用。

第三类气候为局地气候，水平方向在10km以内，高度在1km以下。陆地的特点在这里开始起明显的作用并造成各种局地气候间明显的差别。

第四类气候为微气候，限于水平方向1km以内，高度100m以下范围内，是建筑师最关心的气候。建筑师所关心的气候，例如同一幢建筑物的不同朝向上气候的差异、底层与楼层之间气候的变化、墙和树对风型的影响等都属于微气候。

3. 按气候带与气候型分类

根据气候形成的主要因素和气候的基本特点，将世界气候分成若干气候带与气候型，可使错综复杂的世界气候系统化，便于研究、比较与了解各地气候的主要特点和形成规律，有利于认识、开发和利用气候资源。

气候带是环绕着地球的带状分布的气候区域。综合太阳辐射、大气环流、下垫面及人类活动等因素，把具有基本相同气候特征的地方划分为同一气候区，可以发现世界气候分区在地球表面的分布呈明显的带状。不同的角度和标准，可以提出各不相同的气候带与气候类型的区划方案，常见的有天文气候带、实际气候带、周淑贞气候带、建筑设计基本气候类型等。

二、天文气候带

1. 五个天文气候带

古希腊人最早提出气候带的概念。公元前 3 世纪古希腊学者亚里士多德依据太阳高度和昼夜长短的分布，即太阳辐射的时空分布，以南、北回归线和南、北极圈为界，把全球分为五个天文气候带（图 2.3.2），即热带、北温带、南温带、北寒带、南寒带，称为天文气候带或地理气候带，也称为太阳气候带。这种古老的气候带划分方法是一种假想的简单气候带模式，只反映了世界气候在太阳辐射影响下水平分布的基本规律及基本轮廓。由于没有考虑下垫面性质的差异和大气环流对气候形成的作用，因而与实际情况有较大出入。但是这种方法简单，能大致反映地球上的生物分布情况，至今仍旧采用。

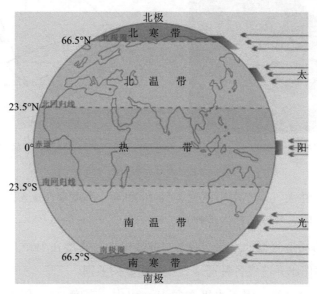

图 2.3.2　天文气候的五带分布

2. 七个天文气候带

根据天空辐射的时空分布，现在把五个天文气候带划分为七个天文气候带：

赤道带：南北纬 10° 之间，横跨赤道。全年正午太阳高度角都很大，一年中有两次受到太阳直射，一年内昼夜长短几乎相等。太阳辐射全年最强，年变化极小，日变化大。年均气温约 25～27℃，年较差不超过 5℃，日较差大于年较差，各月平均温度均在 18℃ 以上。

热带：纬度 10°～25°，横越南北回归线。大部分地区一年中有两次太阳直射，天文辐射年变化较小，日变化大。全年温度较高，夏半年受热最多，最热月平均温度常超过 22℃、最冷月平均温度不低于 10℃，温度年较差比赤道带大，约为 12℃。

亚热带：纬度 25°～35°，是热带与温带的过渡地带。这里水平面上已无接受太阳直射的机会，但夏半年受太阳天文辐射量仅次于热带，且大于赤道带；冬半年太阳辐射则较少。季节变化比赤道带和热带显著。夏热冬冷，气温年较差约 5～15℃，气温日较差大于气温年较差。

温带：纬度 35°～55°，季节变化最显著。由于太阳辐射的季节差异增大，温度年变化很大。根据年温变化的剧烈程度，分为暖温带和冷温带。暖温带低纬一侧夏季温度接近亚热带，冬温夏热。冷温带极地一侧冬季温度接近寒带，冬冷夏凉。

亚寒带：纬度 55°～60°，是温带与寒带的过渡地带。此带昼夜长短差别大，但无极昼、极夜现象。

寒带：纬度 60°～75°，一年中昼夜长短差别更大，在极圈以内有极昼、极夜现象。全年天文辐射总量显著减少。

极地：纬度 75°～90°，此带昼夜长短年差别最大，在极点半年为昼，半年为夜。即使在昼半年正午太阳高度角也很小，是天文辐射最小、年变化最大的地区。极昼期间，极地区最热月平均温度都在 10℃ 以下。

三、实际气候带

1. 实际气候带分类

实际气候带的划分大致分为实验分类法和成因分类法。

1）实验分类法（经验分类法）

根据大量气象观测记录，以某些气候要素的长期统计平均值及其季节变化为依据，并与自然界的植物分布、土壤水分平衡、水文情况及自然景观等相对照，来划分气候带和气候型。典型代表如柯本气候分类法、桑斯威特气候分类法。

2）成因分类法（理论分类法）

根据气候形成的辐射因子、环流因子和下垫面因子来划分气候带和气候型。一般是先从辐射因子、环流因子来划分气候带，然后结合大陆东西岸位置、海陆影响、地形等因子与环流因子等来确定气候型。典型代表如斯查勒气候分类法、阿里索夫气候分类法。

2. 柯本气候分类

柯本气候分类法是由德国气候学家柯本及其学生盖格尔等经过几十年（1884～1953年）的反复修改，以气温和降水两个气候要素为基础，参照自然植被的分布而确定的气候分类法。此方法首先把全球气候分为 A、B、C、D、E 五个气候带，其中 A、C、D、E 为湿润气候，B 为干旱气候，各带又细分为若干气候型（表 2.3.3）。为了明晰气候副型，在上述主要气候类型符号后再加上第三、第四个字母，这种符号有 20 余个。柯本与盖格尔联合编制了世界气候分布图。

柯本气候分类法　　　　　　　　　　　　　　　　　表 2.3.3

气候带			气候型		
名称	指标	特征	名称	指标	特征
A 热带	$\overline{T}_\text{冷} \geqslant 18℃$	全年炎热	Af 热带雨林气候	最干月降水量 $\geqslant 6$cm	全年多雨
			Am 热带季风气候	$(10 - r/25)$ cm $\leqslant$ 最干月降水量 $\leqslant 6$cm	受季风影响，有特别多雨的雨季，有短暂干季
			Aw 热带疏林草原气候	最干月降水量 <6cm，也小于 $(10 - r/25)$ cm	受行星风带南北移动影响，一年中有明显干湿季
B 干带	雨量低于干燥极限	降水稀少	Bs 草原气候	冬雨区 $r<2t$ 年雨区 $r<2(t+7)$ 夏雨区 $r<2(t+14)$	有短暂雨季
			Bw 沙漠气候	冬雨区 $r<t$ 年雨区 $r<t+7$ 夏雨区 $r<t+14$	全年干
C 温暖带	$0℃ < \overline{T}_\text{冷} < 18℃$ $\overline{T}_\text{热} > 10℃$	气候温暖	Cs 夏干温暖气候（又称地中海气候）	夏季最干月降水量 <40mm，冬季最多雨月降水量 $>$ 夏季最干月降水量的 3 倍	夏干
			Cw 冬干温暖气候	夏季最多雨月降水量 $>$ 冬季最干月降水量的 10 倍	冬干
			Cf 常湿温暖气候	全年降水分配均匀（不足上述比例）	降水分配均匀
D 冷温带	$\overline{T}_\text{热} > 10℃$ $\overline{T}_\text{冷} < 0℃$	冬冷而长	Df 常湿冷温气候	全年降水分配均匀	降水分配均匀
			Dw 冬干冷温气候	夏季最多月降水量 $>$ 冬季最干月降水量的 10 倍	有雨季
E 极地带	$\overline{T}_\text{热} < 10℃$	全年寒冷	ET 苔原气候	$0℃ < \overline{T}_\text{热} < 10℃$	苔藓、地衣类植物
			EF 冰原气候	$\overline{T}_\text{热} < 0℃$	终年冰雪不化

注：$\overline{T}_\text{热}$ 为最热月平均气温（℃），$\overline{T}_\text{冷}$ 为最冷月平均气温（℃），t 为年平均气温（℃），r 为年降水量（cm）。

冬雨区为 10 月至次年 3 月降水 $\geqslant$ 全年的 70%；年雨区为全年降水分配均匀；夏雨区为 4～9 月降水 $\geqslant$ 全年的 70%。

3. 斯查勒气候分类

斯查勒气候分类法认为天气是气候的基础，而天气特征和变化又受气团、锋面、气旋和反气旋支配。因此，首先根据气团源地、分布、锋的位置及季节变化将全球气候分为低纬度、中纬度、高纬度三大带；再按桑斯威特气候分类原则中计算可能蒸散量 E_p（需水量）和水分平衡的方法，以年总可能蒸散量 E_p、土壤缺水量 D、土壤储水量 S 和土壤多余水量 R 等确定气候带和气候型的界限，将全球气候分为 3 个气候带、13 个气候型和若干副型（表 2.3.4），高地气候另列一类。

斯查勒气候分类法　　　　　　　　　　　　　表 2.3.4

气候带	特征	气候型及其副型	特征
低纬度气候带	年总可能蒸散量 >130cm 热带气团（Tm 和 Tc）与赤道气团的源地，并受其控制，在副热带高压控制区气流下沉，气候干燥，在热带气流辐合带，对流旺盛，气候潮湿，极地气团虽有时侵入，但已变性，势力锐减。影响天气气候的主要因子是赤道低压槽的季节移动和热带气旋的活动	1. 赤道潮湿气候	每个月 E_p >10cm 至少有 10 个月 R >20cm
		2. 热带季风和信风气候	每个月 E_p >4cm R >20cm 持续期 6～9 个月，若超过 10 个月，则至少连续 5 个月 $E_p \geq$ 10cm
		3. 热带干湿季气候	D >20cm，R >10cm，每个月 E_p >4cm，S >20cm 持续期 5 个月，或 S 最小月份 <3cm
		4. 热带干旱气候	D >15cm，没有水分多余。每个月 E_p >4cm。至多 5 月 S >20cm 或者最少的月份 <3cm
中纬度气候带	年总可能蒸散量 52.5～130cm 热带气团和极地气团交绥角逐地，极锋出现在此，由西向东移动的温带气旋活动频繁，夏秋季节亦有热带气旋侵入 天气非周期性变化和一年四季变化均很明显	5. 副热带干旱气候	热带干旱气候向较高纬度方向的延伸 $D \leq$ 15cm，无水分盈余。有 1 个月可能蒸散量 <4cm，但每个月都超过 0.8cm
		6. 副热带湿润气候	D <15cm，至少有 1 个月 E_p <4cm，但每个月都超过 0.8cm
		7. 副热带地中海气候（或副热带夏干气候）	D >15cm，R >0，每个月 E_p >0.8cm，水分贮存指数 >75%，或最热月降水量与实际蒸散量之比 <40%
		8. 温带海洋性气候	D <15cm，年 E_p >80cm，每个月可能蒸散量都 >0.8cm
		9. 温带干旱气候	D >15cm，无水分盈余，可能蒸散量至少有 1 个月 <0.7cm
		10. 温带湿润大陆性气候	D <15cm，无水分盈余，可能蒸散量至少有 1 个月 <0.7cm

续表

气候带	特征	气候型及其副型	特征
高纬度气候带	年总可能蒸散量 <52.5cm 盛行极地气团、冰洋气团和南极气团（南半球）且系这些气团的源地 北半球极地海洋气团（Pm）与冰洋气团交绥，形成冰洋锋 南半球极地海洋气团与南极气团交绥形成南极锋，这些锋带经过区产生一定量降水	11. 副极地大陆气候	年总可能蒸散量 35～52.5cm，可能蒸散量等于零的时间至多持续 7 个月
		12. 苔原气候	年总可能蒸散量 <35cm，连续 8 个月以上出现可能蒸散量等于零
		13. 冰原气候	全年各月的可能蒸散量都等于零

四、周淑贞气候带

1. 周淑贞气候带划分方法

我国气候学家周淑贞以斯查勒成因气候分类法为基础，把年可能蒸散量作为气候带的划分标准，将全球气候分为三个纬度带（年可能蒸散量：低纬度气候≥ 1300mm，中纬度气候 525～1300mm，高纬度气候 <525mm）和高地气候，再根据环流及下垫面特征（地理纬度、海陆分布、地形和洋流特征等）来划分气候型（重视季风气候）——简要实际气候带（表 2.3.5），以便于理解全球地理条件和气候环境的复杂性。

全球气候分类——简要实际气候带 表 2.3.5

气候类	气候带	气候型	
低地气候	低纬度气候带	赤道气候	①赤道气候	亦称热带雨林气候
		热带气候	①热带海洋性气候	—
			②热带干湿季气候	亦称热带草原气候
			③热带季风气候	—
			④热带干旱与半干旱气候	—
	中纬度气候带	亚热带气候	①亚热带干旱与半干旱气候	—
			②亚热带季风气候	—
			③亚热带湿润气候	—
			④亚热带夏干气候	亦称地中海气候
		温带气候	①温带海洋性气候	—
			②温带季风气候	—
			③温带大陆性湿润气候	亦称温带森林气候
			④温带干旱与半干旱气候	亦称温带荒漠与温带草原气候
	高纬度气候带	①副极地大陆性气候	亦称亚寒带针叶林气候、雪林气候
		②极地长寒气候	亦称极地苔原气候
		③极地冰原气候	—
高地气候		—	

2. 低地气候

低纬度气候带的内容详见表 2.3.6，中纬度气候带的内容详见表 2.3.7、表 2.3.8，高纬度气候带的内容详见表 2.3.9。

低纬度气候带分布及气候特征　　　　　　　　　　　　　　表 2.3.6

名称		分布	气候特征
赤道多雨气候		赤道及两侧，向南、北延伸 5°～10°，主要分布在非洲的刚果盆地和几内亚湾沿岸、南美洲的亚马孙河流域、亚洲东南部的苏门答腊岛与大洋洲的新几内亚岛一带	常年如夏，潮湿多雨。由于日照辐射最多，全年常夏，各月平均气温在 25～28℃，绝对最高气温及最低气温在 38～18℃之间。气温年较差一般小于 3℃，平均日较差可达 6～12℃，气温昼夜周期性变化显著。全年多雷阵雨，无干季，年降水量在 2000mm 以上，最少雨月降水量也超过 60mm。雨季出现于夏季，即夏季的温度降低，所以最热时期出现在雨季之前
热带海洋性气候		南北纬 10°～25° 信风带的大陆东岸及热带海洋中的若干岛屿上，如中美洲东岸加勒比海沿岸及诸岛、南美巴西高原东侧沿岸的狭长地带、非洲马达加斯加岛屿的东岸、澳大利亚昆士兰州沿海地带和太平洋的夏威夷群岛等	全年气温高，气温年较差与日较差皆小。最热月平均气温约 28℃，最冷月平均气温约 18～25℃。全年降水量皆多，大于 1000mm，集中于 5～10 月，无明显干季
热带干湿季气候		赤道多雨气候区的外围，即南北纬 5°～15°，也有伸展至 25° 左右的，以非洲的苏丹草原与埃塞俄比亚高原、东非高原和南非高原的北部，南美洲的巴西大部和中美洲的太平洋沿岸，澳大利亚大陆北部等地区为典型	全年气温高、降雨量大且具有明显的干湿季的气候特征。年平均气温高，但气温年较差略大于热带雨林气候，最冷月平均温度在 16～18℃及以上。最热月出现在干季之后、雨季之前，为热季。一年分干、热、雨三个季节。年降水量大多在 750～1600mm，有明显的干湿季之分，离赤道越远，干季越长，降水量也越少
热带季风气候		南北纬 10° 至南北回归线之间的亚洲大陆东岸，如我国台湾南部、雷州半岛和海南岛，中南半岛、印度半岛、菲律宾群岛和澳大利亚北部沿海地带	全年高温，长夏无冬，春秋短暂，年平均气温在 20℃以上，最冷月平均气温在 18℃以上，年较差在 3～10℃。这些地区热带季风发达，一年中风向的季节变化明显。年降水量很大，一般在 1500～2000mm，集中于夏季（北半球 6～10 月）
热带干旱与半干旱气候	热带干旱气候	非洲的撒哈拉沙漠、卡拉哈里沙漠、纳米布沙漠、西亚的阿拉伯沙漠、南亚的塔尔沙漠、澳大利亚西部和中部的沙漠、南美西海岸的阿塔卡马沙漠等	全年炎热干燥。年平均气温高，最热月平均气温在 30～35℃，有的甚至在 34℃以上。年温差较大，常在 10～20℃。日温差更大，一般可达 15～30℃，白天气温特高，可达 48℃以上，夜间最低气温可降至 7～12℃。年降水稀少且变率大，普遍在 250mm 以下，许多地区只有数毫米，常常连续数年不下雨，降水变率大多在 40% 以上。云量少，相对湿度极小，日照强
	热带西岸多雾干旱气候	纬度 10°～30° 附近，在热带大陆西岸、有冷洋流经过的海滨地带，包括北美的加利福尼亚冷流沿岸、南美的秘鲁冷流沿岸、北非的加那利冷流沿岸、南非的本格拉寒流沿岸	夏凉冬温，年均温度低，气温的年较差、日较差都小。日照不强，降水稀少，相对湿度大，多雾而少雨
	热带半干旱气候	热带干旱气候区的外缘	气温年较差、日较差比较大。降水量少，年雨量 250～750mm；降水变率大，干季长，一年中有一短暂雨季，其余时间干燥无雨

37

中纬度亚热带气候带分布及气候特征　　　　　　　　　　表 2.3.7

名称		分布	气候特征
亚热带 干旱与 半干旱 气候	亚热带 干旱气候	热带干旱气候向较高纬度的一侧，约在南北纬 25°～35° 的大陆西岸和内陆地区。包括北非、南非部分地区以及西亚的伊朗高原和安纳托利亚高原、美国西部的内陆高原、南美的格兰查科、墨西哥北部、阿根廷的潘帕和巴塔哥尼亚、澳大利亚南部	少雨、少云、日照强、夏季高温、气温日较差和年较差大、蒸发盛等。由于纬度位置稍高，与热带干旱气候相比有两点差异：凉季气温较低，气温年较差大于热带荒漠气候；凉季因气温较低，又有一定的气旋雨，土壤蓄水量比热带沙漠大。夏季气温与热带沙漠相当，最热月平均气温往往超过 30℃，冬季最冷月平均气温可降至 0℃，气温年较差约 20℃，年降水量一般不多于 500mm，大部分地区年降水量少得多
	亚热带半 干旱气候	亚热带干旱气候区的外缘，与地中海气候区相毗连	与亚热带干旱气候相比，有以下两点差别：夏季气温比亚热带干旱气候稍低，月气温均低于30℃；冬季降水量比亚热带沙漠稍多，年均降雨量为 300mm 左右，但变率大
亚热带季风气候		亚洲东部，北纬 25°～35° 地区，包括我国东部秦岭－淮河以南、热带季风气候区以北的地带，日本南部和朝鲜半岛南部等地	气候夏热冬温，降水充足，四季分明，季风发达。夏季湿热，有大量降水；冬季干冷，降水明显减少。最热月平均气温在 22℃ 以上，最冷月气温在 0～15℃。全年降水量在 750～1000mm，夏季雨量丰富，冬季少雨但无明显的干湿季节
亚热带湿润气候		北美大陆东岸 25°～35° 的大西洋沿岸和墨西哥沿岸，南美阿根廷、乌拉圭和巴西南部，非洲东南海岸和澳大利亚东南岸	没有季风影响，气候温暖，降水丰富，冬季温暖湿润，夏季温暖潮湿
亚热带夏干气候		南北纬 30°～40° 的大陆西岸，包括 5 个典型地区：地中海沿岸、美国加利福尼亚及西南部太平洋沿岸、南美智利中部沿海、澳大利亚南端沿岸、非洲大陆南端沿岸等地，以地中海沿岸分布面积最广及最典型，故名地中海式气候区	夏季晴朗炎热、干燥少雨。冬季降水丰富，气候温和湿润。夏季气温平均 21～27℃，冬季平均气温 5～10℃。全年雨量适中，年降水量 300～1000mm，且主要集中在冬季，夏季干旱。地中海地区气候宜人，拥有阳光和碧海蓝天

中纬度温带气候带分布及气候特征　　　　　　　　　　表 2.3.8

名称	分布	气候特征
温带海洋性气候	大陆西岸 40°～60° 的纬度地带，如欧洲西部，美国太平洋海岸的阿拉斯加南部、华盛顿州、俄勒冈州，加拿大不列颠哥伦比亚，南美大陆 40°～60° 西岸，澳大利亚东南角及塔斯马尼亚岛和新西兰等地	气候冬暖夏凉，湿润多雨，年较差小，降水均匀。冬季不冷，最冷月平均气温在 0℃ 以上；夏季不热，最热月平均气温在 22℃ 以下。气温年较差小，约 6～14℃。全年降水季节分配较均匀，冬雨略多，年降水量一般在 700～1000mm
温带季风气候	北纬 35°～55° 的亚欧大陆东岸，如我国华北、东北地区（秦岭－淮河以南为亚热带季风，以北为温带季风），朝鲜大部分，日本北部等地，以及西伯利亚东南地区	冬季寒冷干燥、少雨雪，最冷月平均气温在 0℃以下，盛行西北季风。夏季暖热多雨、潮湿，盛行东南季风。年降水量 500～1000mm，主要集中在夏季。气温年较差比较大，四季分明，天气的非周期性变化显著

续表

名称		分布	气候特征
温带大陆性湿润气候		亚欧大陆温带海洋性气候区的东侧，北美大陆约西经100°W 的温带地区	冬季寒冷少雨，夏季炎热多雨。冬季盛行西风气流带来的海洋气团，深入大陆较深，逐渐变性冷却、湿度降低。因此，冬季比同纬度温带季风气候区要暖些。但是夏雨集中程度介于温带海洋性气候与温带季风气候之间
温带干旱与半干旱气候	温带干旱气候热夏型	西南亚干旱气候区，俄罗斯的中亚干旱气候区，中国的内蒙古、新疆、甘肃等地的干旱气候区，美国内华达州、犹他州和加利福尼亚州的东南部	冬寒夏热、气温年较差和日较差大、干燥少雨、相对日照高、降水量少、降水变率大。年降水量小于250mm，降水变率大于40%、有少量冬雪。如吐鲁番6～8月三个月的气温平均在30℃以上，极端最高气温达48.9℃；气温年较差达43.5℃，日较差可达20～25℃
	温带干旱气候凉夏型	南美洲阿根廷的大西洋沿岸的巴塔哥尼亚	年降水量稀少，一般小于200mm。因大陆面积小且位于冷洋流沿岸，因此夏季气温不高，最热月平均气温小于15℃，冬季最冷月平均气温在0℃以上，气温年较差和日较差均小
	温带半干旱夏雨型	温带干旱气候区与温带季风气候区之间的过渡地区	夏热冬寒、四季明显。年降水量约在250～500mm，降水变率很大。降水集中于夏季，年较差仅次于温带干旱气候
	温带半干旱冬雨型	温带干旱气候区与地中海气候区之间的过渡地区	夏热冬寒、四季明显。年降水量约在250～500mm，降水变率很大。冬季受到气旋活动影响，雨量集中

高纬度气候带分布及气候特征 表2.3.9

名称	分布	气候特征
副极地大陆性气候	北半球纬度55°～65°地区，包括北美洲从阿拉斯加经加拿大到拉布拉多和纽芬兰的大部分地区，亚欧大陆包括斯堪的纳维亚半岛北部、芬兰、俄罗斯东西部	冬季长（至少9个月）而严寒，暖季短促，气温年较差特大，7月平均气温在15℃以上，1月西伯利亚某地区平均气温可低至 −50℃。年降水量少，集中于夏季，蒸发弱，相对湿度大，属于冷湿环境。年降水量东西伯利亚不超过380mm，加拿大不多于500mm，每年有5～7个月被积雪覆盖，积雪厚度600～700mm，土壤冻结现象严重
极地常寒气候	北半球纬度70°～75°，包括北美洲和亚欧大陆的北部边缘、格陵兰沿海的一部分、北冰洋中的若干岛屿；南半球高纬度地带分布在马尔维纳斯群岛（福克兰群岛）、南设得兰群岛和南奥克尼群岛	全年皆冬、一年中只有1～4个月月平均气温为0～10℃。降水稀少，多半为降雪，云雾多，蒸发弱，年降雨量在200～300mm。极昼、极夜现象明显
极地冰原气候	极地及其附近地区，包括格陵兰、北冰洋若干岛屿和南极大陆的冰原高原	终年严寒，各月平均气温都在0℃以下。南极大陆的年平均气温 −35.0～−28.9℃，是世界上最严寒的大陆。南极站7、8、9月三个月的月平均气温均低于 −60℃。整个冬季处于极夜，夏半年是永昼。大部分地区年降水量少于250mm，降水全部是干雪，不融化，干燥少降水。南极地区是全球的寒极、风极和最干燥的冰雪大陆，北极地区则是冰盖和浮冰的大洋

3. 高地气候

高地气候出现在 55°S～70°N 的大陆高大山地和高原地区。北半球中纬度地区分布广范，南半球主要分布于南美洲安第斯山地，如亚洲的喜马拉雅山、帕米尔高原和青藏高原，欧洲的阿尔卑斯山，非洲的乞力马扎罗山等地，南、北美洲的科迪勒拉山系。以拉丁美洲的安第斯山脉赤道区为例，从山麓到山顶可分为六个垂直气候带，分别为热带作物带、暖带咖啡带、温带谷物带、原始森林带、高山草地带、永久积雪带。

高山地带随着高度的增加，空气逐渐稀薄，空气中吸收地面长波辐射的二氧化碳、水汽、气溶胶等减少，气压与气温降低，日照与风力增强，迎风坡降水量随高度增加而加大，越过最大降水带后，降水又随高度升高而减少。因此，高山气候具有明显的垂直地带性特征：

1）山地垂直气候带具有所在地大气候类型的烙印。如赤道山地从山麓到山顶各带都具有全年季节变化不明显的特征，全年各月气温和降水的差值都很小。

2）山地垂直气候带因所在地的纬度和山地自身高度不同各有差异。低纬山地，若山地高差较小，随着海拔高度的增加，地表热量和水分逐渐变化直到雪线以上，可以划分的垂直气候带数目较多；若山地高差较小，分异减少。高纬山地，山麓常年积雪，垂直气候分异不显著。

3）湿润气候山地垂直气候的差异，主要决定因素为热量条件的垂直差别；干旱、半干旱气候区的山地垂直气候差异则主要与热量、湿润状况密切相关，干燥度均是山麓大，山顶逐渐减小。

4）同一山地还因地形、坡向、坡度等不同，气候垂直变化各不相同，具有山坡暖带、山谷冷湖等"十里不同天"的特征。在周围山坡围绕的山谷或盆地中，风速小和湍流（乱流、扰流，区别于层流）交换弱，当地表辐射强烈时，周围山坡上的冷空气因密度大，多沿坡面向谷底注泻（这种下沉动力增温作用远比地表辐射冷却作用小），并在谷底沉积继续辐射冷却，因此谷底气温最低，形成"冷湖"。而在冷空气沉积的顶部坡地上，因为风速较大，湍流交换较强，换来自由大气中较暖的空气，形成"暖带"。

5）山地垂直气候带与随纬度而异的水平气候带在成因和特征上均不同。

降温原因：气温因海拔增高而降低的原因与由赤道向极地降温的原因不同。就太阳辐射强度而言，赤道高山山顶比赤道山麓（山脚）和极地都强，山顶寒冷主要是由于空气稀薄，能够吸收地面长波辐射的二氧化碳和水汽等特别少，地面有效辐射失热多。

太阳辐射日变化和季节变化：同一纬度，山麓与山顶变化是一致的。在赤道区的高山，山麓与山顶全年昼夜均分，正午太阳高度角全年都很大；而极地有极昼、极夜现象，即使在极昼期间正午太阳高度角也很小。

气温年较差：海平面上，由赤道至极地，随着纬度的增高，气温年较差逐渐加大，到副极地大陆性气候区气温年较差最大；而在赤道高山，由山麓至山顶，随着海拔高度的增高，气温年较差反而减小。

五、建筑设计基本气候类型

气候类型简称气候型，是气候带次一级的气候单位。根据自然地理环境的不同，在一个气候带内根据气候的差异，可以划分出几种气候型；同样的气候型又可以分布在不同的气候带内，因此气候型在地球上不再呈带状分布。

从建筑设计角度出发，英国学者斯欧克莱（Szokolay）在《建筑环境科学手册》中根据空气温度、湿度、太阳辐射等因素，将全球划分为 4 种气候类型：干热气候区、湿热气候区、温和气候区和寒冷气候区。斯欧克莱的气候分区是目前建筑热工界研究建筑与气候关系（表 2.3.10）时比较常用的气候区划方法，其缺点是比较感性和主观，也比较粗略，对具体方案设计指导性较弱。

斯欧克莱气候分区和建筑设计的关系　　　　　　表 2.3.10

气候区	气候特征及气候因素	建筑气候策略	典型建筑
寒冷气候	大部分时间月平均气温低于 −15℃ 严寒；风；暴风雪；雪荷载	减少热量流失 最大限度保温	
温和气候	较寒冷冬季和较热夏季 月平均温度波动范围大，最冷月可低于 −15℃，最高月高达 25℃ 气温年变幅可从 −30℃到 37℃	夏季：遮阳、通风 冬季：保温	
干热气候	阳光暴晒，眩光 温度高、温度年较差、日较差大 降水稀少、空气干燥、湿度低、多风沙	最大限度遮阳 厚重蓄热墙体 内向型院落 利用水体调节微气候	
湿热气候	温度高，年平均温度在 18℃以上；温度年较差小 年降水量大于 750mm，潮湿闷热，相对湿度大于 80% 阳光暴晒、眩光	最大限度通风、遮阳 低热容围护结构	

1. 干热气候

干热气候区基本上分布在赤道两边南北纬 15°～30° 之间，以非洲的撒哈拉沙漠、中东的科威特和沙特阿拉伯等地区最为典型。我国新疆的部分沙漠地带以及吐鲁番盆地亦属干热气候区，四川南部的攀枝花市、西昌市等地，滇西北的大理、丽江等地为次干热气候区。干热气候的主要特征是日照强烈，气温高且气温年较差、日较差均非常大（夏季白天气温通常高于 40℃，最高纪录甚至达到 58℃，夜间温度降至大约 20℃；年最高气温 45℃左右，而年最低气温可至 −10℃），雨量少，湿度低，风速较大且常有暴风沙（沙尘暴）。

干热气候区中的建筑主要考虑如何应对隔热和降温的问题。因此，干热地区的建筑大多比较封闭、浑厚。

2. 湿热气候

湿热气候区位于赤道及赤道附近，包括我国的广东、台湾，东南亚部分地区，大洋洲以及南美洲，非洲部分热带雨林地区。这些地区夏季炎热，气温最高可达40℃，温度振幅小，通常在7℃以下；大气中水蒸气气压高，相对湿度大、降水量大。典型的湿热气候区年平均最高气温为30℃，年平均最低气温为24℃；年平均相对湿度大于75%，由于湿度常年较高，该地区热舒适性较干热气候区更差。我国的重庆、广东、福建、湖南、湖北、江苏、浙江、安徽以及四川盆地和贵州、广西部分地区虽然有短暂的寒冬，但一年中有相当长的时间处于湿热的气候状态，也可以视为次湿热气候区或亚湿热气候区。

湿热气候区中的建筑需要解决隔热、降温、排（雨）水、防潮以及减少太阳辐射等问题。

3. 温和气候

温和气候区既不是一贯炎热或者干燥，也不是始终温暖或潮湿，而是随季节而改变，有的地区受季风的影响，在不同的季节分别具有干热和湿热的气候特征。主要气候特点是：温度变化多样，夏季暖热，冬季寒冷，春秋季温和，四季分明。干温气候地区天气干燥、年温差较大，冬季较寒冷，而夏季又较炎热且时有风沙。我国新疆的部分地区、西藏北部、宁夏、内蒙古、甘肃局部、陕西与山西北部以及北京和天津等地均属于这类气候类型。湿温气候地区的气候特点与干温气候相似，唯一不同的是湿度大、降水量大。我国湿温气候地区主要集中在云南、贵州、湖南、湖北、福建、江西大部和河南、江苏、安徽、山东、山西局部以及东北三省局部。

干温气候类型下的建筑设计需要考虑的问题是冬季防寒、供暖、保温，夏季隔热、通风。通风防潮是湿温气候类型下建筑设计需要考虑的重要因素。

4. 寒冷气候

寒冷气候区一年中大部分时间的月平均气温低于 –15℃，最低甚至可达 –86℃（1958年南极测定），基本上分布在北纬45°以北的地区，包括北美、北欧、中国的东北部分地区以及北极等地区。气候特征是常年寒冷干燥、年温差大、太阳辐射量大，夏季日照丰富且降水多，春秋季短，相对湿度在50%～70%，部分地区土壤常年冻结，如南北极、西伯利亚等地区。在中纬度地区由于地形地貌等原因，也存在部分寒冷地区，如我国的内蒙古西北和西藏大部分地区。

寒冷气候区的建筑需要重点解决冬季的防寒保暖，同时还要兼顾夏季的通风降温，部分地区要考虑采取防风沙的措施。

第四节　中国气候分区

对于幅员辽阔的中国大地，南北、东西地区的气候差异明显，并且大多数地区气候四季差别分明。气候区划是指按照一定的标准，结合生产实际需要，照顾自然区、行政区，将全国或者某个区域按照不同的气候特征划分为若干小区。中国气候区划以中国气候带和气候区、中国建筑气候区划、我国民用建筑热工设计区为代表。

一、中国气候带与气候区

1978 年，中国气象局根据 1951～1970 年的气候资料，重点采用热量（≥ 10℃稳定期积温）和水分（干燥度）两项标准，并参考其他条件，将全国划分为 9 个气候带和 1 个高原气候区域（表 2.4.1）。

中国气候带、气候大区及气候区　　　　　表 2.4.1

温度带	气候带	气候大区			
		A 湿润	B 亚湿润	C 亚干旱	D 干旱
		气候区			
温带	Ⅰ北温带	ⅠA₁ 根河区	—	—	—
	Ⅱ中温带	ⅡA₁ 小兴安岭区 ⅡA₂ 三江—长白区	ⅡB₁ 大兴安岭区 ⅡB₂ 松辽区	ⅡC₁ 蒙东区，ⅡC₂ 蒙中区 ⅡC₃ 富蕴区，ⅡC₄ 塔城区，ⅡC₅ 伊宁区	ⅡD₁ 蒙甘区 ⅡD₂ 北疆区
	Ⅲ南温带	ⅢA₁ 辽东—胶东半岛区	ⅢB₁ 河北区 ⅢB₂ 鲁淮区 ⅢB₃ 渭河区	ⅢC₁ 晋陕甘区	ⅢD₁ 南疆区
亚热带	Ⅳ北亚热带	ⅣA₁ 江北区、ⅣA₂ 秦巴区	—	—	—
	Ⅴ中亚热带	ⅤA₁ 江南区 ⅤA₂ 瓯江、闽江、南岭区 ⅤA₃ 四川区，ⅤA₄ 贵州区 ⅤA₅ 滇北区	ⅤB₁ 金沙江—楚雄、玉溪区	—	—
	Ⅵ南亚热带	ⅥA₁ 台北区，ⅥA₂ 闽南—珠江区，ⅥA₃ 滇南区	—	—	—
热带	Ⅶ北热带	ⅦA₁ 台南区，ⅦA₂ 雷琼区 ⅦA₃ 滇南河谷区	ⅦB₁ 琼西区	ⅦC₁ 元江区	—
	Ⅷ中热带	ⅧA₁ 琼南—西沙区	—	—	—
	Ⅸ南热带	ⅨA₁ 南沙区	—	—	—
高原区	H 高原气候区域	ⅤⅥⅦA₁ 达旺—察隅区 HA₁ 波密—川西区	HB₁ 青南区 HB₂ 昌都区	HC₁ 祁连—青海湖区 HC₂ 藏中区 HC₃ 藏南区	HD₁ 柴达木区 HD₂ 藏北区

首先按照气温的不同，用日平均气温≥ 10℃稳定期积温作为热量代表，根据热量标准（表 2.4.2），把全国划分成 9 个气候带（Ⅰ～Ⅸ）和 1 个高原气候区域（H），9 个气候

带从北到南包括北温带（Ⅰ）、中温带（Ⅱ）、南温带（Ⅲ）、北亚热带（Ⅳ）、中亚热带（Ⅴ）、南亚热带（Ⅵ）、北热带（Ⅶ）、中热带（Ⅷ）、南热带（Ⅸ）。

其次按照水分的不同，用积温法计算的干燥度作为水分代表，根据干燥度分级标准（表2.4.3），每个气候带再划分出气候大区，即自东南向西北，划分出湿润（A）、半湿润（B）、半干旱（C）和干旱（D）气候。干燥度是指蒸发力与同期降水量之比，亦称干燥指数（K），$K = E_0/r = 0.16\sum t/r$，式中 $\sum t$ 为日平均气温 ≥ 10℃稳定期积温，r 为同期降水量，E_0 为蒸发力，这里用日平均气温 ≥ 10℃稳定期积温乘以 0.16 作为蒸发力。

热带特征是植物全年生长；温带特征是只有夏季生长；处在过渡地带的亚热带，夏季生长热带植物，冬季生长温带植物。我国真正的热带植物不能在雷州半岛湛江以北正常生长，亚热带植物不能在秦岭－淮河以北生长。因此，我国热带北界是湛江纬度圈，亚热带北界是秦岭－淮河一线，暖温带与温带的界线在北京与沈阳之间。

划分气候带的温度指标　　　　　　　　　　　　　表 2.4.2

温度带	气候带	≥ 10℃的积温（及其天数）	最冷月平均气温	年极端最低气温	备注
温带	Ⅰ 北温带	<1600 ～ 1700℃（<100d）	< −30℃	< −48℃	—
	Ⅱ 中温带	1600 ～ 1700℃至 3100 ～ 3400℃（100 ～ 160d）	−30 ～ 10℃	−48 ～ −30℃	—
	Ⅲ 南温带	3100 ～ 3400℃至 4250 − 4500℃（160 ～ 220d）	−10 ～ 0℃	−30 ～ −20℃	—
亚热带	Ⅳ 北亚热带	4250 ～ 4500℃至 5000 ～ 5300℃（220 ～ 240d）	0 ～ 4℃	−20 ～ −10℃	—
	Ⅴ 中亚热带	5000 ～ 5300℃至 6500℃（240 ～ 300d） 5000 ～ 5300℃至 6000℃（240 ～ 300d）	4 ～ 10℃ 4 ～ 10℃	−10 ～ −5℃ −10 ～ −2℃	云南地区
	Ⅵ 南亚热带	6500 ～ 8000℃（300 ～ 365d） 6000 ～ 7500℃（300 ～ 350d）	10 ～ 15℃ 10 ～ 15℃	−5 ～ −2℃ −2 ～ −2℃	云南地区
热带	Ⅶ 北热带	8000 ～ 9000℃（365d） >7500℃（350 ～ 365d）	15 ～ 19℃ 15 ～ 19℃	2 ～ 6℃ 2 ～ 6℃	云南地区
	Ⅷ 中热带	9000 ～ 10000℃（365d）	19 ～ 26℃	5 ～ 20℃	—
	Ⅸ 南热带	>10000℃（365d）	>26℃	>20℃	—
高原区	H 高原气候区域	<2000℃（<100d）	—	—	—

干燥度的分级指标及植被水文　　　　　　　　　　　表 2.4.3

干燥度	干湿情况		天然植被	水文情况
< 0.49 0.50～0.99	湿润	很湿润 湿润	森林	排水
1.00～1.49	半湿润		森林、草原	防水不足
1.50～1.99 2.00～3.99	半干旱		草甸、草地 干草原、荒漠草原	需要灌溉
≥4.00	干旱		荒漠	—

我国不同气候带均具有明显的季风特色：

温带季风气候分布在我国秦岭、淮河以北的东部地区。温带季风气候的特点为夏季温暖，冬季较冷，冬夏温差由南向北增大；年降水量 500～1000mm，主要集中在夏季，降水量由南向北减少。

温带大陆性气候分布在我国西北部。由于全年在大陆气团控制下，冬冷夏热，气温年较差大。降水少，年降水量都在 500mm 以下，大陆中部形成干旱或半干旱气候。大陆北部由于纬度偏高，冬季寒冷漫长，夏季温凉短促，蒸发不旺，降水虽少，但不干旱，形成特殊的亚寒带针叶林气候。

亚热带季风气候分布在大陆东岸的亚热带地区，以我国东南部最为典型。这里冬季不冷，1 月平均气温普遍在 0℃以上；夏季较热，7 月平均气温一般为 25℃左右。冬夏风向有明显变化。年降水量一般在 1000mm 以上，因此被称为亚热带季风性湿润气候。降水主要集中在夏季，冬季较少；其他地区，由于冬季也有相当数量的降水，冬夏干湿差别不大。

热带季风气候分布在我国西南部分地区，主要是云南省。热带季风气候的特点为全年高温，最冷月平均气温也在 18℃以上，降水与风向有密切关系。冬季盛行来自大陆的东北风，降水少；夏季盛行来自印度洋的西南风，降水丰沛，年降水量大部分地区为 1500～2000mm，但有些地区远多于此。

高山气候位于我国西藏地区。高原山地气候的特点是气温和降水都有垂直变化，气温随高度的增加而降低，降水在一定高度范围内随高度增加而增加，超过这一高度则随高度的增加而减少。

二、中国干湿气候地区划分

根据年降雨量与干湿状况，中国干湿地区可以划分为湿润区、半湿润区、半干旱区与干旱区，具体分类方法见表 2.4.4。

中国干湿地区划分 　　　　　　　　　　　　　　表 2.4.4

序号	名称	年降水量 /mm	干湿状况	分布地区
1	湿润区	> 800	降水量 > 蒸发量	秦岭淮河以南，青藏高原南部、内蒙古东北部、东北三省东部
2	半湿润区	> 400	降水量 > 蒸发量	东北平原、华北平原、黄土高原大部、青藏高原东南部
3	半干旱区	< 400	降水量 < 蒸发量	内蒙古高原、黄土高原一部分、青藏高原大部
4	干旱区	< 200	降水量 < 蒸发量	新疆、内蒙古高原西部、青藏高原西北部

三、中国建筑气候区划

建筑与气候密切相关，建筑的规划、设计、施工等无不受气候的巨大影响。我国幅员辽阔，地形复杂，各地气候差异悬殊。千姿百态的建筑风貌反映了适应不同气候条件的特点：北方寒冷，建筑布局紧凑、封闭厚重以防寒保温；南方炎热多雨，建筑布局疏朗、通透轻盈以通风遮阳与隔热除湿。因此，根据各地气候的相似性和差异性，研究我国建筑与气候的关系，科学合理地进行建筑气候区划（概括各区气候特征，明确各区划建筑的基本要求，提供建筑设计所需的气候参数），对合理利用当地气候资源，改善环境功能和使用条件，提高建筑技术水平，加快建设速度，发挥建设投资的经济效益和社会效益具有重要意义。

我国 20 世纪 50 年代就开展了建筑气候区划研究，并于 1964 年提出《全国建筑气候分区草案（修订稿）》，由国家科学技术委员会内部出版。1989 年中国建筑科学院与北京气象中心对该气候区划进行了修订，采用综合分析和主导因素相结合的原则，把全国按照 2 级区划标准进行了分区。1993 年建设部批准发布了全国统一的《建筑气候区划标准》GB 50178－93。

《建筑气候区划标准》GB 50178－93 在研究我国建筑与气候关系的基础上，根据综合分析和主导因素相结合的原则，依据气温、相对湿度、降水量三个主要气候参数，将我国建筑气候划分为 7 个一级区、20 个二级区。以 1 月平均气温、7 月平均气温、7 月平均相对湿度为主要指标，以年降水量、年日平均气温≤ 5℃和≥ 25℃的天数作为辅助指标，将全国建筑气候划分为 7 个一级区，即Ⅰ、Ⅱ、Ⅲ、Ⅳ、Ⅴ、Ⅵ、Ⅶ区。在各一级区内，又以 1 月平均气温、7 月平均气温、7 月平均气温日较差、冻土性质、最大风速、年降水量等指标，划分为若干二级区（表 2.4.5），并在此基础上提出了相应的建筑基本要求（表 2.4.6）。

中国建筑气候区划指标 表 2.4.5

分区名称代号			一级分区指标		二级区划指标		
			主要指标	辅助指标	平均气温	冻土性质	
I	I A	严寒地区	1月平均气温 ≤ −10℃ 7月平均气温 ≤ 25℃ 7月平均相对湿度≥ 50%	年日平均气温 ≤ 5℃的天数 ≥ 145d 年降水量 200 ~ 800mm	1月平均气温	≤ −28℃	永冻土
	I B					−28 ~ −22℃	岛状冻土
	I C					−22 ~ −16℃	季节冻土
	I D					−16 ~ −10℃	季节冻土
II	II A	寒冷地区	1月平均气温 −10 ~ 0℃ 7月平均气温 18 ~ 28℃	年日平均气温 ≤ 5℃的天数 90 ~ 145d 年日平均气温 ≥ 25℃的天数 < 80d	7月平均气温	≥ 25℃	7月平均气温日较差 < 10℃
	II B					< 25℃	≥ 10℃
III	III A	夏热冬冷地区	1月平均气温 0 ~ 10℃ 7月平均气温 25 ~ 30℃	年日平均气温 ≤ 5℃的天数 0 ~ 90d 年日平均气温 ≥ 25℃的天数 40 ~ 110d	7月平均气温	26 ~ 29℃	最大风速 ≥ 25m/s
	III B					≥ 28℃	< 25m/s
	III C					< 28℃	< 25m/s
IV	IV A	夏热冬暖地区	1月平均气温 > 10℃ 7月平均气温 25 ~ 29℃	年日平均气温 ≥ 25℃的天数 100 ~ 200d	最大风速	≥ 25m/s	
	IV B					< 25m/s	
V	V A	温和地区	1月平均气温 0 ~ 13℃ 7月平均气温 18 ~ 25℃	年日平均气温 ≤ 5℃的天数 在 0 ~ 90d	1月平均气温	≤ 5℃	
	V B					> 5℃	
VI	VI A	严寒地区	1月平均气温 −22 ~ 0℃ 7月平均气温 < 18℃	年日平均气温 ≤ 5℃的天数 90 ~ 285d	1月平均气温	≤ −10℃	7月平均气温 ≥ 10℃
	VI B					≤ −10℃	< 10℃
	VI C	寒冷地区				> −10℃	≥ 10℃
VII	VII A	严寒地区	1月平均气温 −20 ~ −5℃ 7月平均气温 ≥ 18℃ 7月平均相对湿度 < 50%	年日平均气温 ≤ 5℃的天数 110 ~ 180d 年日平均气温 ≥ 25℃的天数 < 120d 年降水量 10 ~ 600mm	1月平均气温	≤ −10℃, 7月平均气温 ≥ 25℃	年降水量 < 200mm
	VII B					≤ −10℃, 7月平均气温 < 25℃	200 ~ 600mm
	VII C					≤ −10℃, 7月平均气温 < 25℃	50 ~ 200mm
	VII D	寒冷地区				> −10℃, 7月平均气温 ≥ 25℃	10 ~ 200mm

47

中国建筑气候区划的建筑设计分区设计要求   表 2.4.6

分区名称代号		建筑基本要求
Ⅰ 严寒地区	ⅠA、ⅠB、ⅠC、ⅠD	1. 必须充分满足冬季保温、防寒、防冻等要求； 2. ⅠA、ⅠB 应防止冻土、积雪危害； 3. ⅠB、ⅠC、ⅠD 的西部，应防冰雹、防风沙
Ⅱ 寒冷地区	ⅡA、ⅡB	1. 应满足冬季保温、防寒、防冻等要求，部分地区兼顾夏季防热； 2. ⅡA 应防热、防潮、防暴风雨，沿海地区应防盐雾侵蚀
Ⅲ 夏热冬冷地区	ⅢA、ⅢB、ⅢC	1. 必须满足夏季防热、遮阳、通风降温，兼顾冬季保温； 2. 防雨、防潮、防洪、防雷电； 3. ⅢA 应防台风、暴雨侵袭及盐雾侵蚀
Ⅳ 夏热冬暖地区	ⅣA、ⅣB	1. 必须充分满足夏季防热、一般可不考虑冬季保温； 2. 防暴雨、防潮、防洪、防雷电； 3. ⅣA 应防台风、暴雨侵袭及盐雾侵蚀
Ⅴ 温和地区	ⅤA、ⅤB	1. 满足防雨、通风； 2. ⅤA 应注意防寒，ⅤB 应注意防雷电
Ⅵ	严寒地区 ⅥA、ⅥB	1. 应满足严寒、寒冷地区相关要求； 2. ⅥA、ⅥB 应防冻土对地基及地下管道的影响，特别注意防风沙； 3. ⅥC 区的东部，应防雷电
	寒冷地区 ⅥC	
Ⅶ	严寒地区 ⅦA、ⅦB、ⅦC	1. 应满足严寒、寒冷地区相关要求； 2. 除ⅦD 区外，应防冻土对地基及地下管道的影响； 3. ⅦB 区应注意积雪危害； 4. ⅦC 应注意防风沙，夏季兼顾防热； 5. ⅦD 应注意夏季防热，吐鲁番地区应注意隔热、降温
	寒冷地区 ⅦD	

中国建筑气候区划图区分我国不同地区气候条件对建筑影响的差异性，明确各气候区的建筑基本要求，提供建筑气候参数，从总体上做到合理利用气候资源，防止气候对建筑的不利影响。它涉及的气候参数众多，适用范围更广。作为全国性的区划标准，主要用于宏观控制，具有较大的概括性。所以，规定的内容是各有关标准的共性部分，对于各个专业标准规范中特有的内容，标准未作规定，不代替相关专业标准规定。由于建筑气候区划和建筑热工分区划分主要标准是一致的，因此两者的区划是互相兼容、基本一致的。

四、我国民用建筑热工设计分区

从建筑热工设计角度出发，《民用建筑热工设计规范》GB 50176—2016 将全国建筑热工设计区划分为两级。建筑热工设计一级区划指标及设计原则应符合表 2.4.7 的规定，建筑热工设计二级区划指标及设计要求应符合表 2.4.8 的规定。

区划指标采用累年最冷月 1 月平均温度（$t_{min \cdot m}$）和最热月 7 月平均温度（$t_{max \cdot m}$）作

为分区主要指标，累年年日平均气温≤ 5℃和≥ 25℃的天数（d）作为辅助指标，将全国划分为五个热工设计一级区划分区，即严寒地区、寒冷地区、夏热冬冷地区、夏热冬暖地区和温和地区，并提出相应的设计原则。

中国地域辽阔，每个热工一级区划的面积都非常大，同一区划的不同地区气候差别大，采用相同的设计要求显然不合适。因此热工设计二级分区采用采暖度日数 HDD18、空调度日数 CDD26 作为区划指标，将建筑热工一级区划进行细分。与一级区划指标（最冷、最热月平均温度）相比，该指标既表征了气候的寒冷和炎热的程度，也反映了寒冷和炎热持续时间的长短。

建筑热工设计一级区划指标及设计原则　　表 2.4.7

一级区划名称	区划指标		设计原则
	主要指标	辅助指标	
严寒地区（1）	$t_{min \cdot m} \leqslant -10℃$	$145 \leqslant d_{\leqslant 5℃}$	必须充分满足冬季保温要求，一般可不考虑夏季防热
寒冷地区（2）	$-10℃ < t_{min \cdot m} \leqslant 0℃$	$90 \leqslant d_{\leqslant 5℃} < 145$	应满足冬季保温要求，部分地区兼顾夏季防热
夏热冬冷地区（3）	$0℃ < t_{min \cdot m} \leqslant 10℃$ $25℃ < t_{max \cdot m} \leqslant 30℃$	$0 \leqslant d_{\leqslant 5℃} < 90$ $40 \leqslant d_{\geqslant 25℃} < 110$	必须满足夏季防热要求，适当兼顾冬季保温
夏热冬暖地区（4）	$10℃ < t_{min \cdot m}$ $25℃ < t_{max \cdot m} \leqslant 29℃$	$100 \leqslant d_{\geqslant 25℃} < 200$	必须充分满足夏季防热要求，一般可不考虑冬季保温
温和地区（5）	$0℃ < t_{min \cdot m} \leqslant 13℃$ $18℃ < t_{max \cdot m} \leqslant 25℃$	$0 \leqslant d_{\leqslant 5℃} < 90$	部分地区应考虑冬季保温，一般不考虑夏季防热

注：最冷月1月平均温度 $t_{min \cdot m}$、最热月7月平均温度 $t_{max \cdot m}$、累年年日平均气温≤ 5℃的天数 $d_{\leqslant 5℃}$、累年年日平均气温≥ 25℃的天数 $d_{\geqslant 25℃}$。

建筑热工设计二级区划指标及设计要求　　表 2.4.8

二级区划名称	区划指标		设计要求
严寒地区（1）	严寒 A 区（1A）	$6000 \leqslant HDD18$	冬季保温要求极高，必须满足保温设计要求，不考虑防热设计
	严寒 B 区（1B）	$5000 \leqslant HDD18 < 6000$	冬季保温要求非常高，必须满足保温设计要求，不考虑防热设计
	严寒 C 区（1C）	$3800 \leqslant HDD18 < 5000$	必须满足保温设计要求，可不考虑防热设计
寒冷地区（2）	寒冷 A 区（2A）	$2000 \leqslant HDD18 < 3800$　$CDD26 \leqslant 90$	应满足保温要求，可不考虑防热设计
	寒冷 B 区（2B）	$CDD26 > 90$	应满足保温要求，宜满足隔热设计要求，兼顾自然通风、遮阳设计

二级区划名称	区划指标			设计要求
夏热冬冷地区（3）	夏热冬冷A区（3A）	$1200 \leqslant HDD18 < 2000$		应满足保温、隔热设计要求，重视自然通风、遮阳设计
	夏热冬冷B区（3B）	$700 \leqslant HDD18 < 1200$		应满足隔热、保温设计要求，强调自然通风、遮阳设计
夏热冬暖地区（4）	夏热冬暖A区（4A）	$500 \leqslant HDD18 < 700$		应满足隔热设计要求，宜满足保温设计要求，强调自然通风、遮阳设计
	夏热冬暖B区（4B）	$HDD18 < 500$		应满足隔热设计要求，可不考虑保温设计，强调自然通风、遮阳设计
温和地区（5）	温和A区（5A）	$CDD26 < 10$	$700 \leqslant HDD18 < 2000$	应满足冬季保温设计要求，可不考虑防热设计
	温和B区（5B）		$HDD18 < 700$	宜满足冬季保温设计要求，可不考虑防热设计

建筑热工设计分区的区划方法和指标充分考虑了热工设计的需求，符合国家节能方针，且区划与中国气候状况相契合，较好区分了不同地区的热工设计要求，目的在于使民用建筑的热工设计和地区气候相适应，保证室内基本热环境要求。

第三章
国外典型传统民居外围护结构气候适应性

传统建筑是先民在一定历史背景条件下使用当地最经济的材料获得的具有最大舒适度的生存空间，是人类长期适应自然环境的结果。实践证明，世界各地形态各异的建筑均具备与所处地域的气候条件、自然环境、地理风貌、文化背景、资源供给相匹配的特色，并带有鲜明的大自然印记。

历史上自从人类有明确的建筑活动以来，房屋的建造就和当地的气候环境密切相关，积极地应对地域气候环境，已经成为建筑自然的习惯。不同地域气候环境条件下传统建筑的建造将给予我们很多的启发，让我们深入思考……

第一节　热带雨林气候区

一、气候特色

热带雨林气候又称赤道多雨气候，主要分布在赤道附近，南北纬10°之间，主要包括南美洲亚马孙平原、非洲刚果盆地和几内亚湾沿岸、亚洲马来群岛等地区。受赤道低压带控制，这些地区常年高温多雨、全年皆夏，年均气温约26℃左右，年均降水量可达2000mm以上，全年季节分配均匀，无干旱期。

二、典型民居——萨摩亚凉亭式住屋"法雷（FALES）"

萨摩亚是南太平洋的一个岛国，位于太平洋南部，所罗门群岛东部、汤加北部，由萨瓦伊和乌波卢两个主岛及七个小岛组成。境内大部分地区山峦起伏、丛林覆盖，属热带雨林气候。年均气温约29℃，年均降水量2000～3500mm，5～10月为旱季，11月～次年4月为雨季。

萨摩亚当地的传统民居为法雷——一种竹木结构体系的"凉亭式"住屋（图3.1.1）。为适应热带雨林湿热气候，法雷采用的被动式措施主要体现在以下几个方面：

1.建筑空间

1）底层架空：通风降温，防雨防潮，防野兽侵袭。柱子是法雷住屋的竖向承力及传力构件，立柱时在地上挖洞插入、泥土夯实；离地面一定高度处在柱子上架设横木为梁，梁上造屋。这种在地面上立柱架木，编竹扎茅，底部架空，人居上层的住屋形式即为干栏，俗称"高脚屋"，在湿热地区较为普遍。

图 3.1.1 湿热气候区萨摩亚"凉亭式"住屋

2）四周无墙，室内开敞：通风降温。法雷住屋除了顶部遮阳避雨的大屋顶外，四周没有外墙壁，视野通达。室内也不设隔墙，需要时下拉顶棚草帘分隔客房等空间。炊事及其他小屋于主屋旁另盖。房屋整体空间布局开敞通畅，四面通风，利于降温。

2. 外围护构件

1）屋面：曲线陡坡屋面利于排雨、抗飓风。立柱设于基地四周和中央，柱上架梁，梁顶支撑拱形竹木屋架，满铺草席，椰子叶或棕榈叶覆面，形成"伞"形陡坡屋面。屋架下部以多层木梁架承托，支撑拱趾向外的推力，达到力的平衡。陡坡屋面很好地解决了降水量大、降水集中的屋面排水问题。同时，曲线屋面利于抗风。

2）外墙：下拉椰帘的外墙可遮阳避雨、通风透景。法雷住屋的外柱之间挂有椰叶做成的帘子，卷起时室内外视野开阔、微风习习，放下时遮风挡雨、遮阳蔽日，满足白天遮阳、夜晚通风、雨时避雨的多重需要（图 3.1.2）。

（a）椰帘下拉遮阳蔽日、遮风挡雨　　　　（b）椰帘开启可通风、观景

图 3.1.2 法雷住屋灵活启闭的椰帘外墙

3. 生产生活

为了适应热带雨林气候，当地居民黎明破晓开始工作，中午时分午休，从作息时间安排上避开热负荷最大的时段。这也是气候适应的具体体现。

萨摩亚凉亭式住屋法雷轻盈通透、遮阳蔽日、遮风挡雨，在太平洋中南部的其他许多岛屿，如瑙鲁、所罗门群岛以及其他大洲的赤道热带地区都比较常见。

三、典型民居——印度尼西亚"船屋"

印度尼西亚苏门答腊群岛和苏拉威西群岛常年高温多雨，年降雨量环岛处 1500～3000mm，中部山区 4500～6000mm。这些地区广泛分布着外形犹如船体的船形住屋，其中以苏门答腊尼亚斯岛上的"船屋"最具代表性。房屋的尺寸大小、手工雕刻的精细程度、村落首领应允使用的装饰图案均体现出住屋的高低等级。建筑正立面布满了融入宗教气息的各式装饰图案和色彩丰富的草席编织饰物。带有雕刻花纹的木板被漆成红白黑三色，雕刻主题许多都是围绕农业生产和人类生育，精美至极。建筑正面山墙出入口处的水牛角圣物为永恒的装饰主题。

为适应湿热的热带雨林气候，"船屋"的被动式措施体现在以下几个方面：

1. 空间布局

1）稀疏布局：通风散热。整个村庄房屋排列整齐，场地中间为公共活动地段，包括庙宇、会堂、男女分开的公共场所；各家各户在场地四周稀疏布置（图 3.1.3），为基地的通风降温创造条件。

（a）散点式布局　　　　　　　　　　（b）队列式布局

图 3.1.3　"船屋"布局

2）底层架空：通风降温、防潮、防野兽侵袭。长方形木结构的"船屋"也称"浮脚楼"，是典型的干栏式建筑。房屋先夯木立柱，上架横木梁，地面抬起，建筑底层架空 1～2m，其上造屋。底层闲置或饲养家畜，架空层上为生活空间，前半部分是大厅，后半部分隔成奇数间小的卧室。干栏式"船屋"通风凉爽，可防止蛇虫蚊蝇叮咬及野兽侵袭，具有良好的湿热气候适应性。

2. 外围护构件

1）屋面：坡陡深挑檐，瞬时排雨、遮阳蔽日。"船屋"最大的亮点是船形屋顶（图3.1.4），屋脊中间凹陷、两端翘起，马鞍形屋面和曲线形屋檐宛如游船。船形外形源自船体造型，寄托了住民对远古海洋生活的记忆。山墙两侧出挑的深屋檐防止雨水淋湿山墙的木雕和彩画，也为山墙及其下的地面提供大面积的阴凉，家庭作坊常常在此进行工作。

屋顶坡度 55°～62°，利于瞬时排雨。在降雨量较大的热带雨林地区，及时排水可减少积水对屋面的破坏。与苏门答腊岛的"船屋"相比，苏拉威西岛的"船屋"屋檐出挑尺度更长、弧度更大，因此在山墙端需要使用十字形支架支撑，保持结构受力均衡。

 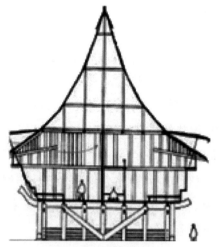

（a）深挑檐下的纳凉地　　　　　　　　（b）陡坡屋面

图 3.1.4　"船屋"深挑檐陡坡屋面

2）外墙和地面：竹片外墙及地面利于通风散热。外墙及地面采用长竹片条编织，室内外空气流通顺畅，通风散热性能良好。

3）窗户：面积大。湿热地区空气温度高、湿度大，大面积开窗有利于提高建筑的通透性。

白天，"船屋"利用屋面长挑檐遮挡外墙及外窗口的直射阳光，周围通过绿化种植进行房屋遮阳。根据气流加速排汗降温的原理，建筑通风在白天温度较高时难以奏效，夜晚温度较低时可以发挥功效，因此夜间通风成为晚间的主要防热途径。

第二节　热带季风气候区

一、气候特色

热带季风气候主要分布在南北纬 10°至南北回归线之间的大陆东岸地区，以亚洲中南半岛、印度半岛最为显著。季节变化随盛行风向转换明显，干湿两季分明。冬季风在 11 月至第二年 2 月来临，在热带大陆气团控制下，降水明显减少，形成旱季。夏季风在第二年 3 月起，受赤道气团控制，降水充沛，形成雨季。全年气温较高，年平均气温超过 20℃。年降水量 1500～2000mm，雨季降水量占年总量的 80%～90%。

二、典型民居——清迈泰式传统民居

清迈传统泰式民居沿河流、水道布局，连接各家的船只成为人们公共交往及生产交易的场所。民居由木、竹、棕榈叶、稻秆等天然材料建造。主屋平面布局为"前堂后室"，前部为起居待客的前厅开敞空间，后部为寝卧室空间。主屋通过一个有顶的平台与室外空间连接，地板也由外至内按照私密性逐层抬高。考虑到风向和防火安全，户外厨房布置在主屋旁侧。

为适应热带季风气候，泰式传统民居建筑的被动式措施体现在以下几个方面：

1. 空间布局

1）临水而居：利用间接蒸发降温。泰国人喜欢将房屋沿河而建（图3.2.1）。临水居室除交通便利外，更是充分利用河面水分蒸发以及水面上毫无阻挡的季风，自然通风降温。

2）院落开敞，主屋迎风：通风、散热。泰式民居院落开敞，布局稀疏，主屋居中，四周间隔布置厨房、厕所、水井（图3.2.2）。清迈全年主导风为西南风，主屋面向南北，有利于引风入室，达到通风散热的目的。

图3.2.1　临水而居的清迈民居

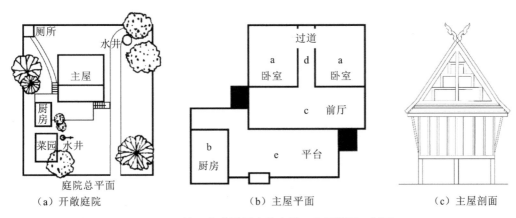

（a）开敞庭院　　　　　　　（b）主屋平面　　　　　　　（c）主屋剖面

图3.2.2　清迈泰式民居庭院布局及主屋平面、剖面

3）底层架空：通风降温，防洪防潮。底层架空的泰式滨水吊脚楼，架空部分底层在雨季可防洪防潮、通风降温；旱季时储存物品或作为工作场地，属于典型的干栏式建筑（图3.2.3）。按其架空高度分为高脚楼和矮脚楼两种。

　　高脚楼的架空高度大于涨潮时洪水水面，此时吊脚楼不必搬移，以船只作为出入交通工具。矮脚楼四脚矮短，涨水时需要随时搬移，由于结构简易，四人各扛一脚就可以移走。在地势较高的安全地带，根据场地高低，原地支起四根长短不一的粗大木柱，将矮脚干栏屋架于木柱上即可。

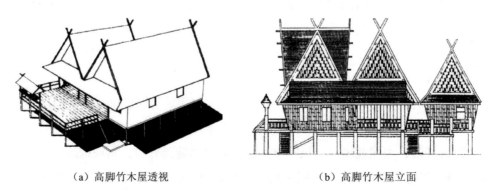

| （a）高脚竹木屋透视 | （b）高脚竹木屋立面 |

图 3.2.3　清迈高脚竹木屋

2. 外围护构件

　　1）屋面陡峭、出檐深远：遮阳避雨。屋顶多覆茅草，也有挂木瓦的。由于雨量充沛，泰式民居的屋顶坡度较大，茅草屋面坡度可达 50°。陡坡屋顶利于及时排除屋面雨水，减少屋面渗漏。同时屋面出檐深远，完全覆盖四周檐廊，避免房屋日晒雨淋。

　　2）通风屋顶及透风墙体：通风散热。清迈高脚屋采用竹木梁柱框架结构体系。外墙体为编织隔扇半高墙，半腰高不至顶，迎季风方向甚至不设任何墙体。室内采用成片的空格门、空格窗分隔。厅堂地板比卧室地板低 20cm，利用高差划分空间，或采用活动式隔断。泰式民居以随意铺设的睡席划分寝卧空间，无固定隔断。房屋室内上部空间完全通透，形成良好的通风间层，引风入室，调节室内热舒适度。

　　3）随意启闭的门、窗及隔扇：通风散热。屋前后门窗对开形成穿堂风。室内隔墙采用随意启闭的轻型门窗、隔扇，既分隔空间又能通风降温。

第三节　热带草原气候区

一、气候特色

　　热带草原气候又称热带干湿季风气候、热带疏林草原气候，主要分布在南北纬 10° 至南北回归线之间，以非洲中部、南美洲巴西大部分、澳大利亚大陆北部和东部为主。这里年均气温高，气温年较差略大于热带雨林气候。受赤道低压带和信风带交替控制，干、湿季节交替明显：赤道低压带控制，盛行赤道气团，形成闷热多雨的湿季；信风带控制，盛行热带大陆气团，形成干旱少雨的干季。全年降水量 750 ～ 1000mm。

二、典型民居——加纳草屋

加纳共和国位于非洲西部，南濒几内亚湾，北接布基纳法索，西邻科特迪瓦，东毗多哥，面积23.85万km²。加纳中北部地区属于热带草原气候，相对炎热干燥，雨旱两季明显；南部少数地区属于热带雨林气候。

为适应热带草原气候，加纳传统民居草屋建筑的被动式措施体现在以下几个方面：

1. 建筑空间

松散式点状布局：通风、散热。整个村落由数十座圆屋组成，包括首领圆屋、夫人圆屋、小孩圆屋、厨房圆屋、磨房圆屋、贮存圆屋、家禽圆屋、谷仓圆屋、神鬼圆屋、卫士圆屋，室外还有多种神位和祖先门道等。众多圆屋各自独立，彼此相隔一定距离，共同围合成一个组团（图3.3.1）。气候炎热，松散的建筑布局有利于场地的通风散热，为局地舒适的小气候创造条件。

图 3.3.1　加纳草屋散点式布局

2. 外围护结构

遮阳透气的外围护结构是加纳草屋的特色（图3.3.2）。竹木框架做墙壁支架，棕榈叶编织成墙板。以棕榈树干做伞形屋架，最大直径约15.2m，上覆茅草。

图 3.3.2　加纳草屋

竹木草编织而成的顶棚、墙壁、地面、门窗（图3.3.3），白天遮挡烈日照射，减少室内的直接热辐射，隔热性能良好；晚上阵阵凉风可以毫无阻碍地穿梭于竹木草屋面及墙壁间，凉意习习。

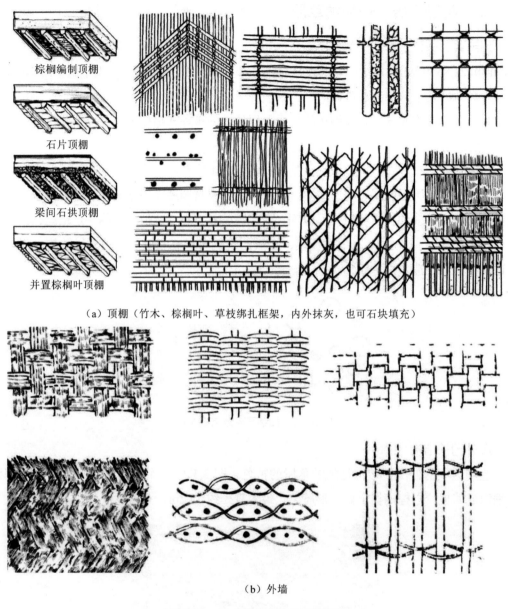

棕榈编制顶棚

石片顶棚

梁间石拱顶棚

并置棕榈叶顶棚

（a）顶棚（竹木、棕榈叶、草枝绑扎框架，内外抹灰，也可石块填充）

（b）外墙

图 3.3.3　竹木草编织的顶棚与外墙

第四节　热带沙漠气候区

一、气候特色

热带沙漠气候主要分布在南北回归线至南北纬 30° 之间的大陆内部和西岸，包括非洲北部大沙漠地区、亚洲阿拉伯半岛和澳大利亚大沙漠地区。受南北回归线高压带控制，日照强烈，高温少雨，年降雨量 100mm 左右，地面无水分蒸发，热量与水分的突出矛盾使得该地区夏季十分炎热干燥，自然植被缺乏。气温白天高，夜间低，日较差大。

二、典型民居——巴格达民居

伊拉克地处阿拉伯半岛、小亚细亚半岛与伊朗高原之间，除东北山地属于亚热带地中海气候外，大部分地区地势低平，属于热带沙漠气候。首都巴格达气候干燥少雨，昼夜温度变化剧烈，热带沙漠气候特征十分明显。每年4月中旬至11月中旬，最高气温超过35℃以上的天数超过150 d；6～9月天气酷热，月平均气温30～34℃，月平均最高气温达40～43℃；极端最高气温出现在7月，为49.8℃。巴格达夏天的另一特点是空气十分干燥：夏天平均相对湿度30%左右，4～5月、10～11月共4个月的总雨日仅8天，6～9月几乎滴雨不下。干热天气使这里一年四季都会出现沙尘暴。

为适应热带沙漠的干热气候，巴格达传统民居建筑的被动式措施体现在以下几个方面。

1. 建筑空间

1）"地毯式"规划布局（图3.4.1）：相互遮挡成荫，减少太阳热辐射。巴格达庭院式住宅坐落在狭窄的街道两边，宅前屋后或与两侧邻房毗连，或以狭小的胡同隔开。巴格达地处北纬33°，冬至日太阳高度角只有33°左右，夏至日太阳高度角80°左右。街道狭窄，即使在夏至日，由于临街墙体的遮挡，阳光也难以完全直射到街对面建筑外墙面上，因此减少了外墙面得热的可能。

图3.4.1　干热地区民居地毯式布局

2）地下空间：防日晒，利于降温。当地民居一般是地下1层（地下室），地上2层，平屋顶上环砌女儿墙（图3.4.2）。房屋都有入地30～70cm的地下空间，利用地下的凉爽空气来降温。

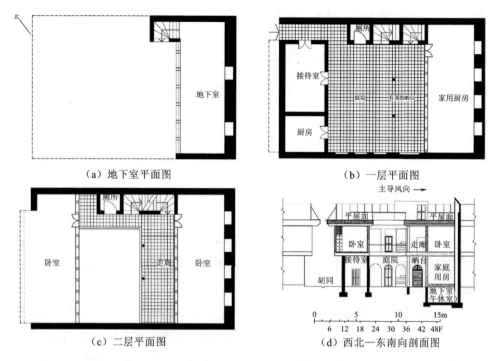

图 3.4.2　巴格达民居地下空间

房屋周围植树绿化：遮阴蔽日。房前屋后种植攀缘植物和爬藤植物，遮挡太阳光以避免其直接照射屋顶和墙体，显著降低室温，以获得较好的热舒适感。

2. 外围护构件

1）封闭厚实的外墙屋面：利于建筑隔热。干热地区日间炎热、夜间凉爽，昼夜温差大，终年干旱少雨，使得当地的房屋逐渐形成了外墙屋面封闭厚实的特色（图 3.4.3）。墙体采用 340～450mm 厚的土坯或夯土建造，屋面采用 460mm 厚的大黄土铺筑。厚实的重质材料具有较强的热惰性及延迟性，抵御太阳热辐射产生的高温，应对日夜较大的温差变化。实测表明厚实的土坯隔热效果非常好，当室外日夜温差达到 24℃时，室内的日夜温差在 6℃以内（图 3.4.4、图 3.4.5）。

图 3.4.3　干热地区民居外观

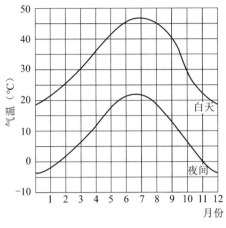

图 3.4.4　巴格达日最高、最低气温月均

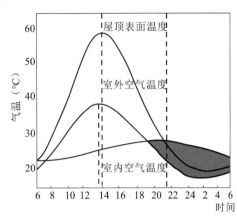

图 3.4.5　巴格达某日室内外温度变化

2）平屋顶：减少太阳辐射面积。由于常年干旱少雨，屋顶不需要大坡排水，于是平屋顶便成为该气候区常见的屋顶形式，既减少太阳直射辐射的面积，又省材省料便于施工，同时还可兼作晒台。

3）窗口少而小：减少建筑直接得热。建筑外墙不开窗或开少量小窗，减少热量直接进入室内的可能，保持夜间凉爽。

"风井"散热：直接蒸发降温。由于房屋四周街道狭窄，内庭院高耸，外墙无窗或仅设小窗，当地民居采用"风井"进行通风散热（图 3.4.6、图 3.4.7）。风井由进风口、井身及出风口三部分组成。进风口伸出屋面一定高度，通过 45° 斜顶向四周开口，井身宽 600mm、长 900 ~ 1200mm，下行进入地下室的午休室。一方面，在风压作用下，热空气进入风井与永不见天日的冷界墙面接触而降温下沉，促进空气对流；另一方面，风井内的热气流流经陶质水罐时，在蒸发降温作用下被冷却；水罐中的水滴至风井底部水池上空的多孔炭层时，流经此处的气流可以进一步被蒸发冷却，有效提高进入房间的空气湿度。该地区空气极为干燥，相对湿度很少能超过 20% ~ 30%，通风井既能降温又能增湿，使得室内空气不再干燥难耐。

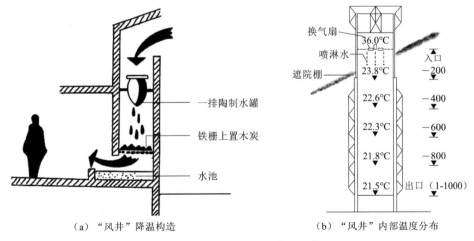

（a）"风井"降温构造　　　　　（b）"风井"内部温度分布

图 3.4.6　中东地区民居中"风井"

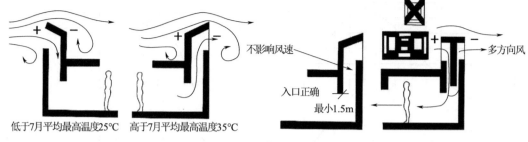

低于7月平均最高温度25℃　　高于7月平均最高温度35℃

不影响风速

入口正确

最小1.5m

多方向风

图 3.4.7　"风井"降温原理图

第五节　亚热带夏干气候区——地中海气候区

一、气候特色

地中海式气候又称亚热带夏干气候。该气候类型全球分布稀少，主要在地中海沿岸、澳大利亚大陆与南北美洲纬度 30°～40° 大陆西岸和非洲大陆西南角地区，以地中海沿岸地区最为典型。受气压带季节性位移的影响十分显著：夏季受副热带高压带控制，以及热带大陆气团的影响，平均气温 21～27℃，炎热干燥；冬季受西风带控制，多气旋活动，平均气温 5～10℃，温润多雨。年降水量 350～900mm，集中在冬季，属于冬雨型气候。

二、典型民居——意大利托鲁利（Trulli）石顶圆屋

意大利大部分地区属亚热带地中海气候。阿尔贝罗贝洛（Alberobello）是意大利南部普利亚地区的一个人口约 2 万人的小城。该地区江河资源匮乏，日照强烈，年降雨量 500～1500mm，降雨时间集中在温润的冬季，夏季则干热少雨。阿尔贝罗贝洛城内因为汇聚了 1000 多间托鲁利（Trulli，单个、圆顶）石顶圆屋而闻名世界，是真正的"石顶屋之家"（图 3.5.1、图 3.5.2），1996 年被联合国教科文组织列入世界文化遗产名录。

图 3.5.1　地中海地区天堂小镇

图 3.5.2　联排布局形式

针对适应地中海夏干气候的日照强、夏干热、冬温润的气候特征，建筑防热是关键问题，托鲁利的被动式措施体现在以下几个方面：

1. 建筑空间

建筑总体布局采用联排布局形式，除了街道小巷，各家均采用邻家共用隔墙的形式，通过减少裸露的外墙来降低建筑夏季得热、冬季失热。

2. 外围护构件

1）夹心墙墙壁：稳定的室内热环境。托鲁利建筑的外墙为夹心墙墙壁，在方形石灰岩块双层壁体中间填充泥沙。夹心墙外墙体具有良好的保温隔热效果。

2）白色外墙：反射降温。托鲁利建筑最大的特色在于房屋的外墙壁采用白色石灰涂刷。白色外墙能够最大限度地反射地中海地区强烈的日光照射，在干热的夏季通过反射减少得热。

3）小尺度的门窗洞口：减少干热夏季太阳直射辐射得热。该地区夏季干旱少雨，建筑外墙上的门窗开口较小且数量较少（图 3.5.3），有助于减少门窗洞口的夏季得热。

4）金字塔式的圆屋顶：集中排水。金字塔式圆锥石屋顶（图 3.5.4），屋面石灰岩石板由托臂支撑，层层向上堆砌成尖顶状。6cm 厚的片岩石板之间没有任何类似水泥的黏合剂，不仅下雨时滴水不漏，其间的缝隙连薄刀片也插不进去。

图 3.5.3　小尺度的门窗洞口　　　　图 3.5.4　石墙石坡顶

该地夏季干旱少雨，农民在旷野劳作时间不能太久，需要一个"窝棚"休息避暑，建造石顶屋简单易行，在小镇随处可见。冬季降雨集中，圆锥形的坡屋顶利于冬季排放瞬时降水。

5）就地取材：层次分明的石灰岩石板是当地最容易获得的材料，就地取材，经济便利。

第六节　温带季风气候区

一、气候特色

温带季风气候主要分布在北纬 25°～35° 的亚洲大陆东岸，中国东部秦岭 – 淮河以南、热带季风气候以北地带，以及日本南部和朝鲜半岛南部等地。这里夏季高温多雨，冬季温和少雨，春暖秋凉，四季分明。年平均气温 13～20℃，全年降水量在 750～1000mm 及以上，无明显的干湿季节，夏雨多，冬雨少，但冬季的雨量亦可占全年降水量的10%以上。

二、典型民居——韩国民居

韩国位于中纬度地区，属温带季风性气候。受海洋性气候和大陆性气候的交替影响，四季分明。夏天（6～8月）受海洋性气候的影响，潮湿闷热；冬季（11月～次年2月）受大陆性气候的影响，干燥寒冷；春天（3～5月）和秋天（9～10月）湿度与温度适中。如首尔年最高温度高于30℃，最低气温仅有–15℃，一年的温差变化几乎达到了45℃。民居的建造不得不面对寒冷炎热的气候变化。为适应温带季风气候，韩国传统民居的建筑被动式措施体现在以下几个方面：

1. 建筑空间

1）民居选址：向阳地带，保温。韩国是一个多山的国家，山地占到国土面积的75%。民居一般选址于向阳的山脚下。冬季山体能有效抵挡北向的寒风；夏季南向的凉风迎面吹来，增加室内自然通风，减少闷热。

2）绿化水体庭院：夏季蒸发，降温。韩国的夏天潮湿闷热。6月中就开始进入酷热的夏季，这时温度可以达到30～40℃，因此好的通风环境非常必要。韩式庭院"Madang"位于建筑的前沿，院内没有树木，只有一些低矮的花草及小池塘。夏季来临，建筑门窗打开，局地风经过花草、池塘，利用被动蒸发降低室外空气温度，再进入室内的空气将凉爽很多。

2. 外围护构件

1）屋面及墙体：保温。韩国传统民居的屋面有瓦屋面及草屋面两种（图3.6.1），适合不同的人群。悬山和歇山瓦屋面均采用筒瓦，比中国传统民居的小青瓦大一倍多。施工时在椽子上铺细柳条，覆黄黏土50～100mm厚，黄黏土上贴瓦片。草顶屋面采用稻草。朝鲜民族擅长种水稻，稻草是取之不竭的材料。施工时先将稻草编织成片，一层压一层铺在屋顶上，用绳子将稻草固定在屋面上，避免被风卷起。无论是瓦屋面或是稻草屋面，两者厚实密封的构造形式均具有良好的冬季保温与夏季隔热性。

外墙采用夹心墙，即在柱子与柱子之间架好框架，框架间编织柳条成篱笆，篱笆两面抹黏土至需要厚度，外表面抹白灰，形成保温隔热夹心墙。

（a）瓦屋面　　　　　　　　　　　　　　　（b）草屋面

图 3.6.1　韩国民居屋面

2）门和窗：随气候变化。韩国传统建筑有种叫作 bunhap-mun 的门，冬天是一面墙，夏天可以收起来。根据一面墙的长度做成 3～8 对门扇，当中两扇作出入用，其他为墙。冬天设置利于保温，夏天收起利于通风。外窗至少有两层窗扇，外层窗扇可以开闭，里层窗扇可以滑动，通过开启或关闭不同层的窗扇调节室内气候。里窗窗纱采用桑树做的纸贴在窗扇的两侧，冬天防风；春天则用丝绸代替，防止昆虫进入室内。

3）屋檐调节日照辐射：韩国传统建筑长度适宜的屋面挑檐能有效调节阳光入室的深度。韩国传统民居外墙或外柱根部和屋檐挑檐末端的连线与竖向的夹角约为 30°，这个角度和太阳高度角有着密切的关联（图 3.6.2）。首尔太阳高度角最大值，夏至日约 76°，冬至日约 29°。屋面挑檐夏天可以有效阻挡太阳光进入室内（14°＜30°），冬天则能将大量的阳光引入室内（61°＞30°）。长度适宜的屋面挑檐可以有效控制进入建筑物阳光的深远，调节室内热环境。

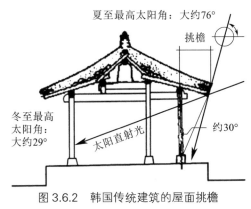

图 3.6.2　韩国传统建筑的屋面挑檐

第七节　冷温带气候区

一、气候特色

冷温带气候分布在中高纬度地区，南北纬 45° 与极圈之间，冬季寒冷且漫长，夏季温和而短促。

二、典型民居——芬兰民居

芬兰位于欧洲北部，北邻挪威，西北与瑞典接壤，东临俄罗斯，南临芬兰湾，地势北高南低。芬兰 1/3 地区位于北极圈内，5 月底至 7 月底为夏季，冬季有 40～50d 属于极夜，昼夜不见太阳。芬兰日照时间短，冬季漫长而寒冷，平均气温 -14～3℃；夏季短促而温和，平均气温 13～17℃；年均降水量 600mm，常年多积雪，气候干燥。设计时必须充分考虑冬季保暖，一般不考虑夏季防热。

芬兰民居适应冷温带气候的被动式措施如下：

1. 建筑空间

1）建筑体形系数较小：减少冬季失热。当地建筑多采用近方形的简单形体，很少有凸凹的复杂立面造型。近方形形体的体形系数较小，在体积相同的情况下外表面积较小（图 3.7.1），可以有效减少建筑失热，属于节能体形。

2）主卧向南：充分争取冬季日照。寒冷地区太阳辐射是建筑冬季的主要辅助热源。建筑的朝向不同，获得的日辐射量不同。卧室面南，四周没有房屋及树木阻挡，保证冬季最大程度的日照和建筑得热。

2. 外围护构件

1）厚重墙体：保温。北欧的挪威、瑞典、芬兰有着丰富的森林资源，民居大多以木材建造。底层架空的木屋多以圆木立柱、圆木或厚木板做墙壁与屋面，厚实的架空木板地面可以隔离土壤中的湿气。松木等木材的导热系数为 0.14～0.29W/（m·K），蓄热系数 3.85～5.55W/(m^2·K)，具有良好的保温性能和热稳定性。厚重的木板可有效阻止室内热能量向外流失。房屋外围护结构采用厚重的木材进行封闭围合，既坚固密实，又保温舒适（图 3.7.2）。

2）门窗洞口较小：减少热量损失。芬兰民居具有低门小窗特征。严寒地区，从窗户进入室内的辐射热不足以抵消从窗户散失的热量，门窗洞口尺度过大会使得更多热量散失和冷风渗透。

图 3.7.1　芬兰民居方形体形　　　　图 3.7.2　厚重的木材外墙

3）深色外表面：吸收得热。不同面层表面的吸收系数见表 3.7.1。芬兰民居外墙多采用红色与褐色，不仅使建筑在皑皑白雪中更加艳丽美观，同时吸收太阳热辐射能力更强。

不同面层表面的吸收系数　　　　　　　　　　　　　表 3.7.1

面层类型	褐色漆	大红漆	浅色涂料	白色石灰粉刷
吸收系数	0.89	0.74	0.5	0.48

4）陡坡屋面：防积雪压顶。这里气候寒冷，降雪常年积聚于屋面，雪荷载不断增加将导致屋面坍塌。民居的双面陡坡屋面保证积雪达到一定厚度时，可在自重作用下顺陡坡自行滑落。

第八节　极地气候区

一、气候特色

极地气候包括苔原气候和冰原气候两种类型，主要分布在亚欧大陆的北部边缘、北美大陆北冰洋沿岸和南半球高纬度地带、极地及其附近地区。这些地区常年受冰洋气团和极地大陆气团影响，全年皆冬，终年严寒，最冷月平均气温 −40 ～ −38℃，最热月平均气温 0 ～ 10℃，但夏季夜间气温仍可降至 0℃ 以下，出现霜冻。年降雨量 200 ～ 300mm，降水为雪，降水少、空气干燥。

二、典型民居——北极因纽特人"雪屋"

为了生存，因纽特人创造的球形雪屋成为北极最为神奇的建筑（图 3.8.1）。因纽特人又称爱斯基摩人，总人口约 13 万，分布在俄罗斯西伯利亚、美国阿拉斯加、加拿大北部、格陵兰的北极圈内外。这里冬季严寒、暴风雪常伴；夏季最暖月平均气温小于 10℃。

图 3.8.1　极地气候区球形雪屋

为了适应漫长严寒的冬季、短促而凉爽的夏季，因纽特人"雪屋"适应极地气候的被动式措施如下：

1. 建筑空间

1）半球外形：体形系数小，导风性能强。同体积下，半球外形的外表面积最小，建筑体形系数小，散热面积小。较小的散热面积具有较好的保温性能。半球形外表面同时具有较强的导风性能：半球形外表面可以最大限度地将建筑四周及屋顶袭来的狂风导向周边，减少强风推力对建筑的破坏。

2）半地下空间及分级入口：减少冷风渗透。为了保暖，居住在北极圈附近的因纽特人将房屋建在半地下空间，入口作分级处理，减少冷风渗透（图3.8.2）。

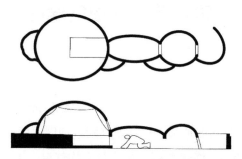

图 3.8.2　分级出入口减少室内外热交换图

2. 外围护构件

1）外墙厚实封闭：保温，减少冷风渗透。北极除了冰雪再无其他建筑材料。粉末状的新鲜积雪95%的体积都是空气，因此是绝佳的保温材料。冰块是很好的挡风装置，但自重大。因纽特人因地制宜，使用轻重适中的雪砖建屋。雪砖的密度比纯冰块的空气含量高得多，质量轻，隔热性能好。建造居屋时，选择一个开阔向阳的平地作为基地，将雪以重物压紧成雪块，或采用地里直接挖出来的雪块，切成厚500mm的大块雪砖，螺旋形堆砌，每叠加一圈，向内倾斜收缩一点，圆圈愈来愈小，最后形成一个封闭、半球形的圆顶。这项工作颇有技术含量，每块雪砖必须按照所需的倾斜度切制，最后一块雪砖的切制尤为关键，要求可以从外面准确地嵌进去，与砌好的墙体严丝合缝。所有的砖缝用雪封口，整个建筑形成一个封闭的半球体。寒冷的冬季，内壁融化的雪水结硬成冰，增强雪屋的坚固性，更可减少外墙的冷风渗透。内墙面挂满防寒的兽皮，屋顶是厚厚的茅草和一层海豹皮，保温兼隔冷气。

2）深挖洞，浅筑顶，窄入口：在半球形屋顶罩住的土地上挖掘一个深坑，形成室内半地下空间。在雪屋入口处挖掘一条狭长的通道连接室内外。雪屋深挖洞、浅筑顶、窄入口的做法，使得人们冬日居于地下，比居于地上更加温暖。

3）窗户：透光不透气。南向开一小窗，窗户采用各种海兽肠子做成，透光不透气。小窗上方挑出一块板形雪块，掩挡雪花，亦可折射太阳光线入室。冬天，北极圈周围的太阳高度角太小，光线几乎是从南向地平线上直射过来，窗楣处雪块恰如一个折光镜，引光入室照亮屋内。

以上各项措施的综合使用，使得这里在室外温度为 −30℃时，室内温度可达5℃（图3.8.3）——虽然远远达不到工业文明社会规定的室内舒适度，但仅用雪砖作为保温材料控制室内微气候的措施就已经满足了基本生存需求。

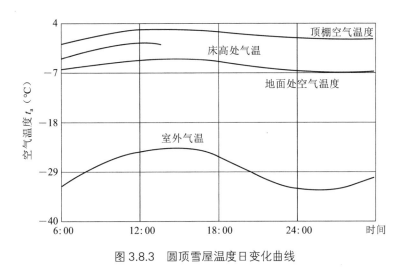

图 3.8.3   圆顶雪屋温度日变化曲线

第九节   国外典型传统民居外围护结构气候适应性总结

纵观国外典型传统民居，在建筑追随气候的变化过程中，外围护构件的基本形式、材料构造均呈现出与地域气候相适应的特性，见表 3.9.1。

国外典型传统民居外围护构件气候适应性总结　　　　　　　　　　表 3.9.1

气候类型	气候区	气候特点	总体布局	建筑形式	外围护构件形式	外围护构件材料	典型民居
湿热气候	热带雨林气候	高温多雨 $t_{年均}$ =26℃ 温度日较差小 年降水量 >2000mm 相对湿度一般 > 75%	稀疏、自由间距大面朝主导风向	开敞轻快、通透淡雅、底层架空平面多条形、进深大室内开敞通透	最大限度自然通风、遮阳、避雨 屋面陡坡、深挑檐，利于排雨、遮阳 墙体通透、开闭自如、利于自然通风、降温除湿 门窗大而多 多平台、外廊形成外墙阴影	低热容、低热阻的外围护结构：棕榈叶的屋面、树皮、木板、竹席墙身	西萨摩亚"伞"型草屋、印尼南尼亚斯"船屋"
	热带季风气候	$t_{年均}$ >20℃ 温度日较差小 夏多雨、冬少雨 年降水量1500～2000mm	稀疏、自由间距较大面朝主导风向	小天井庭院底层架空室内开敞通透，上部设通风空间	通风、遮阳、防雨 屋面坡较陡、深檐，利于排雨、遮阳 墙体通透，利于自然通风降温除湿 门窗可开启	低热容、低热阻的外围护结构：木、竹、草、树皮的屋面、墙体	泰国清迈民居
	热带草原气候	夏季闷热多雨，冬季炎热少雨干湿季明显，年降水量750～1000mm	圆形点状分布	方、圆形草屋	通风、遮阳、防雨 锥形、伞形草顶 通气隔热的顶棚 竹木草编织的墙壁、顶棚	低热容、低热阻的外围护结构：棕榈树叶、草、木	加纳草屋

续表

气候类型	气候区	气候特点	总体布局	建筑形式	外围护构件形式	外围护构件材料	典型民居
干热气候	热带沙漠气候区	温度年较差、日较差大 气温常 >38℃ 降水稀少、空气干燥 多风沙	"地毯式"规划布局形成小巷道	严密厚重、外闭内敞 设地下空间 周围水体、绿化调节为微候	隔热、防风、蒸发降温 重质厚实的蓄热外墙、屋面 窗口少而小，减少太阳直接得热 平屋顶 深凉廊或阳台出挑形成阴影 "风井"散热	高热容、高热阻的外围护结构：土、砖、石、土、砖、草泥	巴格达民居
温和地区	地中海式气候	冬季温润、夏季干热 平均气温冬季6～13℃，夏季23～33℃ 年降雨量500～1500mm	联排布局	联排式或庭院式布局 众多回廊、穿堂、过道	夏季隔热、防雨 金字塔式圆屋顶，坡度适中 白色夹心外墙，增强夏季反射 小尺度门窗洞口，夏季防热 长廊、天井形成阴影	高热容、高热阻的外围护结构：石、砖	意大利阿尔贝罗贝洛
	亚热带与温带气候	冬季寒冷、夏季炎热 年降水量750～1000mm，夏多雨、冬少雨，无明显干湿季	向阳地带利于蓄热得热	绿化水体庭院，夏季蒸发降温	冬季保温、夏季隔热的屋面及墙体 屋檐长短调节日照辐射 夹心墙保温隔热 随气候变化的门和窗	高热阻的外围护结构：木、土、砖、石、瓦、草做成的屋面、夹心墙保温隔热	韩国民居
寒冷气候	冷温带气候	日照短、气候干燥、多积雪 冬季漫长寒冷，$t_冬=-14～3℃$，夏季短促温暖 $t_夏=13～17℃$；年均降雨量600mm	向阳地带利于蓄热得热	近正方形平面，减少散热面积 底层架空，防止潮湿 主卧朝南，争取日照	冬季保温 陡坡屋面防积雪压顶 厚重的木材外墙及屋面 门窗洞口较小，南向窗口较大 深色外表面	高热阻的外围护结构：木材	芬兰木屋
	极地气候	终年严寒、干燥；$t_{最冷月}=-40～-38℃$，$t_{最冷月}=0～10℃$，年降雪量200～300mm	稀疏	圆形或方形平面 半地下室室内空间 入口分级	保温、防风、减少室内冷辐射及冷风渗透 流线型半球状屋顶，减少风力及散热面积 外墙500mm厚雪砖堆砌 内墙挂满兽皮 屋顶以海豹皮及茅草覆盖 窗子用海兽肠子做成，只透光不透气	就地取材的雪砖、兽皮、海兽肠子	北极因纽特人"冰屋"

一、湿热气候区民居特色

湿热气候区终年炎热多雨，温度高、湿度大，为了通风遮阳以降温，房屋开敞轻盈，通透淡雅。建筑布置灵活，平面开敞，设置内庭花园或屋顶花园，底层架空。屋面、墙面轻薄淡雅，屋面坡陡檐长，遮阳避雨，窗口宽大通透，利于通风。湿热地区经常选用低热容的外围护结构材料，白天可以通风遮阳，夜晚通风降温。

湿热气候区，底层架空、轻质通透的房屋常采用木杆和树叶搭建，围护结构则利用丰富的木材、芦苇、茅草、树叶来建造，最大限度地满足通风散热及除湿遮阳需要。

二、干热气候区民居特色

干热气候区常年干燥酷热，为了防暑蔽日，房屋严密厚实，内部开敞。屋面、墙面敦实厚重，屋面坡平檐短，节地省材；窗口矮小紧闭，保温隔热。设有阳台、凉台、遮阳板、飘檐及通风屋顶。建筑利用较大的挑檐遮挡直射到外墙面、窗口上的阳光，或在房屋周围进行绿化遮阳。以上两种方式是白天防热的主要途径。

干热气候区，外围护结构材料经常选用重质材料，因为其良好的蓄热性能是控制室内温度波动最有效的措施。如常见的岩石、土坯砖、生土都是极好的材料，在高原、沙漠绿洲和河谷地区主要用晒干的黏土制成土坯筑墙，埃及、美国新墨西哥和中东地区的土坯建筑都获得了"冬暖夏凉"的良好效果。

三、温和气候区民居特色

温和地区一年四季温和，冬季非严寒，夏季也非酷热，但要注意冬季保温及夏季隔热。山区多为以山石建成的"闪片房""碉楼"民居，平原多为以泥土建成的"夯土"民居，林区以木头建成"井干式"木构民居。在岩性草原中，房屋的墙垣由广布地面的石块堆成，屋顶由晒干的植物秸秆编成；在高原、沙漠绿洲和河谷地区主要用晒干的黏土制成土坯筑墙。

四、严寒气候区民居特色

严寒气候区终年气候寒冷，为了抵御严寒、增加保温性能，民居外形封闭，内部低矮、狭小，采用接近方形、圆形的节能体形和入口分级的形式。墙面敦实厚重，屋面坡陡檐短，防止屋面积雪压顶及吸纳阳光入室；林区主要是以木头建成的"井干式"木构民居，冰原地区更多是以冰雪建成的"冰屋"民居。

第四章
国内典型传统民居外围护结构热工性能与气候适应性

第一节 传统民居与气候适应性概述

一、中国传统民居主要特征

中国传统建筑主要是指 1911 年以前建造的中国古代建筑。中国传统建筑包括两大体系：官式建筑体系与民间建筑体系。官式建筑如宫殿、坛庙、陵寝、皇家园林、城楼、寺观、官署、府第等。民间建筑主要包括民间宗祠、会馆、书院、私家园林以及民居等。传统民居量大面广，是民间建筑体系不可或缺的重要组成部分。

作为地方民间建筑的代表，传统民居是建立在农耕生产方式之上，在有限的自然资源和物质财富条件下，根据地域自然条件、经济水平和文化特征，依据自身的需要和建筑内在的规律，按照民间口口相传、约定俗成的建造技术，因地制宜、自主建造的经济、实用、高效且易于维护的建筑。传统民居往往体现了特定地区与人群最本质、最具代表性的特征，如生产方式、生活习俗、审美观念等。

传统民居的主要特征包括：具有与特定地域生产、生活方式相适应的建筑模式（建筑形态、空间构成、建筑构造等）和建筑风貌（即千篇一律和百花齐放的属性）；具有与地域气候相适应的室内热环境品质和低能耗、低碳属性；建造技术简单、成本相对低廉等。以上特性体现出经过自然检验得以保留的广大地域性传统民居，具有与自然、社会环境适应共生，以建筑综合性能为核心的绿色属性，是建筑与气候相适应的典范。

二、传统民居形成机理

传统民居是建立在农耕生产方式之上，通过不断试错、改良、逐渐积淀而形成的。

试错法是解决问题、获得知识常用的方法，尤其是当问题相对简单或范围有限时，该方法效果显著。试错并不是不经意地乱试，而是使用者根据已有经验，有条理地操控各个变因，采取或系统或随机的方式去尝试各种可能，整理出最有可能成功的解决问题的方法。试错过程中选择一种可能的方法应用在待解问题上，如果失败，则选择另一种可能的解法

72

再接着尝试，整个过程在其中一个尝试解法产生出正确结果时结束。

官式建筑自古以来都有一套严格程序化的规章制度。传统民居则是由民间工匠或住户自家，在没有严格的规章制度的情况下，仅按照民间口口相传、约定俗成的技法，根据地域自然条件、经济水平和材料特点，按照自身需要和建筑内在规律，因地制宜、自主建造的房子。人们在不断的试错过程中建造房屋、感知房屋、改造房屋、完善房屋，最终创造出形态各异、姿态万千的各式传统民居。

三、传统民居科学诠释

传统民居充分反映了建筑最本质的内涵特性：功能的实际性、设计的灵活性、材料的适宜性、构造的经济性、外观的朴实性等。尤其是民居绝大部分都是劳动人民自己设计、建造与使用，最能体现经济性、民族特征以及气候适应性特色。

传统民居在形成和发展的过程中，虽然没有完善的建筑理论支撑，没有先进的技术理论引导，却凝聚了很多宝贵的经验。例如，在当时的社会条件下，为满足生产生活的需要，民居背山面水、顺势而为、就地取材的方式等，充分体现了民居适应气候及环境、结合利用地形、利用当地材料的经验，这就是通常所说的适应气候、因地制宜、因材致用的经验，这些经验都是通过人为感知的方式总结而得到的。现今，传统民居所蕴藏的世代相传的经验迫切需要通过现代科学理论及技术措施加以分析、解释、提炼，并运用现代方法揭示其深层次的科学内涵。

四、气候适应性验证工具

建筑的热环境舒适度和节能效率受室外气候、人体热舒适要求的影响，因而设计中需要考虑地域气候、室内热舒适状况与建筑设计三者关系。以往的建筑设计往往依靠模糊的经验进行设计策略的选择，缺乏对气候因素客观全面的分析，容易造成设计结果的偏差。

建筑气候分析软件建立在对某个地区气象数据读取和分析的基础上，能够将室外气象条件、人体热舒适需求和建筑设计策略三者有机结合，是建筑师在设计前期制定设计策略的有效工具。气候分析工具能够收集特定地区的气候信息，通过对大量气候数据的定量分析得出相应的设计策略，为建筑师前期的设计方案提供依据。

生态建筑大师软件 ECOTECT 附带的一个子软件——气候分析软件 Weather Tool 提供了功能强大的焓湿图分析功能，可以根据不同的气象数据在焓湿图中对各种主动式、被动式设计策略进行分析。其中被动式策略与建筑设计关系密切：建筑师如果能恰当地使用被动式策略，不仅可以减少建筑对周围环境的影响，还可以减少供暖空调等的造价与运行费用。

ECOTECT 气候设计软件具有以下功能：

1）可读取某地全年 8760 h 的气象数据，并转换包括 TYM、TMY2、TRY、DAT 等一系列常用气候数据格式；

2）将气象数据枯燥的数字信息，如风速、风向、太阳能、太阳辐射、降水量等以可视化的图形或者图表进行表示，如日照分析图、风速分析图、焓湿图等，帮助建筑师直观认识建筑基地所处地区的气象资料；

3）可以将室外气象因素、人体的热舒适范围以及建筑设计气候策略直观地反映在焓湿图中，通过分析得出适宜当地气候的被动式设计策略和各项策略适用时间，为建筑师在方案设计的初期阶段提供设计策略。

Weather Tool 默认的基本被动式设计手段包括6种，即夜间通风＋材料蓄热、材料蓄热、间接蒸发降温、自然通风、被动式太阳能加热、直接蒸发降温。Weather Tool 采用有效时间百分比来描述被动式策略的有效性，即每项策略在每月能将原本不在设定舒适范围内的时间转化为舒适时间占每月总时间的百分比。这里采用 ECOTECT 对国内典型传统民居的气候特征及民居的气候适应性进行分析，并结合当地传统民居气候适应经验，提出适用于该地区民居建筑的气候适应性设计策略，以期为当地民居的绿色设计和绿色更新提供指导。

其中节能规范选择《建筑节能与可再生能源利用通用规范》GB 55015—2021、《严寒和寒冷地区居住建筑节能设计标准》JGJ 26—2018、《夏热冬暖地区居住建筑节能设计标准》JGJ 75—2012、《夏热冬冷地区居住建筑节能设计标准》JGJ 134—2010、《温和地区居住建筑节能设计标准》JGJ 475—2019。

第二节　国内典型传统民居选型依据

一、选型依据

依据国内传统民居的技术经验，根据中国建筑热工设计区划，选取不同湿润区的典型传统民居作为代表，探讨民居气候适应性的绿色属性。

1）中国建筑热工设计区划：严寒地区、寒冷地区、夏热冬冷地区、夏热冬暖地区、温和地区。

2）湿润度：干旱区、半干旱区、半湿润区、湿润区。

3）外围护结构

材料选用：民居外围护结构材料包括土、草、泥、青砖、木板、石板等。不同材料构成的墙体包括夯土墙、土坯墙、青砖墙、木板墙和石板墙；不同材料构成的屋面包括碱土屋面、草泥屋面、瓦屋面和石板屋面。

构造形式：民居外围护结构的墙体构造形式包括实心墙和空斗墙，屋面构造形式包括实砌坡瓦屋面、空挂坡瓦屋面、空铺石板屋面、碱土实砌平顶和草泥抹灰单坡顶。

二、选型特性

根据建筑热工设计分区、湿润度、外围护结构的材料选用与构造形式选取国内若干典型传统民居（表4.2.1）。

中国建筑热工设计分区与典型传统民居的外围护结构特性　　　　　　表 4.2.1

级区划名称	区划指标		设计原则	湿润及干旱区	典型民居	外围护构件特性	
	主要指标	辅助指标				外墙	屋面
严寒地区	$t_{\min \cdot m} \leqslant -10℃$	$145 \leqslant d_{\leqslant 5}$	必须充分满足冬季保温，一般可不考虑夏季防热	半干旱区	吉林碱土民居	叉垛墙土坯墙	碱土平顶
					青海庄窠	夯土墙	草泥单坡顶
				半湿润区	吉林满族民居	青砖墙体	实砌坡瓦屋面
寒冷地区	$-10℃ < t_{\min \cdot m} \leqslant 0℃$	$90 \leqslant d_{\leqslant 5} < 145$	应满足冬季保温，部分地区兼顾夏季防热	干旱区	新疆阿以旺民居	土坯墙夯土墙	草泥单坡顶
夏热冬冷地区	$0℃ < t_{\min \cdot m} \leqslant 10℃$ $25℃ < t_{\max \cdot m} \leqslant 30℃$	$0 \leqslant d_{\leqslant 5} < 90$ $40 \leqslant d_{\geqslant 25} < 110$	必须满足夏季防热，适当兼顾冬季保温	湿润候区	徽州民居	青砖夹心墙	实砌坡瓦屋面
夏热冬暖地区	$10℃ < t_{\min \cdot m}$ $25℃ < t_{\max \cdot m} \leqslant 29℃$	$100 \leqslant d_{\geqslant 25} < 200$	必须充分满足夏季防热，一般可不考虑冬季保温	半湿润区	云南土掌房	夯土墙	草泥平屋面
				湿润区	云南傣族民居	木板墙竹席墙	空挂坡瓦屋面
温和地区	$0℃ < t_{\min \cdot m} \leqslant 13℃$ $18℃ < t_{\max \cdot m} \leqslant 25℃$	$0 \leqslant d_{\leqslant 5} < 90$	部分地区应考虑冬季保温，一般不考虑夏季防热	湿润区	贵州石板房	石板墙	石板坡屋顶

注：$t_{\min \cdot m}$ 为1月平均气温，$t_{\max \cdot m}$ 为7月平均气温，$d_{\leqslant 5}$ 为日均气温≤5℃天数，$d_{\geqslant 25}$ 为日均气温≥25℃天数。

第三节　吉林碱土民居

一、概述

我国东北三省的西部地区，碱土平原分布广阔，长千余里，包括吉林西部的吉西碱地、辽宁西部的辽西碱地和黑龙江西部碱地。吉西碱地主要分布在吉林省西部白城、通榆、大安等围绕呼林河地区的各市县，当地多为不生长任何植物的沼泽碱土地。

吉林碱土民居主要分布在吉林省西部的白城、通榆、大安等沼泽碱土地。白城、通榆、大安等地为中温带半干旱大陆性季风气候，冬季寒冷而漫长，早春寒潮较多，夏季凉爽而短促。冬季，由于北临北半球的寒极，寒冷干燥的强大西北冷空气南下，使得这里与同纬度其他地区相比，温度一般低15℃，是同纬度地区中最寒冷的。夏季，受低纬度海洋湿热气流的影响，气温高于同纬度各地区。因此，这里年温差大大高于同纬度的其他各地。

代表城市白城市地处吉林省西北部，北纬45.6°，东经122.8°，海拔高度155.3m。年平均气温5.0℃，夏季最高气温38.6℃，冬季最低气温−38.1℃，年温度变化76.7℃。年均降雨量398.4mm（小于400mm），属于半干旱气候区。降雨集中在夏季，春旱、伏旱和秋旱每年均有发生，且全年近五个月的时间为结冰期，年内降水季分配不均，形成干湿分明的气候特色。每年由辽西吹来的狂风数月不停，年平均风速3.4m/s。年均日照时数2885.8h，日照时间较长，日照强烈，太阳能资源比较丰富。白城市的气温、日照及降水情况见图4.3.1及表4.3.1。

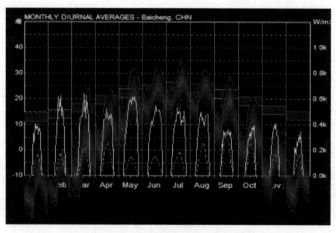

图 4.3.1　白城市气候日均变化曲线

白城市气温、日照和降水　　　　表 4.3.1

地点	年平均气温/℃	1月平均气温/℃	极端最低温度/℃	7月平均气温/℃	极端最高温度/℃	日照时数/(h·a)	降水量/mm		
							冬半年（11月～次年4月）	夏半年（5～10月）	年均（1～12月）
白城	5.0	−16.4	−38.1	23.4	38.6	2885.8	24.7	373.7	398.4

在碱土沼泽平原的地理环境与长期严寒干燥的气候条件下，清代移居垦荒的民众从自然、审美的角度，创造了适应地域气候、独具特色的传统民居吉林碱土平房——一种土墙、土平顶的单层土木结构房屋。

二、气候设计

1. 建筑热工设计区划及设计要求

白城市建筑热工设计区划属于1C严寒气候区,建筑设计必须充分满足冬季防寒、保温、防冻等要求,夏季可不考虑防热;总体规划、单体设计和构造处理应使建筑物满足冬季日照和防御寒风的要求;建筑物应采取减少外露面积,加强冬季密闭性,合理利用太阳能等节能措施;结构上应考虑气温年较差大及大风的不利影响;屋面构造应考虑积雪及冻融危害;应满足防冰雹、防风沙的要求。

2. 被动式气候适应策略有效性分析

应用气候分析软件 Weather Tool 对白城市气象数据进行分析(图 4.3.2),得出当地热舒适区域(图中多边形区域)及各种基本被动式设计措施扩大舒适区的范围。在建筑 6 种被动式设计方法(材料蓄热、夜间通风 + 材料蓄热、被动式太阳能加热、自然通风、直接蒸发降温、间接蒸发降温)中,各项措施提高舒适区范围的逐月有效性如图 4.3.3 所示,各项措施年均有效性综合分析结果见表 4.3.2。

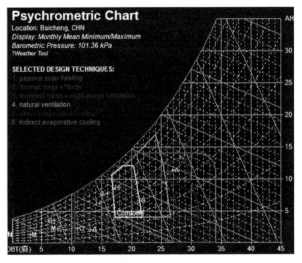

图 4.3.2　吉林白城市气候分析图

根据图 4.3.3 及表 4.3.2,按照 6 种被动式措施有效性排序,夜间通风加材料蓄热措施最有效,有效性为 27%;单独材料蓄热性能有效性为 24%;自然通风及蒸发降温措施一年中 6 ~ 8 月较集中地发挥降温作用,可保持室内的热舒适性。

白城每年 5 月、9 月,室外月平均最低气温为 8.3℃(8.2℃、8.4℃),白天利用墙面、屋面、地面等实体构造层的蓄热性能积聚太阳热能;夜晚利用长波辐射散热散发白天围护结构吸收的热量,加热室内空气,为室内增温,提高室内热舒适性。每年 6 ~ 8 月室外月平均最低气温 16.4℃(14.8℃、18.3℃、16.0℃),白天室外温度高,此时紧闭门窗,利用墙面、屋面、地面等实体构造层的蓄热性能及隔热性能,积聚太阳热能,阻止热量过多

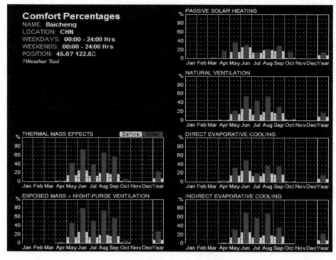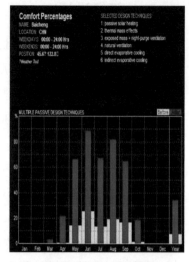

（a）各项措施逐月有效性　　　　　　　　（b）综合措施逐月有效性

图 4.3.3　白城被动式策略有效性

被动式策略年均有效性综合分析表 表 4.3.2

	夜间通风＋材料蓄热	材料蓄热	间接蒸发降温	自然通风	被动式太阳能加热	直接蒸发降温	综合措施	采取措施前	设计潜力
各项措施有效性	27%	24%	24%	18%	16%	16%	35%	8%	27%

过早进入室内，同时有效降低室外温度波动对室内温度的影响，使建筑围护结构内表面温度接近室外平均温度；夜晚打开门窗利用长波辐射散热和自然通风散发白天围护结构吸收的热量，降低室内温度，提高室内热舒适性，同时也保证外围护结构第二天日间可以作为吸热体再吸收室外热量。

在此气候条件下，建筑外围护结构的蓄热措施有效与否对建筑保温隔热发挥着决定性作用。如果材料蓄热与其他 5 种被动式措施组合良好，将在春、夏、秋三季保持室内热舒适性方面发挥 35% 的作用；相反，如果不采取任何必要的被动式措施，建筑室内只有 8% 的热舒适性，因此其被动式设计潜力为 27%。

三、建筑形式的气候适应性

无论是院落空间布局、房屋建筑形态，还是民居装饰意匠以及构筑材料选用，既不像北京四合院"庭院深深"的严谨构图，也不似山西乔家大院的装饰精美，吉林碱土民居一切均归于简单、适宜，粗犷中透射出一种原发性的古朴气息，具有鲜明的适应地域气候的特色。碱土民居建筑形式的气候适应性特征主要体现在聚落选址、村寨规划、院落设置、外形特征、建筑平面布局等方面。

1. 聚落选址：负阴抱阳

吉林省东南部为松花江上游地带，著名的长白山穿越而过，群山环绕，属山岳地带。中部和西北部是松花江流域大平原地带，沿江地质略带沙性，土壤肥沃，盛产农作物。西部则是地势平坦的沙漠和碱土地区。吉林西部地广人稀，人们建屋习惯选择背阴抱阳、阳光充足的向阳地段。背阴抱阳的择地经验有其科学内涵，实验数据表明，山区向阳地段日间可以接受更多的日照，整体温度比背阴坡地高 10℃左右，可以大大提升严寒冬季室外的综合温度，为创造冬季舒适的室内热环境创造条件。

2. 村寨规划：开敞的行列式或散点式布局

严寒的东北地区地广人稀，人们一般选择开敞平坦的场地独立建屋，城市常见宽敞的行列式布局，乡村则呈现分散的星点式布局形式（图 4.3.4a）。无论是行列式还是星点式布局，建筑间距均较大，为整个房屋在冬季获得良好的日照创造条件，保证阳光毫无遮挡、最大限度地投射到窗户或外墙上，满足建筑冬季直接得热的需要。

3. 院落设置：开敞宽阔，彼此独立

碱土平房具有东北民居特有的宽敞合院建筑格局，常见一合院，也有二合院、三合院形式（图 4.3.4b）。屋外四周环砌宽 40 cm、高约 150cm 的碱土矮墙。矮墙向内围合成开敞宽阔的院落。院门设于南向围墙的正中，高大宽敞，便于车马进出，朴实豪爽之中也让人们觉得敞亮。严寒而漫长的冬季，许多生产劳作不得不在室内进行，如厢房多被用作磨坊、仓库、马厩等。于是开敞宽阔的内院为停放车马及放置劳作工具提供了必要空间。后院常作为室外屯粮的存储空间。为了便于粮食运送，在外院墙与房屋之间开辟一条道路，形成院墙与房墙分离的形式。

（a）东北村寨格局　　　　　　　　　　　（b）东北民居院落布局

图 4.3.4　东北村寨及院落布局

东北地区民居的院落尺度比气候温和地区的院落尺度大许多。从东北院落（图 4.3.5b）及进深尺度对比图（图 4.3.5c）得出，东北二进院落空间的宽深比为 0.8 ~ 1.9，多数呈横长纵窄的长方形；而陕西及山西、北京的二进院落（图 4.3.5a）空间的宽深比为 0.3 ~ 1.0

（图 4.3.5c）。同时通过计算机 CFD 模拟院落风环境得出，即使庭院较开敞也不会增加冬季风量与风速。为了抵御严寒，东北民居室外庭院设置开敞宽阔，房屋格局彼此独立、互不遮挡，建筑布局避免与冬季盛行风向（一般为西北风）通道平行，保证建筑南向墙面及窗口获得更多的阳光，为冬季室内得热创造条件。

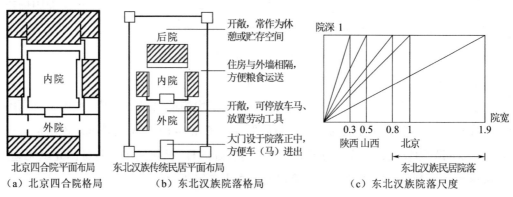

图 4.3.5　东北院落及进深尺度对比图

4. 外形特征：矮小紧凑、南向面宽

体形系数指与大气接触的建筑外表面积（Fo）与其围合的室内体积（Vo）的比值，用 $S=Fo/Vo$ 表示。体形系数是衡量建筑形体节能的一项指标，是衡量一个建筑物外形是否利于保温隔热的重要参数。对于体积相同的建筑物，在外围护结构各向传热相同的情况下，外围护结构的外表面积越小，传出的热量越少。建筑的体形系数与耗热量基本呈线性正比关系。对体积相同的建筑物而言，体形系数越小，即外围护结构外表面面积越小，散失热量的途径就越少，因此具有节能意义。如以立方体为基准，不同建筑形体在空间总量相同时外表面面积差异较大（图 4.3.6）。

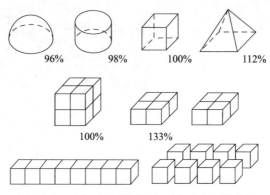

图 4.3.6　空间总量相同时各形体外表面积差异

东北碱土民居外形多横长方形体，形体规整，矮小紧凑。根据对吉林省白城市青山堡乡 9 户代表性农宅的统计，房屋各自均值为：进深 5.46m，开间 3.02m，净高 2.37m，南向窗墙面积比 18%，山墙及北墙均不开窗，建筑体形系数 1.04（表 4.3.3）。

东北地区冬季气温低，大部分地区日照辐射较强。建筑南向外界面和东西向外界面向外散失热量，同时也接受大量的太阳辐射热。由于南向全天接受日照，日照时数远远大于东西向，南向界面吸收的日照辐射大于东西向，因此严寒与寒冷地区的建筑体形南向外界面宜足够大，建筑长轴方向向阳可以使南向空间充分获得日照，增加整个建筑得热量。

白城市青山堡乡农宅分析表　　表 4.3.3

序号	房间数	进深/m	面阔/m	净高/m	外窗		屋门		马窗		内门		体形系数	南向窗墙比
					宽/m	高/m	宽/m	高/m	宽/m	高/m	宽/m	高/m		
1	2	5.30	2.80	2.50	1.00	1.30	0.95	1.65	0.60	0.70	0.70	1.65	1.13	0.12
2	3	5.15	2.70	2.55	1.10	1.20	0.90	1.65	0.40	0.90	0.80	1.70	1.03	0.15
3	2	5.20	3.20	2.50	1.10	1.10	0.70	1.60	0.60	1.00	0.60	1.80	1.10	0.11
4	3	5.00	3.17	2.10	1.90	1.15	0.85	1.65	0.45	0.90	0.70	1.65	1.09	0.24
5	3	5.20	3.30	2.50	2.00	1.10	0.90	1.65	0.60	0.90	0.70	1.65	1.09	0.17
6	3	5.55	3.13	2.10	1.70	1.20	0.95	1.65	0.45	1.10	0.70	1.70	1.05	0.23
7	3	5.35	3.35	2.60	2.00	1.20	0.95	1.65	0.45	0.90	0.70	1.65	0.96	0.20
8	5	6.10	3.30	2.20	1.95	1.20	0.82	1.89	0.51	0.97	0.87	1.75	0.90	0.27
9	2	6.30	3.40	2.25	2.00	1.05	0.75	1.60	0.50	0.90	0.75	1.65	1.06	0.17
平均	—	5.46	3.02	2.37	—	—	—	—	—	—	—	—	1.04	0.18

综合以上两点分析，对于严寒与寒冷地区的建筑物，节能体形需要考虑以下两点：当建筑体量相同时减小体形系数，即尽量集中布置，同时增大建筑平面进深，使建筑平面形式尽可能接近一个正方形，从而减小外围护结构外表面的散热面积；在体形系数相同时，尽量增大建筑南向面积，保证冬季南向更多得到太阳辐射热。东北碱土民居综合考虑了体形系数和日照的影响，形成了体形矮小紧凑、南向面宽的横长方形的形式，体现出民居外形对当地严寒气候的适应性。

5. 建筑平面布局：平面紧凑并设缓冲空间（暖阁）

碱土民居常见的一合院形式有三间、五间、七间不等。以三间为例，堂屋居中，两侧套间为里屋（图 4.3.7）。

堂屋又称外屋地，即厨房，内设锅台、水缸等。灶火直通左右内室的火炕。堂屋后半部常设暖阁，内布小火炕，暖衣暖鞋以避免冬季穿衣时寒冷。暖阁进一步隔绝了北向檐墙的冷空气，与灶间暖流一同加热正对大门的冷空气，减少因开关门时空气温差过大引起的对流散热。东侧里屋为供老人居住的卧室，西侧卧室供小辈用。屋内设火炕。汉族民居的炕多为"一"字形，一般只设南炕，有顺山烟道将烟气排至室外。满族民居屋内的南、北、西三面布炕，俗称"万字炕"或"南北炕"。

里屋南北墙设上可吊起、下可摘下的支摘窗。支摘窗分上下两扇，上扇窗可用铁钩向内上悬或用短棍支起，方便通风；下扇窗平时不常开，但可以随时摘下。窗外糊窗纸；糊在窗棂外的"高丽纸"上淋油或盐水，防止雨雪淋湿纸面导致脱落。现已多改为铝合金玻璃窗。

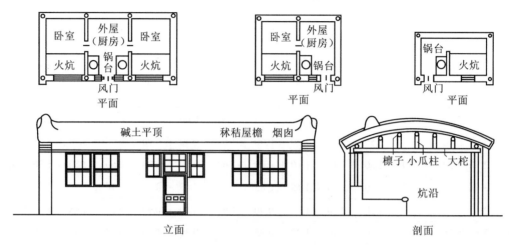

图 4.3.7　碱土平房平面、立面、剖面图

6. 炕头文化——南向热炕

中原文化中被视为宗法、礼仪核心空间的堂屋，在东北地区还保留有一席之地，却多被改作厨房以及暖阁，取而代之的是位于堂屋两侧的腰屋或里屋（次间或梢间）。在长达半年之久的严寒冬季，屋里的热炕头是人们经常的坐卧之地。东北一大怪"养活孩子吊起来"，说的就是用绳索将摇篮吊在南向炕面的"子孙椽子"上，使孩子能够沐浴在南窗的阳光和炕面上升的热气流中，不至于受冷着凉（图 4.3.8）。

图 4.3.8　炕头文化——南向炕面上升的热气流空间

四、结构形式、材料及构造

1. 结构形式：节约木材的墙架混合承重结构形式

碱土平房采用墙架混合的承重结构形式。当地土壤碱性较大，不利于植物生长，因此

木材极其匮乏。适应此一形势，民居不再沿用传统的抬梁式木构架结构体系（即柱上架梁、梁上置短柱，短柱上再架梁，图 4.3.9a），而是采用梁架式（墙架）木构架结构体系（仅用一架梁，梁上设瓜柱，瓜柱支撑檩条）。同时山墙榀架中设中柱，以取得构架侧向整体的稳定性（图 4.3.9b），既减少木材的使用，也能获得较好的结构稳定性。

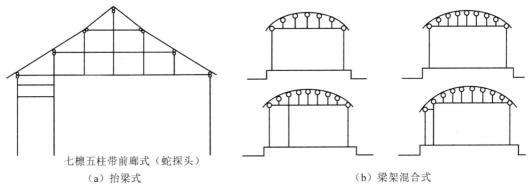

七檩五柱带前廊式（蛇探头）
（a）抬梁式　　　　　　　　　　　（b）梁架混合式

图 4.3.9　传统民居屋架形势对比

2. 外围护结构材料

民居的外墙及屋面选用当地原生态木材为结构构架，以碱土、苇芭、高粱秆、羊草等作围护夯砌而成。

1）碱土：碱土地带木材稀少、风沙大、温度低，当地人民采用随处可见的碱土砌筑房屋。碱土呈青灰色，颗粒极细，没有黏性且不吸收水分，防水性能优越、造价低廉。

2）草：由于草类具有分布广泛、就地取材、经济性佳、柔韧性好等特性，因此被大量应用于民居的墙体、屋面、炕席、窗帘等构件中。草种类多样，如靠山的荒草，麦区的麦草，稻区的稻草，水泽地的苇子、羊草等。羊草属于水甸子中的野生植物，秋季呈红色，俗称"红草"，纤细柔软，铺设于屋面时防水效果较好。东北盛产高粱，高粱秆成捆绑扎，直接搁置在檩条上，省却了屋面望板，保温又隔热。

3. 外围护结构构造

1）墙体构造

叉垛墙：东北地区的夯土墙又称"叉垛墙"，是由碱土掺和少量羊草夯筑而成。按两米的长度进行分段施工：将拌合好的碱土草填入木模板中，叉子分层，反复拍打、夯实，循环反复，一板板夯筑到需要的高度，最终形成底部 700mm 厚、上部 500mm 厚、平均600mm 厚的墙壁。墙内若有木柱框架，墙体可以再薄一些。夯土墙的平均寿命 15～20 年，为了延长使用年限，可用细羊草混合碱土细泥抹平外墙内外表面，每年一次。一般居民多在春季垛墙，待墙体干透后至秋天再上顶。

土坯墙：土坯墙体，山墙厚约 440mm，前后檐墙厚约 360mm。土坯墙不如叉垛墙坚固，养护得当寿命可达 13 年。施工时土坯间难以严丝合缝，缝隙处易形成冷风渗透，因此叉垛墙比土坯墙更保暖。东北汉族传统民居常见土坯尺寸如表 4.3.4 所示。

东北汉族传统民居土坯尺寸　　　　　　　　　　表 4.3.4

地点	土坯尺寸 /cm	加料筋
黑龙江	37×18×7	加羊草
吉林	24×18×15	加羊草
辽宁	26×18×15	加羊草

2）屋面构造

碱土平房的屋顶一般是平顶，或是屋面微微隆起略呈弧形，同时向前后檐坡下的囤顶。屋面常见做法有两种，一种为碱土平顶，另一种为砸灰顶。

碱土平顶：碱土平顶做法（图 4.3.10）为土墙顶或柱上架梁，梁上搁檩，檩上架椽子，椽子上以苇芭或高粱秆打捆平铺 100mm 厚，干铺 100mm 厚羊草，上抹碱土麦秸泥 200mm 厚，压实，后用碱土泥 2～3 层共 30mm 厚压实赶光。这种碱土平顶只需每年再以碱土抹面，即可达到坚固耐久、防水优越的要求。

砸灰顶：砸灰顶又名海青房，也是当地碱土民居屋面的常见做法。砸灰顶与碱土顶只是在屋面最外层的处理上有所不同。

碱土抹面30
碱土麦秸泥200
羊草100
苇芭或高粱秆100
木椽

单位：mm
图 4.3.10　碱土民居屋顶

砸灰顶将顶层碱土抹面改为炉渣与白灰抹面，经实践检验，此种做法更加坚固耐久。屋面抹面前将白灰与炉渣经水拌合好，焖上 3 个月，待其表面浮出浆汁后再铺设屋面，铺好后用棍棒反复打砸直至浆汁完全排干。这种做法可以延长房屋寿命至百年，即使檩子破损，屋顶仍然不会塌落，可见其坚固耐久程度。

五、外围护结构热工性能分析

室内温度环境评价包括平均温度评价和温度波动评价。传统民居少有人工调节系统，室内温度变化主要受围护结构的热工特性影响。首先，较大的热阻能够降低室内外的热量传递，决定着平均温度的大小；其次，室外温度谐波传至平壁内表面的衰减倍数（以下简称衰减倍数）v_0 和延迟时间 ξ_0 是防止室内过热或过冷，保持室内温度稳定的关键因素。下面将针对各地域典型传统民居的外围护结构的热工性能指标进行计算，并与现代普通砖房进行对比分析，同时比对现代节能规范，研究传统民居外围护结构热工性能方面的气候适应特性。

在前面的分析中，根据 6 种被动式气候策略的有效性排序，得出当地材料蓄热＋夜间通风性能对于改善室内热舒适性最为有效，其中材料蓄热性能发挥主要作用。

1. 外墙热工性能分析

碱土民居的外墙常见夯土墙与土坯墙两种形式。按照习惯做法，夯土墙取 600mm 厚，土坯墙取 440mm 厚。叉垛墙、土坯墙热工性能计算见表 4.3.5a、表 4.3.5b。

黏土实心砖现今在建筑中已经被限制使用，其墙体热工性能计算见表 4.3.6a。现代普通砖房分别选取 240mm 和 370mm 的黏土多孔砖（KP1）墙，这两种材料及厚度的墙体在现今北方村寨新建住宅中最为常见且甚为流行，同时也是体现家庭富裕程度的标杆，因此取其为代表。两种砖墙的构造与墙体热工性能计算见表 4.3.6b 与表 4.3.6c。

碱土房——叉垛墙热工性能计算表　　　　　表 4.3.5a

构造层 （厚度 mm）	λ_i / [W/ (m·K)]	R_i / (m²·K/W)	S_i / [W/ (m²·K)]	D_i	R_0 / (m²·K/W)	ΣD	ν_0	ξ_0 / h
20 厚碱土抹面	0.15	0.13	2.79	0.37				
600 厚夯土	0.93	0.65	11.03	7.12	1.06	7.86	585.40	23.68
20 厚碱土抹面	0.15	0.13	2.79	0.37				

碱土房——土坯墙热工性能计算表　　　　　表 4.3.5b

构造层 （厚度 mm）	λ_i / [W/ (m·K)]	R_i / (m²·K/W)	S_i / [W/ (m²·K)]	D_i	R_0 / (m²·K/W)	ΣD	ν_0	ξ_0 / h
20 厚碱土抹面	0.15	0.13	2.79	0.37				
440 厚土坯	0.78	0.56	10.10	5.71	0.98	6.45	208.20	19.82
20 厚碱土抹面	0.15	0.13	2.79	0.37				

普通砖房 240mm 厚黏土实心砖墙热工性能计算表　　　　　表 4.3.6a

构造层 （厚度 mm）	λ_i / [W/ (m·K)]	R_i / (m²·K/W)	S_i / [W/ (m²·K)]	D_i	R_0 / (m²·K/W)	ΣD	ν_0	ξ_0 / h
20 厚混合砂浆	0.87	0.02	10.75	0.25				
240 厚黏土实心砖	0.81	0.30	10.53	3.12	0.49	3.62	16.00	9.80
20 厚混合砂浆	0.87	0.02	10.75	0.25				

普通砖房 240mm 厚多孔砖 + 混合砂浆砌体墙热工性能计算表　　　　　表 4.3.6b

构造层 / （厚度 mm）	λ_i / [W/ (m·K)]	R_i / (m²·K/W)	S_i / [W/ (m²·K)]	D_i	R_0 / (m²·K/W)	ΣD	ν_0	ξ_0 / h
20 厚混合砂浆	0.87	0.02	10.75	0.25				
240 厚多孔砖	0.64	0.38	8.49	3.18	0.57	3.68	17.68	13.31
20 厚混合砂浆	0.87	0.02	10.75	0.25				

普通砖房 370mm 厚多孔砖 + 混合砂浆砌体墙热工性能计算表　　表 4.3.6c

构造层 （厚度 mm）	λ_i /〔W/ （m·K）〕	R_i / （m²·K/W）	S_i /〔W/ （m²·K）〕	D_i	R_0 / （m²·K/W）	ΣD	ν_0	ξ_0 / h
20 厚混合砂浆	0.87	0.02	10.75	0.247				
370 厚多孔砖	0.64	0.578	8.49	4.908	0.77	5.402	59.80	17.97
20 厚混合砂浆	0.87	0.02	10.75	0.247				

其中 240mm 多孔砖砌体墙的衰减倍数与延迟时间的计算如下：

外表面蓄热系数：

$$Y_{1,e} = （0.023 \times 10.75^2 + 8.7）/（1 + 0.023 \times 8.7）\approx 9.464 \ W/（m^2·K）$$

由于第二层 $D_2 = 3.184 > 1$，则

$$Y_{2,e} = S_2 = 8.49 \ W/（m^2·K）$$

$$Y_{3,e} = （0.023 \times 10.75^2 + 8.49）/（1 + 0.023 \times 8.49）\approx 9.329 \ W/（m^2·K）$$

内表面蓄热系数：

$$Y_{3,i} = （0.023 \times 10.75^2 + 19）/（1 + 0.023 \times 19）\approx 15.07 \ W/（m^2·K）$$

由于第二层即黏土砖层的热惰性指标 $D_2 > 1$，则 $Y_{2,i} = S_2 = 8.49 \ W/（m^2·K）$；
因此 $Y_{1,e} = （0.023 \times 10.75^2 + 8.49）/（1 + 0.023 \times 8.49）\approx 9.329 \ W/（m^2·K）$；

240mm 多孔砖砌体墙体围护结构的衰减倍数：

$$\nu_0 = 0.9 e^{3.68/\sqrt{2}} \times \frac{10.75 + 8.7}{10.75 + 9.464} \times \frac{8.49 + 9.464}{8.49 + 8.49} \times \frac{10.75 + 8.49}{10.75 + 9.329} \times \frac{9.329 + 19}{19} \approx 17.68$$

240mm 多孔砖砌体墙体围护结构的延迟时间：

$$\xi_0 = \frac{1}{15}\left（40.5 \times \Sigma D - \arctan \frac{8.7}{8.7 + Y_i\sqrt{2}} + \arctan \frac{Y_e}{Y_e + 19\sqrt{2}}\right）\approx 13.31 h$$

保温性能：碱土民居叉垛墙的传热阻为 1.06m²·K/W，土坯墙的传热阻为 0.98m²·K/W；240mm 多孔砖墙体的传热阻为 0.57m²·K/W，370mm 多孔砖墙体的传热阻为 0.77m²·K/W，碱土民居叉垛墙或土坯墙的传热阻都远远大于现行 240mm、370mm 砖墙，由此得出碱土民居外墙的冬季保温性能远远优于后两者，可以有效阻止冬季室内热能更多地向室外流失。

热惰性性能：碱土民居叉垛墙及土坯墙的热惰性指标分别为 7.86 及 6.44；240mm 厚及 370mm 厚多孔砖墙体的热惰性指标分别为 3.68 及 5.40，说明碱土民居叉垛墙及土坯墙抵抗温度波动的能力更强。

夏季白天，民居从室外环境中吸收热量，使外墙体外表面温度升高，午后时段其外表面温度达到日间峰值。然而，在叉垛墙及土坯墙体较大热惰性、蓄热性能和延迟性能的作用下，到达外墙内表面的热流量、热流波幅及温度波幅将大大降低，使得内表面温度的最大值出现时间推迟至次日凌晨，此时打开门窗，通过夜间自然通风就可达到促进室内降温的目的。

冬季白天，碱土民居的叉垛外墙及土坯外墙吸收了大量的太阳热辐射，并将太阳热能积聚在体内。在叉垛墙及土坯墙体较大热阻、热惰性、蓄热性能和延迟性能的作用下，夜间室外环境温度骤降达到最低，外墙将白天积聚体内的热量向外辐射，加热室内。碱土民居热阻大、热惰性强的特性使得外墙内表面温度在冬季一整天都保持较高水平且波幅变化小，其温度最低值可以延迟到午后。

从以上分析可以得出，碱土民居厚重的外围护结构对于减少室内外传热，平抑室内温度波动具有明显的效果。

2. 屋面热工性能分析

吉林碱土民居的屋面主要砌筑材料包括黏土、羊草、苇芭。黏土厚度200mm，羊草厚度100mm，苇芭或高粱秆厚度100mm。现代普通砖房的屋面构造由上至下依次为防水卷材、30mm 厚防水砂浆、100mm 厚的钢筋混凝土板、20mm 厚混合砂浆。碱土平房黏土屋面与普通钢筋混凝土热物理性能计算见表 4.3.7、表 4.3.8。

碱土平房——黏土屋面热工性能计算表 　　表 4.3.7

构造层 （厚度 mm）	$\lambda_i /$ [W/ (m·K)]	$R_i /$ (m²·K/W)	$S_i /$ [W/ (m²·K)]	D_i	$R_0 /$ (m²·K/W)	ΣD	ν_0	ξ_0 / h
30 厚碱土抹面	0.93	0.03	11.03	0.36				
200 厚碱土麦秸泥	0.35	0.57	6.36	3.64	4.32	7.11	547.00	21.22
100 厚羊草	0.05	2.13	0.83	1.77				
100 厚苇芭或高粱秆	0.07	1.43	0.94	1.34				

钢筋混凝土屋面热工性能计算表 　　表 4.3.8

构造层 （厚度 mm）	$\lambda_i /$ [W/ (m·K)]	$R_i /$ (m²·K/W)	$S_i /$ [W/ (m²·K)]	D_i	$R_0 /$ (m²·K/W)	ΣD	ν_0	ξ_0 / h
30 厚水泥砂浆抹面	0.93	0.03	11.37	0.37				
100 厚钢筋混凝土	1.74	0.06	17.20	0.99	0.26	1.61	4.10	8.34
20 厚混合砂浆	0.87	0.02	10.75	0.25				

表 4.3.7、表 4.3.8 表明碱土民居屋面的传热阻 R_0、热惰性指标 D、室外温度谐波传至平壁内表面的衰减倍数 ν_0 和延迟时间 ξ_0 的数值都远大于普通钢筋混凝土屋面，表明民居屋面在减少室内外热量传递、抵抗室外温度波动、保持室内热稳定性和热舒适性能力方面明显优于现代砖砌体墙和钢筋混凝土屋面的房屋。

碱土民居的墙体和屋面热阻大，可有效减少室内热能损失，利于冬季室内保温。同时其蓄热能力强，散热速度慢，可以自然地调节昼夜温差，平抑室内温度波动，创造出冬暖夏凉的室内热环境。

3. 窗户、门、地面热工性能分析

碱土民居的外门常采用单层夹板门，传热系数为 2.31W/（m²·K）。在严寒的冬季，人们常常采用在夹板门外挂厚棉帘的方式抵御寒风侵袭，增加外门整体的保温性能。

碱土民居的外窗为单层木框玻璃窗，木框密闭性较差，现多改用铝合金单玻窗，传热系数 6.0W/（m²·K）。民居不同朝向的窗墙面积比如表 4.3.9 所示。表 4.3.9 表明碱土民居各向窗墙面积比均满足节能规范要求，充分体现了民居适应严寒，东西向及北向开小窗、南向开大窗的特性，更大程度满足冬季保温、最大限度得热的需要。

碱土平房不同朝向窗墙面积比   表 4.3.9

分项	窗墙面积比		
	北	东、西	南
严寒与寒冷地区居住建筑节能设计标准	≤ 0.25	≤ 0.30	≤ 0.45
碱土民居（严寒地区）	0	0	0.18
结论	满足	满足	满足

碱土民居的地面为黄土上铺实心砖一皮，传热系数为 3.418W/（m²·K）。

4. 外围护结构热工性能评价

根据表 4.3.10，与普通砖房的外围护构件相比，碱土平房外围护结构构件的热阻更接近节能设计规范，尤其屋面结构远远优于普通砖房。相较普通砖房，虽然民居外墙的热阻不满足居住建筑节能设计规范，但仍具有更好的热特性。在旧民居改造及新民居建设过程中，改进外围护结构热工性能，将会大大提升民居的室内舒适度，降低改造成本，减少资源浪费。

碱土平房外围护构件热工性能与节能规范对比   表 4.3.10

类别	严寒与寒冷地区居住建筑节能设计标准（1C）		碱土平房外围护构件		普通砖房外围护构件	
外围护构件	屋顶	外墙	屋顶	外墙	屋顶	外墙
传热阻/（m²·K/W）	5.0	2.00（权衡）	4.32	1.06	0.26	0.57
实现率	—	—	86%	53%	5%	29%

第四节　吉林满族民居

一、概述

吉林省共有满族人 30 余万，居住地集中在松花江上游一带，以吉林乌拉（吉林市）、布特哈乌拉（乌拉镇）为中心，南至桦甸、磐石等县，北达法特哈门，地域面积约 6 万 km²。据《吉林府志》记载："吉林本为满洲故里，蒙古、汉军错屯而居……然满州聚族而处者，

犹能无忘旧俗"，可见满族民居保持了民族遗风，在千姿百态的众多传统民居建筑中颇具代表性。满族民居主要分布在东北松辽平原腹地的吉林省吉林市、长春市、桦甸与磐石等地。

吉林市、长春市、桦甸与磐石等地地势平坦开阔，气候介于东部山地湿润与西部平原半干旱区之间，属温带大陆性半湿润季风气候类型。东部和南部虽距海洋不远，但由于长白山地的阻挡，削弱了来自海洋的夏季风的作用；西部和北部为地势平坦的松辽平原，西伯利亚极地大陆气团畅通无阻，冬季风的势力影响很大。全年四季分明：春季干燥且多风，夏季温热多雨而短促，秋季凉爽且日夜温差大，冬季严寒而漫长。总体冬季银装素裹、玉树琼花，夏季满目葱绿、清爽宜人。

代表城市长春市地处吉林省中部，北纬43.9°，东经125.2°，海拔高度239.0m。常年平均气温为5.7℃，夏季最高温度可达35.7℃，冬季最低气温低至－33.0℃，年温度变化68.7℃。年均降雨量570.3mm，其中冬半年降雨量较少（57.2mm），夏半年较多（513.1mm）。全年有5个月的结冰期。年平均风速3.8m/s。年均日照时数2636.9h，日照时间较长，太阳能资源比较丰富。长春市的气温、日照及降水情况如图4.4.1及表4.4.1所示。

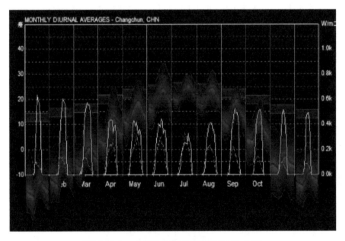

图 4.4.1　长春市气候日均变化曲线

长春市气温、日照和降水　　　　　　　　　　　　　　　　　　　表 4.4.1

地点	年平均气温 /℃	1月平均气温 /℃	极端最低温度 /℃	7月平均气温 /℃	极端最高温度 /℃	日照时数 /（h·a）	降水量 /mm		
							冬半年（11月～次年4月）	夏半年（5～10月）	年均（1～12月）
长春	5.7	－15.1	－33.0	23.1	35.7	2636.9	57.2	513.1	570.3

在冬季严寒漫长、夏季暖湿短促的气候条件下，结合平原地形特征，经过数百年的传承和改进，满族人民从自然、审美的角度出发，创造了适应东北地区严寒气候、独具特色的满族传统民居——一种青砖或土墙、瓦铺或草泥四坡屋顶、南向开大窗的单层土木或

砖木结构房屋。

二、气候设计

1. 建筑热工设计区划及设计要求

长春市建筑热工设计区划属于1C严寒气候区，建筑设计必须充分满足冬季防寒、保温、防冻等要求，夏季可不考虑防热；总体规划、单体设计和构造处理应使建筑物满足冬季日照和防御寒风的要求；建筑物应采取减少外露面积，加强冬季密闭性，合理利用太阳能等节能措施；结构上应考虑气温年较差大及大风的不利影响；屋面构造应考虑积雪及冻融危害；应满足防冰雹、防风沙的要求。

2. 被动式气候适应策略有效性分析

应用气候分析软件 Weather Tool 对长春市气象数据进行分析（图 4.4.2），得出当地热舒适区域（图中多边形区域）及各种基本被动式设计措施扩大舒适区的范围。在建筑6种被动式设计方法中，各项措施提高舒适区范围的逐月有效性如图 4.4.3 所示，各项措施年均有效性综合分析结果见表 4.4.2。

根据图 4.4.3 及表 4.4.2 中 6 种被动式措施有效性排序，材料的蓄热性能加夜间通风有效性26%，其中材料蓄热性能发挥22%的作用。在每年5月、9月，月平均最低气温9.7℃（9.3℃、10.1℃），利用材料蓄热性能，白天吸收太阳热能并积聚，夜晚以长波辐射向外传递为室内增温。6～8月平均最低气温17.2℃（15.4℃、19.0℃、17.3℃），外围护结构材料白天蓄积太阳热能，夜晚利用自然通风为室内降温。自然通风及蒸发降温措施在一年6～8月集中发挥降温作用。若材料蓄热性能与其他5种被动式措施组合良好，将在春、夏、秋三季保持室内热舒适性方面发挥34%的作用；相反，如果不采取任何措施，只有8%的热舒适性，被动式设计潜力为27%。

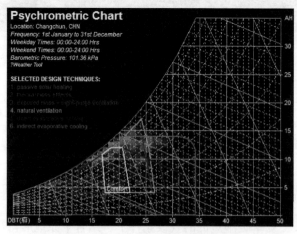

图 4.4.2　吉林长春市气候分析图

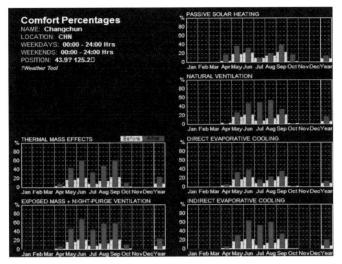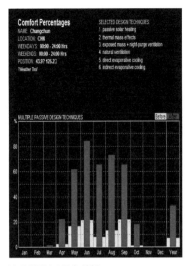

（a）各项措施逐月有效性　　　　　　（b）综合措施逐月有效性

图 4.4.3　长春市被动式策略有效性

被动式策略有效性综合分析表　　　　　表 4.4.2

	夜间通风＋材料蓄热	材料蓄热	间接蒸发降温	自然通风	被动式太阳能加热	直接蒸发降温	综合措施	采取措施前	设计潜力
各项措施有效性	26%	22%	20%	18%	15%	13%	34%	7%	27%

三、建筑形式的气候适应性

满族民居建筑形式的气候适应性主要体现在聚落选址、村屯规划、院落布置、建筑平面布局等方面。

1. 聚落选址：背风、向阳的山腰地带

长春市四周群山环绕，松花江曲折流贯其间。北部的北大山、玄天岭、望云山等连成一片，形成北向屏障；龙潭山诸峰横列东部；西部及西南部是小白山；南部远山相连，地形开阔。满族人民聚族而居形成村落，满语称为屯，一般的屯由 30 ~ 80 户人家组成，最大的也有几百家的大屯子。屯和屯之间一般相距 30 里至 40 里。

地形开阔的自然环境与聚族而居的生活方式，促使满族村屯的聚落选址自然选择江、河、湖、沟沿岸或山岗前的向阳地带，以争取更多的阳光日照。山地地带则尽量选择山腰处建造房屋，通常避开山顶、山脊、隘口、山脚、山谷等处（图 4.4.4）。山顶与山脊周围没有遮挡，风速大，不利于冬季保温。隘口是狭隘险要的山口，气流容易在此汇集成急流而形成风口。山脚不利于防洪，易产生霜冻效应（冬季晴朗无风的夜晚，冷空气沉降并停留在凹地底部，导致地表空气温度比其他地方低得多），虽有植被挡风，也不宜选择。山谷深盆地、河谷低洼地等静风和微风频率较大的地方，风速过小且气流不畅，污染的空气不易消散，容易

加重小区域的空气污染程度。总之，建筑选址应避开冬季主导风，选择面对夏季主导风向、背风向阳的山腰位置。

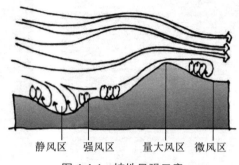

静风区　强风区　量大风区　微风区

图 4.4.4　坡地风强示意

2. 村屯规划：布局松散、向阳的东西向延伸格局

严寒气候区，争取更多的阳光日照是冬季被动式加热的最好方式。满族民居建筑布局一律向阳、横向排列、彼此独立，形成行列式松散布局形式。各户多东西走向，由此形成的街道南北往往不足 1km，东西最长约 3～5km，呈扁长状的街巷布局。图 4.4.5 为黑龙江呼兰县某村落的平面布局，各户独立、相距甚远；主要道路大多沿东西向成带形分布；南北向道路较少，起辅助交通作用。通过 ECOTECT 软件计算，长春市建筑的最佳朝向南偏西 12.5°，与当地传统民居南向朝向的选择基本一致，体现出满族传统民居的智慧。

根据气候特点安排朝向是民居建筑的特点之一，体现了其适应气候的本土智慧。如图 4.4.6 所示为广州某村落的平面布局，各户紧邻、相互遮挡。街道狭窄，迎合夏季主导方向。建筑紧邻降低了太阳辐射对建筑外表面的直接加热，狭窄通路充分利用夏季主导风进行散热和除湿，体现了湿热地区建筑的气候适应性特色。

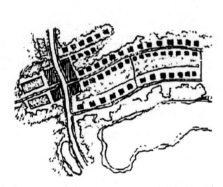

图 4.4.5　呼兰县满族村落开敞布局

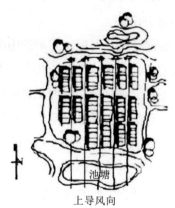

上导风向

图 4.4.6　广州某村落紧密布局

3. 院落设置：开阔宽敞、建筑点状分布

满族民居院落空间布局具有东北民居特有的宽敞合院建筑格局，三合院、四合院居多（图 4.4.7a）。院落四周环砌低矮的院墙，院墙南向正中设院门，围墙矮小不会对院内建筑物冬季的日照形成遮挡。院中布置正房、厢房、苞米楼、影壁及索罗杆等。为了适应寒

冷漫长的冬季，很多生产劳作不得不在室内进行，厢房就多被用作磨坊、仓库、马厩等。后院作为室外屯粮的存储空间，为了便于粮食运送，常在房屋建筑与外围墙之间开辟一条道路，形成房墙与院墙相分离的形式。院落前后空余地带多栽植高大的常绿乔木，防止冬季寒风侵袭(图 4.4.7b)。各家庭院内亦种植落叶乔木，保证冬季纳阳、夏季遮阴(图 4.4.7c)。

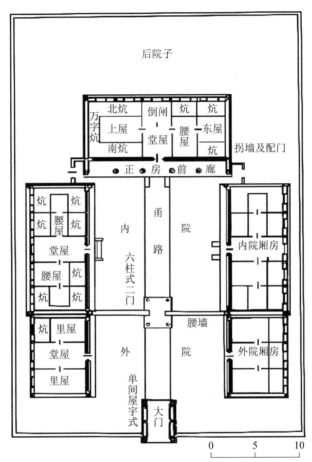

（a）东北满族民居平面布局

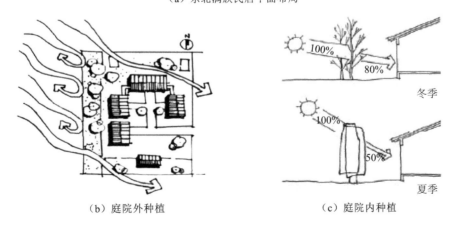

（b）庭院外种植　　　（c）庭院内种植

图 4.4.7　东北满族民居庭院布局

4. 建筑平面布局：布置紧凑，功能多样

"口袋房，万字坑，烟囱立在地面上"，这句话生动形象地概括了满族民居的基本特征：正房居中，坐北朝南；中间设堂屋；东西两侧为内室卧房。院内东南竖"索伦杆"，杆上有锡斗，杆下放三块石，称"神石"。砖砌的壁墙立于杆后，墙头饰有雨搭。

严寒气候区建筑设计必须充分满足冬季防寒、保温、防冻等要求，夏季可不考虑防热。东北满族民居正房居中，坐北朝南，南向开大窗，保证冬季更多地接受阳光照射。南向是冬季获得日照量最大的朝向；东西向获得的热量远小于南向（其获得太阳热量不到南向的一半，而且夏季日照量又远大于南向），不利于防热（图4.4.8）。

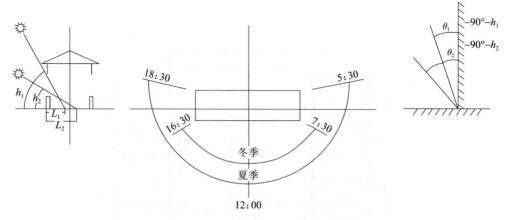

图 4.4.8　太阳入射角度与朝向的选择

5. 顺应气候而生的火炕、火墙、火地文化

火炕、火地、火墙是满族民居居室中为抵御寒冷而建造的取暖设备。

火炕，沿里屋南、北、西三面墙布置。满族以左为上，西墙供祖宗牌位，窄炕下通烟道，不住人。南北炕为住人的宽炕，下通烟道，连接灶台，上铺炕席或糊炕纸刷油。就寝时人们头朝炕外、脚抵墙。

火地在满族民居居室中的地面构造为：表面青砖铺地，地面下砌烟道。烟道由灶台的热空气流动烘热地面，热量在室内散发为室内增温。虽然砖块加热慢，但一旦热起来后散热也慢，因此室内较长时间保持恒温状态。同时屋外西山墙头处砌有圆形烟囱（满语称为呼兰），高出房檐数尺。烟囱根底有窝风窠，抵挡逆风。

火墙最早由满族人民发明创造。墙体中空，底端的一边连接灶台，取暖做饭两用（图4.4.9）。灶台的热空气加热火墙，温暖室内，弥补单纯靠火炕供热的缺陷，保证室内温度均匀分布，形成更为舒适的室内活动空间。

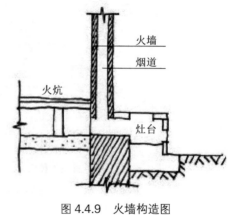

图 4.4.9　火墙构造图

四、结构形式、材料及构造

1. 结构形式

满族民居采用木构架承重的结构形式，柱上架梁，梁上设檩。柱子通常选用松木，包裹在外墙身内。

2. 外围护结构材料

1）草：草类分布广泛，可就地取材，经济性好且柔韧性好，大量应用于民居的墙体、屋面、炕席、窗帘等构件。草与泥拌合用途多样，如草泥抹面使墙体坚固耐久，草泥拌合制作土砖、夯墙或垒炕，草泥苫盖保温又防雨的屋面。

2）土：黄土土质细黏，分布广泛，取材便利，造价低廉，用途多样，在满族民居中应用广泛，如打土坯、夯土墙、挖土窑、制胶泥等。由于黄土黏着性能强，砌垒土块时用作黏结材料，可使墙体坚固牢靠。

3）石材：满族人民多依山而居，石材唾手可得。石材耐压耐磨、防渗防潮，可解决土坯墙、砖墙脚因压损或返潮而被破坏的问题，多用于墙基垫石砌石、柱脚石（柱础）、墙身砌石、山墙转角砥垫、角石、挑檐石以及台阶、甬路等，也可搭砌石炕台。

4）砖：民居常采用青砖建屋。青砖在马蹄窑烧制，黏土或河淤土制成砖坯，晒干后入窑烧制即得。

5）木材：满族民居无论是大木作的柱、梁、檩、椽、枋，还是小木作的门窗以及室内家具，都要用到木材。

3. 外围护结构构造

1）外墙构造

外墙包括檐墙与山墙。沿面阔方向的檐墙外墙，正面为前檐墙，墙上安装门樘和窗樘。背面是后檐墙，开窗较少，大部分满砌。房屋两端的山墙自檐部至屋脊呈山形三角状，故称"山墙"。室内隔墙壁面单薄、不承重，无须保暖隔热，经济状况差的用木骨泥墙（图4.4.10），经济状况好的用木板墙（图4.4.11）。

图 4.4.10　东北满族民居木骨泥墙

图 4.4.11　东北满族民居木隔墙

满族民居外墙按构筑材料及砌筑方式分为青砖墙体、拉核墙、草泥夯筑墙、"堡垒墙"等。

①青砖墙体：满族民居外墙中多见青砖墙体（图4.4.12）。青砖规格为242mm×121mm×61mm（8寸×4寸×2寸）。一般人家砌筑时青砖无须多加工，直接砌成清水砖墙，讲究人家需要将砖的上下两面加工打磨，甚至打磨5个面。砌墙时用月白灰（泼浆灰加水调匀）砌筑，灌桃花浆，随砌筑随用瓦刀耕缝。檐墙500mm厚。山墙窄而高，约600mm厚，一般比檐墙厚。砖墙内外两面一般不抹灰。

图4.4.12　东北满族民居青砖外墙

②拉核墙：拉核墙是以木柱为骨干，覆以草和泥筑成的墙体，俗称"拉核墙"。垒筑方法清人方式济在《龙沙纪略·屋宇》中记载颇详："拉核墙，核犹言骨也。木为骨而拉泥以成，故名。立木为柱，五尺为间，层施横木，相去尺许，以碱草络泥，挂而排之，岁加涂焉。厚尺许者，坚甚。"即拉核墙以纵横交织的木构架为龙骨，将络满稠泥的碱草辫子一层层地紧紧编在木架上，待其干透后表里涂泥，如图4.4.13所示。拉核墙既坚固又防寒保暖。

图4.4.13　东北满族民居拉核墙

③草泥夯筑墙：草泥夯筑墙采用草拌合湿土打筑而成。待房架落成后，依据墙壁的方位及高度、长度、厚度尺寸，内外各架设一层木板，木板外用绳索和木柱捆绑固定，拌草的湿土填于木夹板中，木槌边填土边夯打，待墙体水分蒸发，干涸后撤掉木板即可，见图4.4.14。

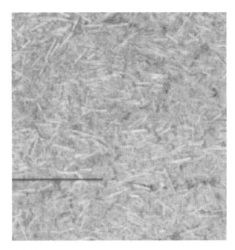

图 4.4.14 东北满族民居草泥夯筑墙

④ "垡"垒墙："垡"垒墙亦称土坯墙。"垡"指翻耕过的土块，这里即为砖形土坯。土坯尺寸各地不同，一般为 400mm×170mm×70mm。"垡"垒墙土坯制作工序：细密土质，去除疙瘩和杂物；冷水中放入稻草与土，几小时后草土被水焖透，水、草、土三者完全黏合；将草泥填入木模并抹平，待基本成型后去模即成土坯；自然中晾晒三五天，干燥即可使用。土坯墙保温隔热、取材便当、价格经济，缺点是不耐雨水冲刷，必须每年至少黄土抹面一次，以保证墙体寿命。

2）屋面构造

①屋顶形式：硬山屋顶是满族民居的典型特征。硬山屋顶建筑并非一定是满族民居，但满族民居绝大多数都采用硬山屋顶形式。

②材料分类：屋面按材料分类有草屋面和瓦屋面两种。

草屋面：在木屋架的木椽子上铺一层木板或苇席，其上苫草（铺苇芭或秫秸，上覆盖草，铺至平整）形成草屋面。屋脊用草编制，其下依次铺苫草，厚二尺许，草根当檐处齐平。为防止大风将苫草吹落，要用绳索纵横交错地把草拦住、固定好，还要在屋脊上置一根压草的木架，俗称"马鞍"。苫房要有较高的技术，苫得好，不仅样式美观，不透风、不漏雨，还牢固耐用。有的苫一次可以使用 20 年，有的则 3～5 年就要重新苫房。

瓦屋面：古建筑的用瓦分类方式多样。瓦按外形曲率不同，可分为板瓦和筒瓦（图 4.4.15）。板瓦是两翼上翘的扁平瓦，弧度很小；筒瓦是半圆形的瓦，弧度大。瓦按材料不同分为黏土瓦与琉璃瓦。黏土瓦指以黏土（包括页岩、煤矸石等粉料）为主要原料，经泥料处理、成型、干燥、焙烧制成，如小青瓦或蝴蝶瓦。青瓦分为板青瓦、筒青瓦、青瓦当（滴水、勾头、脊瓦）。琉璃瓦采用优质矿石原料，经过筛选粉碎，高压成型烧制而成，强度高、平整度好、吸水率低、抗折、抗冻、耐酸碱、永不褪色，适用于大式建筑。

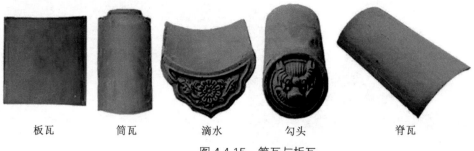

| 板瓦 | 筒瓦 | 滴水 | 勾头 | 脊瓦 |

图 4.4.15 筒瓦与板瓦

③铺贴构造：瓦屋面按照铺贴方式的不同分为筒瓦屋面、合瓦屋面、仰瓦屋面与仰瓦灰梗屋面。

筒瓦屋面是用板瓦做底瓦，筒瓦做盖瓦的瓦屋面。筒瓦屋面多见于宫殿、庙宇、王府等大式建筑，以及园林中的亭子、游廊等。小式建筑也少量使用筒瓦，如民宅中的影壁、看面墙、廊子等（图 4.4.16）。

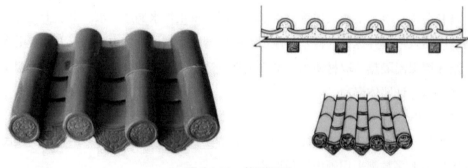

图 4.4.16 筒瓦屋面

合瓦屋面是底瓦与盖瓦全部采用板瓦的瓦屋面。合瓦在北方地区又称"阴阳瓦"，南方地区也称"蝴蝶瓦"。合瓦屋面的底瓦和盖瓦按照一正一反的形式排列铺贴，构成合瓦瓦垄（即瓦铺成的凸凹相间的行列）。北方地区合瓦屋面主要见于小式建筑和北京、河北等地的民宅，大式建筑不用。江南地区合瓦屋面分布极广。合瓦屋面构造简单，等级较低，多用于民居（图 4.4.17）。

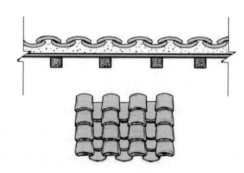

图 4.4.17 合瓦屋面

仰瓦屋面是用板瓦做底瓦（没有盖瓦），瓦垄相互压叠，瓦垄间不做灰梗的屋面。屋面两端一般做两垄或三垄合瓦压边，以免显得单薄。在房檐处以双重滴水瓦结束，既美观又能加速屋面排雨（图 4.4.18）。

单层型小青瓦的构造

图 4.4.18　仰瓦屋面

仰瓦灰梗屋面是用板瓦作底瓦，没有盖瓦，而是在相邻底瓦的瓦垄间用灰堆抹出形似筒瓦垄、宽约 4cm 的灰梗，类似筒瓦屋面。仰瓦灰梗屋面不做复杂的正脊，也不做垂脊，多用于不甚讲究的民宅（图 4.4.19）。

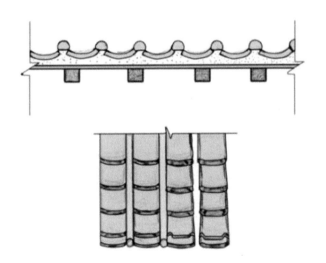

图 4.4.19　仰瓦灰梗屋面

④瓦底构造：瓦屋面的构造方法包括瓦底设基层（铺灰）与不设基层（不铺灰）两种。铺灰指瓦屋面的瓦底设基层苦背，即椽子上设望板或望砖，铺保温用的苦背（泥背），其上再铺瓦。这是北方民居常见做法。不铺灰指瓦屋面的瓦底不设基层苦背层，而是将底瓦直接摆在屋面木椽或望板上，盖瓦摆放在底瓦垄间，其间不放置任何灰泥。这是江南民居常见做法。

⑤瓦屋面构造：满族民居瓦屋面有合垄瓦与仰瓦两种（图 4.4.20），小青瓦仰面铺砌多见，两端做两垄或三垄合瓦压边。屋面椽子上铺坐板（常为 10～15mm 厚的长条木板）或席子，

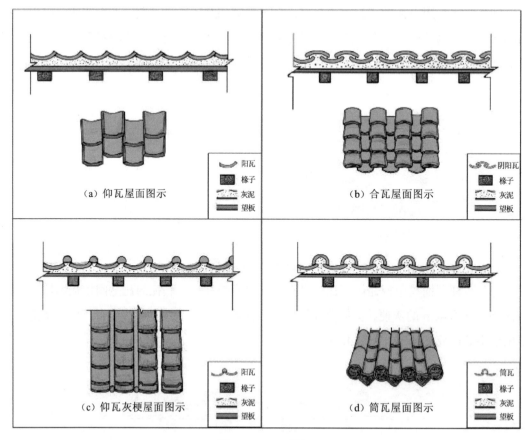

图 4.4.20　瓦屋面

上钉压条，抹坐泥 50～70mm 厚，再抹瓦泥 100～130mm 厚，盖小青瓦（图 4.4.21）。坐板在接缝处以错口相接，承托屋面上的坐泥和瓦泥，一般采用红松木。小方木压条以横向 400～500mm 的间距钉在坐板上，防止坐泥滑落。坐泥铺在坐板上（故名"坐泥"），50～70mm 厚，保温隔热。瓦泥是抹在坐泥上层的插灰泥，用以黏附小青瓦，比例是黄土：白灰麻刀为 4：1，内有少许细稻草。插灰泥内加石灰（使瓦顶不生草），屋面更耐久。

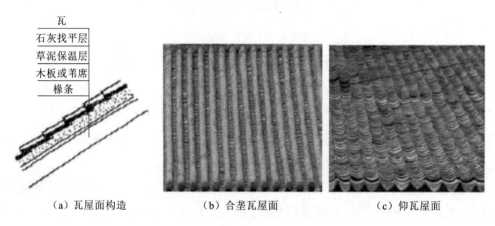

图 4.4.21　满族民居瓦屋面构造

五、外围护结构热工性能分析

根据 6 种被动式气候策略的有效性排序，得出材料蓄热性能 + 夜间通风性能对于改善室内热舒适性最为有效，其中材料蓄热性能发挥主要作用。

1. 外墙热工性能分析

满族民居外墙常见青墙砖，檐墙 500mm 厚，山墙 600mm 厚，热工性能计算见表 4.4.3。表 4.4.4 为青砖檐墙、青砖山墙与普通 240mm 厚、370mm 厚多孔砖墙的热工性能对比。

满族民居青砖檐墙与山墙热工性能计算表　　　　表 4.4.3

构造层 （厚度 mm）	λ_i /［W/ （m·K）］	R_i / （m²·K/W）	S_i /［W/ （m²·K）］	D_i	R_0 / （m²·K/W）	ΣD	ν_0	ξ_0 / h
500 厚青砖檐墙	0.65	0.769	7.73	5.95	0.92	5.95	90.28	19.15
600 厚青砖山墙	0.65	0.923	7.73	7.14	1.07	7.14	209.50	22.36

满族民居青砖墙与普通砖房墙体热工性能对比　　　　表 4.4.4

墙体类型（厚度 mm）	R_0 /（m²·K/W）	D	ν_0	ξ_0 / h
满族民居 500 厚青砖檐墙	0.92	5.95	90.28	19.15
满族民居 600 厚青砖山墙	1.07	7.14	209.50	22.36
240 厚多孔砖墙	0.57	3.68	17.68	13.31
370 厚多孔砖墙	0.77	5.40	59.80	17.97

满族民居青砖外墙体，檐墙与山墙的热阻值均较大，可阻止热流内外传递，利于室内冬季保温与夏季隔热。民居外墙体的热惰性较大，利于建筑蓄热。夏季，白天墙体从室外环境吸热，墙体外表面温度升高并在中午时段达到峰值；在自身热惰性（大）、蓄热性能（强）和延迟作用下，到达外墙内表面的热流量、热流波幅及温度波幅大大降低，建筑内表面温度最大值出现时间推迟至次日凌晨，此时通过夜间自然通风达到降温目的。冬季，白天重质墙体吸收太阳辐射热并积聚体内；夜间室外环境温度骤降，墙体外表面温度达到日间最低。在叉垛墙及土坯墙体的较大热阻、热惰性、蓄热和延迟作用下，此时内表面温度高且波幅变化小，温度最小值延迟到午后，此时可通过紧闭门窗实现房屋保温。

满族传统民居厚重的外墙体对于减少室内外传热，白天建筑蓄热以及平抑室内温度波动效果明显。

2. 屋面热工性能分析

满族民居的屋面常见小青瓦屋面，构造层为木椽子 + 10mm 厚木板 + 70mm 厚草泥 + 130mm 厚瓦泥 + 小青瓦，热物理性能计算见表 4.4.5。吉林满族民居小青瓦屋面与普通砖房屋面热工性能对比见表 4.4.6。

吉林满族民居小青瓦屋面热工性能计算表 表 4.4.5

构造层 （厚度 mm）	λ_i / [W/ （m·K）]	R_i / （m²·K/W）	S_i / [W/ （m²·K）]	D_i	R_0 / （m²·K/W）	ΣD	ν_0	ξ_0 / h
10 厚小青瓦	0.43	0.023	6.23	0.15				
130 厚瓦泥	0.58	0.224	7.69	1.72	1.96	3.39	40.66	11.24
70 厚草泥	0.047	1.489	0.83	1.24				
10 厚松木板	0.14	0.071	3.85	0.28				

吉林满族民居小青瓦屋面与普通砖房屋面热工性能对比 表 4.4.6

屋面类型（厚度 mm）	R_0 /（m²·K/W）	D	ν_0	ξ_0 / h
满族民居小青瓦屋面	1.96	3.38	40.66	11.24
100 厚钢筋混凝土屋面	0.26	1.60	4.10	8.34

吉林满族民居小青瓦屋面的传热阻 R_0 远大于现代钢筋混凝土屋面，表明小青瓦屋面具有更强的冬季保温与夏季隔热性能。小青瓦屋面的热惰性指标 D 是现代钢筋混凝土屋面热惰性的 2 倍多，室外温度谐波传至平壁内表面的衰减倍数 ν_0 和延迟时间 ξ_0 的数值都远大于普通钢筋混凝土屋面，表明满族民居小青瓦屋面在减少室内外热能交换、抵抗室外温度波动、保持室内热稳定性和热舒适性方面明显优于砖砌体和钢筋混凝土屋面的普通砖房，具有更好的建筑热工性能。

3. 窗户、门、地面热工性能分析

满族民居外门常采用单层夹板门，传热系数为 2.31W/（m²·K），冬季外挂厚棉帘增加保温性。地面为黄土上铺实心砖一皮，传热系数为 3.418W/（m²·K）。

南北墙上有支摘窗，窗户纸糊在窗棂外，多采用"高丽纸"，纸上淋油或盐水以免雨雪淋湿脱落（图 4.4.22）。窗户为单层木框玻璃窗，由于木框密闭性较差，现多改用铝合金单玻窗，传热系数为 6.0W/（m²·K）。不同朝向的窗墙面积比如表 4.4.7 所示，各项窗墙面积比均满足节能规范要求，体现适应严寒地区冬季保温的特性。

 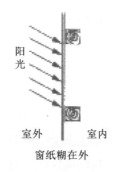

图 4.4.22 满族民居传统支摘窗及外贴窗纸

不同朝向窗墙面积比　　　　　　　　　　　　　表 4.4.7

分项	窗墙面积比		
	北	东、西	南
严寒与寒冷地区居住建筑节能设计标准	≤ 0.25	≤ 0.30	≤ 0.45
满族民居（严寒地区）	0	0	0.32
结论	满足	满足	满足

4. 外围护结构热工性能评价

综合结果得表 4.4.8，从中可知与普通砖房的外围护构件相比，满族民居外围护结构构件的热阻更接近节能设计规范，尤其是其屋面结构，远远优于普通砖房。虽然其外围护结构的热阻仍不能满足居住建筑节能设计规范，但是相比普通砖房具有更好的热特性。在旧民居改造及新民居建设过程中若能将建筑外围护结构热工不足之处加以改进，将大大提升民居的室内舒适度，降低改造的成本，减少资源浪费。

满族民居外围护构件热工性能与节能规范对比　　　　　表 4.4.8

类别	严寒与寒冷地区居住建筑节能设计标准（1C）		满族民居外围护构件		普通砖房外围护构件	
外围护构件	屋顶	外墙	屋顶	外墙	屋顶	外墙
传热阻 / (m² · K/W)	5.00	2.00（权衡）	1.96	1.07	0.26	0.57
实现率	—	—	39%	54%	5%	29%

第五节　青海庄窠民居

一、概述

青海位于我国西部，地处我国三大阶梯地形中的第一阶梯，绝大部分属于"世界屋脊"青藏高原，平均海拔 3000m 以上。东部的黄河及湟水流域为河湟谷地，是全省的最低处，海拔约 2000m，土地肥沃，是青海的主要农业区。青海属于高原大陆性半干旱气候，冬季严寒而漫长，夏季凉爽而短促。每年有 3 个月以上无霜期。降水量在 200 ～ 500mm，集中于 7 ～ 9 月。风沙较大。太阳辐射强度大，光照时间长，年总辐射量约 690.8 ～ 753.6kJ/cm²，直接辐射量占总辐射量的 60% 以上。

青海自古以来都是一个多民族聚集的地区，主要有汉族、回族、藏族、撒拉族、蒙古族等。这里有得天独厚的自然资源，源远流长的历史文化，绚丽多彩的民俗风情，是青藏高原璀璨的明珠。青海庄窠民居主要分布在河湟谷地，另外甘肃临夏的东乡族亦建有庄窠房。

代表城市西宁市地处青海东部，黄河支流湟水上游，四面环山，三川汇聚，扼青藏高原东方之门户，海拔高度2296m。这里为黄河湟水谷地暖区，冬季受冷空气影响较少，因而冬无严寒，夏无酷暑，是理想的避暑胜地，被誉为"中国夏都"。年平均气温6.1℃，夏季最高温度可达36.5℃，冬季最低气温低至−24.9℃，年温度变化61.4℃。冬半年降雨量34.5mm，夏半年降雨量339.3mm，年均降雨量373.8mm，总量小于400mm，属于半干旱地区。年平均风速2.0m/s。太阳辐射强度较大，光照时间长，太阳能资源丰富。西宁的气温、日照及降水情况见图4.5.1与表4.5.1。

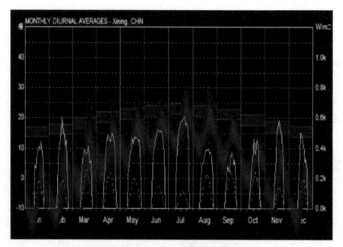

图4.5.1　西宁市气候日均变化曲线

西宁市气温、日照和降水　　　　　　　　　　　　　　表4.5.1

地点	年平均气温/℃	1月平均气温/℃	极端最低温度/℃	7月平均气温/℃	极端最高温度/℃	日照时数/（h·a）	降水量/mm		
							冬（11月~次年4月）	夏（5~10月）	年均（1~12月）
西宁	6.1	−7.4	−24.9	17.2	36.5	2756.9	34.5	339.3	373.8

特殊的自然环境影响和制约着当地民居的形成和发展。这里冬季严寒（1月平均气温零下7.4℃），夏无酷暑（6~8月的月平均温度15~17℃，平均最高温度低于25℃），日夜温差大，气压低，风沙大，无霜期短且冰冻期长。

二、气候设计

1. 热工设计区划及设计要求

西宁市建筑热工设计区划属于1A严寒气候区，冬季严寒，6~8月凉爽；12月至次年5月多风沙，气候干燥。建筑设计必须充分满足防寒、保温、防冻的要求，夏天不需考虑防热；总体规划、单体设计和构造处理应注意防寒风与风沙；建筑物应采取减少外露面积，加强密闭性，充分利用太阳能等节能措施。

2. 被动式气候适应策略有效性分析

应用气候分析软件 Weather Tool 对西宁市气象数据进行分析（图 4.5.2），得出当地热舒适区域（图中多边形区域）及各种基本被动式设计措施扩大舒适区的范围。在建筑 6 种被动式设计方法中，各项措施提高舒适区范围的逐月有效性如图 4.5.3 所示，各项措施年均有效性综合分析结果见表 4.5.2。

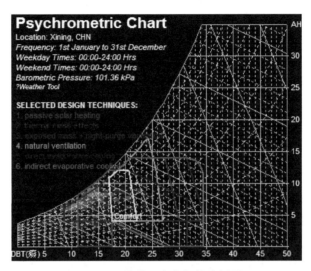

图 4.5.2　青海西宁市气候分析图

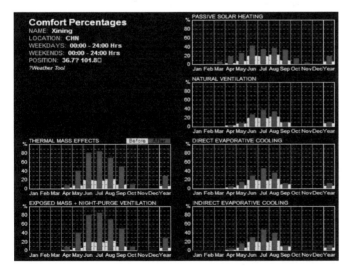

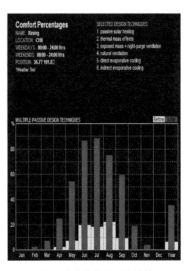

（a）各项措施逐月有效性　　　　　　　　（b）综合措施逐月有效性

图 4.5.3　西宁市被动式策略有效性

对 6 种被动式气候适应策略按有效性进行排序，材料蓄热性能有效性为 29%，被动式太阳能加热有效性为 19%，大于其他几种方式，在一年中 4～10 月发挥作用，5～9 月作用明显。夜间通风＋材料蓄热措施有效性高，但结合当地的实际情况，西宁地区常年干旱少雨、多风沙，夜间通风、蒸发降温措施慎用。因此，材料蓄热性能大小将对建筑

冬季保温起决定性作用。如果 6 种被动式措施组合良好，将在保持室内热舒适性方面发挥
37% 作用，相反如果不采取任何措施，仅发挥 7%，其被动式设计潜力为 30%。

被动式策略有效性综合分析表 表 4.5.2

	夜间通风＋材料蓄热	材料蓄热	被动式太阳能加热	直接蒸发降温	间接蒸发降温	自然通风	综合措施	采取措施前	设计潜力
各项措施有效性	29%	29%	19%	12%	12%	10%	37%	7%	30%

三、建筑形式的气候适应性

青海庄窠民居建筑形式的气候适应性特色体现在房屋的聚落选址、村寨规划、院落设
置、平面布局等方面。

1. 建筑选址与村寨规划：顺应地形的散点式布局

青海地区地广人稀，受地势、河流、村道的影响，民居选择在地势平坦、河流穿行、
接近田地的开阔场地形成村落，以自然村落为核心，各家各户散点式布局，通过主村道分
出的小支路连成一片。

这里冬季严寒漫长，日照强、太阳能资源丰富。从被动式策略有效性综合分析表中可
以看出，该地区被动式太阳能加热措施的有效性为 19%。如果民居能有效采取顺应地形
的散点式布局形式，独立布置、互不遮挡，利用高蓄热性能的夯土外围护材料，充分吸收
太阳能进行被动式蓄热，在漫长严寒的冬季可充分为室内增温，增进冬季室内热舒适度。

2. 院落设置：严密厚实，抵御寒风沙尘

庄窠又名庄廓、庄客等，典型的、完整的庄窠仿佛一个微缩城堡，土墙平顶，外封闭，
内开敞，是外形接近正方形的合院式建筑（图 4.5.4）。合院四周砌筑 80～90cm 厚、4m
高的版筑夯土外围墙，高出屋顶 0.5～1.0m（防风、防盗）。外围墙上不开窗洞，房间门
窗均向内院开设，只在南向外围墙正中辟一扇严密厚实的大门。房屋沿北墙单排布置或沿
围墙四周环形布置，内部形成宽敞透亮的内庭院，外伸廊檐将房屋与庭院融为一体。庭院
设置花坛，种植花草树木。

图 4.5.4 庄窠民居封闭外墙以防风沙

青海地区风大且风中夹沙。当地常年多风，年平均风速大部分地区超过 2m/s，最大风速超过 17m/s（图 4.5.5）。夯土庄窠院外围墙高出屋顶 0.5～1.0m，外围墙除了大门不开任何孔洞，外形封闭、坚固厚实，可抵御四季风沙和冬季寒风，减少室内的冷风侵蚀并保证内部干净少尘。庭院长宽比约 1 : 1，院内宽敞利于冬季纳阳，院内栽植的果树等植物更增强了防风沙的能力。

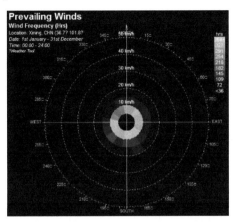

图 4.5.5　西宁年风频率图

3. 平面布局：布置紧凑，功能多样

根据爱好、人口、经济状况等不同，房屋平面布局常有一面房屋、两面房屋、三面房屋及四面房屋形式（图 4.5.6）。

四面房屋，正房亦称北房、上房，包括主卧与堂屋，面阔三间或五间，进深两间。按照我国传统文化，长辈居住正房主卧。堂屋用以接待宾客和举办婚丧大事。正房明间安装四扇格子门，次间、梢间各安花格支摘窗，窗下砌砖雕槛墙。正房坐北朝南，建于 1m 高台之上，保证冬季获取最大限度的日照，利用太阳能加热室内空气，在冬季为室内提供热舒适性。

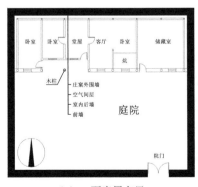

（a）一面房屋布局

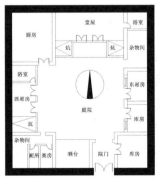

（b）四面房屋布局

图 4.5.6　庄窠平面图

正房两侧为厢房。位于吉方的东厢房，面阔三间或五间，建筑装饰与规格逊于正房，

是儿子、媳妇的住房。西厢房做住房或仓库之用。当地人认为南方亦为吉方。南房为上有屋顶、下有台基的半开敞式建筑。南房正中设一间大门，俗称财门。大门与外围墙平齐，门里有藏风聚气的照壁。庄窠四角以独立角房连接四周房屋。风水观念中东北方和西南方为凶方，东北角房一般作为牲畜圈，西南角建有茅厕。

4. "房上能赛跑"的平屋顶

青海一带雨水稀少，年降雨量不足400mm，属半干旱气候区。庄窠屋顶常采用约7%的缓坡平顶形式。即使是平屋面，也要起缓坡，即檩条与横梁连接时，檩条下搁置高度不同的垫墩起坡，坡度一般控制在10%内。屋面坡度太小易导致雨天排水不畅造成渗漏，坡度太大除屋面梁架施工困难外，也会造成雨水冲刷屋顶表面草泥。缓坡平顶坚实牢固，可以晾晒谷物，还是户外活动场所，可以同时站几十人，故有"山上不长草，墙上加墙不倒，房上还能赛跑"的所谓"三宝"之说。相比坡屋面，缓坡平屋面面积小，散热面积小，保温性能良好。

5. 内院前廊：冬季防风沙，夏季可歇凉

内庭院与室内通过短檐廊进行空间过渡。冬季太阳高度角小，短檐廊对阳光毫无遮挡，太阳光能够最大限度地投入室内，若再配上火炕与火盆，室内温暖明亮。夏季太阳高度角大，短檐廊可以完全遮挡射入阳光，廊下置一木板床，上摆小炕桌，是一家人夏季遮阳避暑、待客歇凉的好地方。

四、结构形式、材料及构造

1. 结构形式

庄窠采用木构架承重体系。柱一般为原木柱，直径120～180mm。柱底垫砥柱石，防止柱底受潮、腐朽，增加房屋耐久性。柱上架设横向大梁（直径250～300mm的原木梁）。横梁上搭设屋架，上设纵向檩条，间距1.0～1.25m。檩条与横梁连接时，檩条下面要搁置高度不同的垫墩，实现屋面找坡。梁上放垫墩的部位要凿平。所有构件之间采用榫卯连接。

2. 外围护结构材料

青海东部地区黄河两岸是农业集中地，黄土取之不尽。黄土可塑性强、易成型，便于施工。庄窠的外墙使用黄土夯筑，厚重的黄土具有较大的热阻、热容和较小的导热系数，热稳定性很好，是优质的保温、蓄热材料，可以依靠自身的热特性自动调节温差，形成冬暖夏凉并保持恒定的室内热环境。庄窠采用当地储量丰富的黄土、木材、柴草和少量块石等地域乡土材料为主要建筑材料，具有鲜明的原生态绿色属性。

3. 外围护结构构造

1）墙体构造

庄窠外墙采用厚重的夯土墙。墙体建造工序如下：先在夯实的地面上，分别在墙的两侧，依据墙体厚度设置长4～8m木模板；将土装入模板中并分层夯实；待牢固后拆模，

将模板向上滑移再固定，装土分层再夯筑；层层向上夯筑至需要的高度。庄墙根部宽约1m，按1/15～1/12的比例向上收缩，形成底厚顶薄的横截面，利于墙体整体稳定。庄墙墙面向外倾斜，为方便使用，有的住户会在室内一侧用木板或者夯土砌筑一道垂直立墙，这样庄墙与立墙之间自然形成一个空气间层，既实现内墙面的平整美观，又提高墙体的保温隔热性。土墙内外表面抹20mm厚黏土草泥浆以减少冷风渗透。庄墙一般高4m，其中突出屋面约400～500mm，减小风沙对庭院内空气的影响。

2）屋面构造

庄窠屋面采用单坡草泥平顶，屋面构造见图4.5.7。以直径120～180mm的原木为柱，柱底垫石，柱顶架梁，梁上设檩，檩上钉椽，再密铺树枝，均匀铺撒干麦秆，用150～300mm厚的黄土压实，最后用草泥抹面，檩子间距1.0～1.25m。椽子为直径120mm的树干，间距小于250mm，一端伸进庄墙预留的孔洞并用土泥填实，另一端挑出墙面600～800mm形成檐廊。椽子上密铺剥了皮的小树枝层（直径20～40mm），或将较粗的木头劈成截面尺寸30～50mm的小木条。均匀铺撒一层约10mm厚的压扁干麦秆，密实缝隙，防止黄土穿过树枝层掉落到室内地面。黄土盖顶上加铺一层50mm厚的由麦草、黄土和水拌合而成的草泥，表面提浆抹平，增加屋面密实性，防止雨水渗透。

屋面使用的过程中要经常进行维护，以确保雨后不漏水。每过3～5年要重新加铺一层草泥，修补雨水长期冲刷屋面带来的破损。

 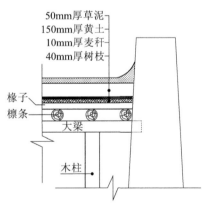

50mm厚草泥
150mm厚黄土
10mm厚麦秆
40mm厚树枝

椽子
檩条
大梁

木柱

图4.5.7　庄窠民居屋面构造

五、外围护结构热工性能分析

根据6种被动式气候策略的有效性排序，得出材料蓄热性能对于改善室内热舒适性最为有效。

1.外墙热工性能分析

庄窠外墙为夯土墙，高约4000mm，底厚约1000mm，按照1/15～1/12的比例向上收缩，形成平均厚度850mm的稳定梯形结构。

夯土墙截面为梯形，下厚上薄：

按 1/12 比例向上收缩：上部厚 $b_{上} = 1000 - 4000/12 \approx 666$mm

平均厚度 $b_{平均} = （1000 + 666）/2 = 833$mm

按 1/15 比例向上收缩：上部厚 $b_{上} = 1000 - 4000/15 \approx 733$mm

平均厚度 $b_{平均} = （1000 + 733）/2 \approx 866$mm

夯土墙平均厚度 $= （833 + 866）/2 \approx 850$mm

庄窠夯土外墙热物理性能计算如表 4.5.3 所示，庄窠夯土墙与普通砖房墙体热工性能对比如表 4.5.4、图 4.5.8 所示。

庄窠墙外形厚重笨拙，导热系数小，热阻大，热容量大，具有很好的热稳定性，是天然的保温隔热材料。

庄窠夯土墙热工性能计算表   表 4.5.3

构造层 （厚度 mm）	λ_i / [W/ （m·K）]	R_i / （m²·K/W）	S_i / [W/ （m²·K）]	D_i	R_0 / （m²·K/W）	ΣD	ν_0	ξ_0 / h
20 厚草筋灰	0.15	0.13	2.79	0.37				
850 厚夯土墙	1.16	0.73	12.99	9.52	1.15	10.26	3431.0	30.25
20 厚草筋灰	0.15	0.13	2.79	0.37				

庄窠夯土墙与普通砖房墙体热工性能对比   表 4.5.4

墙体类型（厚度 mm）	R /（m²·K/W）	D	ν_0	ξ_0 / h
庄窠 850 厚夯土墙	1.15	10.26	3431.0	30.25
240 厚黏土实心砖墙	0.49	3.62	16.00	9.80
240 厚多孔砖墙	0.57	3.68	17.78	13.31
370 厚多孔砖墙	0.77	5.40	59.80	17.97

1）传热阻 R_0 表明构件抵抗热流通过的能力，数值越大说明构件抵抗热流通过的能力越强，保温隔热性能越好。平均厚度 850mm 的夯土墙，传热阻为 1.15 m²·K/W，远远大于其他两种现代砖墙，能够降低室内外的热量传递，有效抵抗冬季室内热量向外流失，保证室内维持合适的温度，体现出良好的冬季保温性能。

2）热惰性指标 D 指材料层受到波动热作用后，背波面上温度波动的剧烈程度。D 越大说明材料抵抗温度波动能力越强。庄窠民居夯土墙体的 D 值为 10.26，是 240mm 厚黏土多孔砖墙的近 3 倍，是 370mm 厚黏土多孔砖墙的 2 倍。当地冬季严寒，且日夜温差在 20℃以上，较之于 240mm、370mm 多孔砖砌体，较大的热惰性使庄窠民居外围护结构比现代民居具有更强的抵抗室外温度波动的能力。

3）室外温度谐波传至平壁内表面的衰减倍数 ν_0 表明室外介质温度的振幅与平壁内表面温度谐波的振幅之比。夯土墙的 ν_0 数值为 3431.0，远大于另外两者，表明其抵抗谐波热作用的能力强，在极寒天气下，无论室外气温日变化多么剧烈，墙体内表面温度都能维

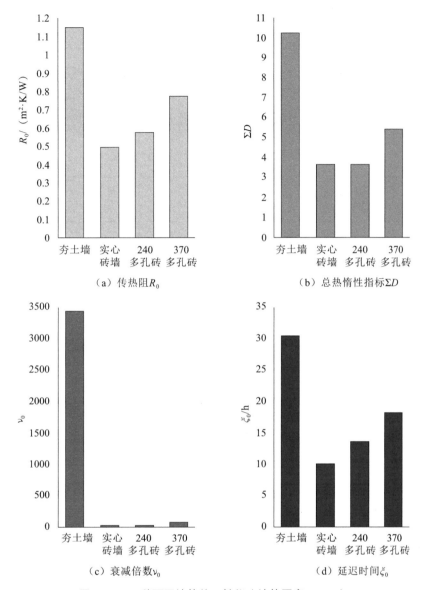

（a）传热阻 R_0

（b）总热惰性指标 ΣD

（c）衰减倍数 ν_0

（d）延迟时间 ξ_0

图 4.5.8　4 种不同墙体热工性能（墙体厚度：mm）

持较小波动，从而提高室内的热舒适性。

4）延迟时间 ξ_0 指室外介质温度谐波出现最高值的相位与平壁内表面温度谐波出现最高值的相位差。冬季白天，墙体从室外环境吸热使外表面温度升高，中午时段达到日间温度峰值。然而，在夯土墙的较大热阻、热惰性、蓄热和延迟作用下，到达外墙内表面的热流量、热流波幅及温度波幅会大大降低，内表面的温度最大值时间推迟近 30h。温度波幅、热流量及热流波幅均大幅降低，可实现白天蓄热、隔天夜晚放热。

2. 屋面热工性能分析

庄窠屋面自上而下依次由 50mm 厚草泥、150mm 厚黄土、10mm 厚麦秆、40mm 厚树枝铺设而成。庄窠草泥平顶屋面热物理性能的计算见表 4.5.5。庄窠草泥平顶屋面与普通砖房屋面热工性能对比见表 4.5.6、图 4.5.9。

从表 4.5.6 计算结果可以看出，庄窠草泥平顶屋面的传热阻 R_0、热惰性指标 ΣD、室外温度谐波传至平壁内表面的衰减倍数 ν_0 和延迟时间 ξ_0 的数值都远远大于普通钢筋混凝土屋面。这表明庄窠草泥平顶屋面在减少室内外热能传递、抵抗室外温度波动、保持室内热稳定性和热舒适性方面的能力明显优于钢筋混凝土屋面，具有更好的建筑热工性能。

庄窠草泥平顶屋面热工性能计算表　　　表 4.5.5

构造层 （厚度 mm）	λ_i / [W/ （m·K）]	R_i / （m²·K/W）	S_i / [W/ （m²·K）]	D_i	R_0 / （m²·K/W）	ΣD	ν_0	ξ_0 / h
50 厚草泥	0.15	0.33	2.79	0.93				
150 厚黄土	0.78	0.19	10.12	1.95	1.46	3.60	73.42	11.24
10 厚麦秆	0.05	0.21	0.83	0.18				
40 厚树枝	0.07	0.57	0.94	0.54				

庄窠草泥平顶屋面与普通砖房屋面热工性能对比　　　表 4.5.6

屋面类型（厚度 mm）	R_0 /（m²·K/W）	ΣD	ν_0	ξ_0 / h
庄窠草泥平顶屋面	1.46	3.60	73.42	11.24
100 厚钢筋混凝土屋面	0.26	1.60	4.1	8.34

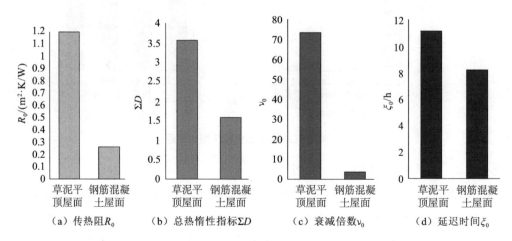

图 4.5.9　屋面热工性能对比

青海庄窠民居厚重的外墙与屋面对于减少室内外传热总量，平抑室内温度波动具有明显的效果。

3. 窗户、门、地面热工性能分析

外门常采用单层夹板门，传热系数为 2.31W/（m²·K），冬季外挂厚棉帘增加保温性。外窗采用木框纸质敷面或单玻木框形式。木框窗密闭性较差，现多改用铝合金单玻窗，

传热系数 6.0W/（m² · K）。不同朝向的窗墙面积比见表 4.5.7，各向窗墙面积比均满足节能规范要求，体现适应严寒地区的冬季保温特性。外门、外窗均属于轻薄构件，热阻、蓄热性能及热惰性很小，对室外温度波的衰减和延迟小，可认为其内表面温度与室外综合温度同步同幅波动，衰减倍数为 0，延迟时间为 0。由此得出庄窠民居的外门窗属于薄弱构件。

地面为黄土上铺实心砖一皮，传热系数为 3.418W/（m² · K）。由于地面不受室外气温和太阳辐射的直接作用，其温度可近视为恒定，等于室外日平均气温或季平均气温。室内空气温度波在内围护结构表面的衰减倍数和延迟时间很小，可近似认为内围护结构表面温度与室内温度同步等温波动，即衰减倍数、波幅、延迟时间均为 0。

不同朝向窗墙面积比　　　　　　　　　　　　表 4.5.7

分项	窗墙面积比		
	北	东、西	南
严寒与寒冷地区居住建筑节能设计标准	≤ 0.25	≤ 0.30	≤ 0.45
青海庄窠民居（严寒地区）	0	0	0.25
结论	满足	满足	满足

4. 外围护结构热工性能评价

庄窠民居外围护构件热工性能与节能规范对比见表 4.5.8。与普通砖房相比，庄窠民居外围护结构构件的热阻更接近节能设计规范。虽然其外围护结构的热阻仍不能满足居住建筑节能设计规范，但相比普通砖房具有更好的热特性。在旧民居改造及新民居建设过程中，若能将民居外围护结构热工性能不足之处加以改进，将会大大提升民居的室内舒适度，降低改造成本，减少资源浪费。

庄窠民居在青海高原长期的历史作用下，在漫长的高寒环境磨砺中，承载着青海的乡土文化，成为当地劳动人民长期赖以生存的居所，体现着青海居民的卓越智慧与建造技能，其冬暖夏凉、防风纳阳的特性具有现代普通民居建筑不可比拟的良好气候适应性。

庄窠民居外围护构件热工性能与节能规范对比　　　　表 4.5.8

类别	严寒与寒冷地区居住建筑节能设计标准（1C）		庄窠民居外围护构件		普通砖房外围护构件	
外围护构件	屋顶	外墙	屋顶	外墙	屋顶	外墙
传热阻 /（m² · K/W）	5.00	2.00（权衡）	1.46	1.15	0.26	0.57
实现率	—	—	29%	58%	5%	29%

第六节　新疆阿以旺民居

一、概述

新疆深处欧亚大陆中心，远离海洋，境内北、西、南三面环绕高山，中部横卧的天山山脉将其分为北部的准噶尔盆地和南部的塔里木盆地。新疆的南疆，沿昆仑山北麓、塔克拉玛干沙漠南沿的喀什、皮山、墨玉、和田（于阗）、民丰（尼雅、精绝）、且末、若羌（楼兰）一带，地貌类型以沙漠、戈壁、荒滩为主，盐沼泽与绿洲少许。由于四周高山阻隔，内陆盆地封闭，湿润的海洋气流无法大量侵入，形成大陆性暖温带极端干旱的荒漠气候。

新疆阿以旺民居主要分布在喀什、皮山、墨玉、和田（于阗）、民丰（尼雅、精绝）、且末、若羌（楼兰）一带。代表城市和田位于昆仑山北麓、塔克拉玛干沙漠的西南缘，深居内陆，属大陆性暖温带极干旱荒漠气候。和田地理经度 79.9°，纬度 39.1°，海拔高度 1375.0m。这里四季分明，夏季炎热，冬季寒冷，昼夜温差及年较差较大，春夏干旱少雨，日照时间长。年均气温 12.2℃，最冷最热月平均气温 −5.5℃、25.5℃，气温年均较差 31℃。年最低与最高气温分别为 −20.1℃、41.1℃。年均气温日较差 12.5℃，日温度较差最大值 26℃，俗语云"早穿棉袄午穿纱，围着火炉吃西瓜"。春夏多沙暴浮尘，由此造成的污染天气数年均 306d。年降水量不足 50mm，蒸发量却高达 2618mm，属于降水稀少、蒸发旺盛的干旱地区。年平均风速 2.0m/s。南部高山冰川的雪山融水形成 36 条大小河流，成为当地主要水源补给。全年日照充沛，太阳能资源丰富，年均日照时数 2568.5h，大于 10℃积温 4000 ~ 4500 ℃。太阳总辐射平均照度 590.75kJ/cm²。和田市气温、日照及降水情况如图 4.6.1、表 4.6.1 所示。

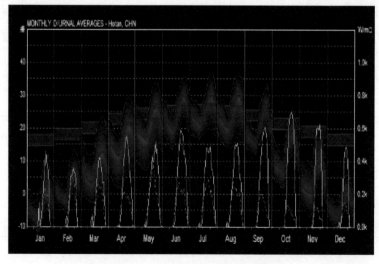

图 4.6.1　和田市气候日均变化曲线

和田地区气温、日照和降水　表 4.6.1

地点	年平均气温 /℃	1 月平均气温 /℃	极端最低温度 /℃	7 月平均气温 /℃	极端最高温度 /℃	日照时数 /（h·a）	降水量 /mm		
							冬半年（11 月～次年 4 月）	夏半年（5～10 月）	年均（1～12 月）
和田	12.2	−5.5	−20.1	25.5	41.1	2568.5	7.9	28.5	36.4

在资源匮乏、气候严酷恶劣的条件下，当地人民因地制宜、就地取材，创造出抵御风沙、调节温差、适应干旱少雨气候的传统民居阿以旺——一种具有明亮天窗的封闭内庭院的合院式生土建筑。

二、气候设计

1. 热工设计区划及设计要求

和田市建筑热工设计区划属于 2A 寒冷气候区，建筑设计应满足冬季保温，同时也应注意夏季隔热。建筑物必须充分满足防寒、保温、防冻要求，夏季部分地区应兼顾防热。总体规划、单体设计和构造处理应以防寒风与风沙，争取冬季日照为主；建筑物应采取减少外露面积，加强密闭性，充分利用太阳能等节能措施；房屋外围护结构宜厚重；结构上应考虑气温年较差和日较差均大以及大风等的不利影响；施工应注意冬季低温、干燥多风沙以及温差大的特点。

2. 被动式设计策略有效性分析

应用气候分析软件 Weather Tool 对和田市气象数据进行分析（图 4.6.2），得出当地热舒适区域（图中多边形区域）及各种基本被动式设计措施扩大舒适区的范围。在建筑 6 种被动式设计方法中，各项措施提高舒适区范围的逐月有效性如图 4.6.3 所示，各项措施年均有效性综合分析结果见表 4.6.2。

在 6 种被动式气候策略有效性排序中，材料蓄热性能加夜间通风有效性 39%，材料蓄热性能有效性 36%，一年中最干热的 6～8 月，材料蓄热 + 夜间通风在保持室内热舒适性方面将持续发挥近 80% 的作用。6～8 月室外平均最高温度 31.7℃（各月室外平均最高温度 31.0℃、32.6℃、31.5℃），室外平均最低温度 18.4℃（各月室外平均最低温度 17.7℃、19.3℃、18.3℃）。白天室外温度高，利用重质材料蓄热，延缓对室内的热作用；夜晚室外温度较低，在延迟效应作用下，白天蓄积在重质材料内部的热能向外通风散热，保证室内热舒适性。

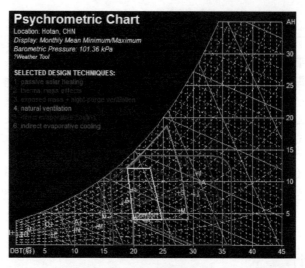

图 4.6.2　和田市气候分析图

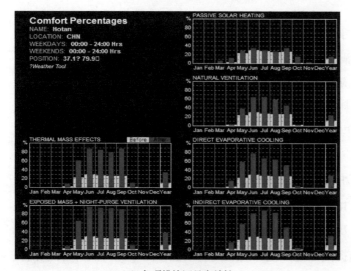

（a）各项措施逐月有效性

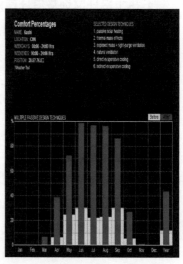

（b）综合措施逐月有效性

图 4.6.3　和田市被动式策略有效性

被动式策略年均有效性综合分析表　　　　　　　　　　　　　表 4.6.2

	夜间通风＋材料蓄热	材料蓄热	间接蒸发降温	直接蒸发降温	自然通风	被动式太阳能加热	综合措施	采取措施前	设计潜力
各项措施有效性	39%	36%	33%	28%	23%	16%	54%	12%	42%

　　间接蒸发降温、直接蒸发降温两种措施有效性高。结合当地的实际情况，和田地区常年干旱少雨，没有足够的水资源满足水池、水塘的构建，即使有也因为蒸发远远大于降水的原因导致水源干涸，因此当地的小溪、小河多为地下暗河，这两种措施慎用。自然通风的有效性较高（23%），考虑当地夏季风沙较大，此种方式慎用。被动式太阳能加热在一年 3 ~ 4 月及 10 月的加热作用明显，5 ~ 10 月期间采取自然通风与不采取任何措施在保

持室内热舒适性方面作用相差无几。

由上述分析得出，在被动式设计的各项措施中，材料蓄热性能措施最有效，对建筑的夏季隔热降温发挥着决定性作用。如果配合一定的夜间通风，阿以旺民居夏季室内可保持良好的热舒适性。若材料蓄热与其他 5 种被动式措施组合良好，将在保持室内热舒适性方面发挥 54% 的作用，相反如果不采取任何措施，只有 12% 的热舒适性，其被动式设计潜力为 42%。冬季保温可以通过提高围护结构的热阻来实现，夏季隔热可以通过材料蓄热性能加夜间通风实现。

三、建筑形式的气候适应性

阿以旺民居是一种土墙、土顶、外墙无窗或仅开小高窗，以阿以旺为中厅的合院建筑，其独特的建筑形式、冬暖夏凉的特性深受当地居民的喜爱。阿以旺民居建筑形式的气候适应性主要体现在聚落选址、村寨规划、庭院设置、体形设计、建筑平面布局、建筑空间构成等几个方面。

1. 聚落选址与村寨规划：择绿洲之地，地毯式密集布局

盆地与山地交接带地势平缓且水流经过之处易形成绿洲。和田地区北部为盆地沙漠区、南部为山地河谷区，中部多绿洲平原，属于脆弱生态环境。民居多选择在地势平坦、河流穿行、接近田地的绿洲场地形成聚落，该区域取水方便，空气相对湿度较大（图 4.6.4）。

新疆和田干热地区的村镇，特别是一些传统街区，街道密集、建筑紧连，迷宫般的小巷穿梭其间，这种密集的建筑群体（图 4.6.5）是适应干热气候的产物。房屋紧连，狭窄的街道和封闭的内院使交通空间和活动空间处于建筑阴影的遮挡中，房屋之间相互遮挡、互成阴影，满足防风沙与防暴晒的要求。

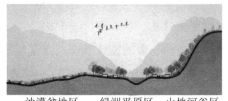

图 4.6.4　聚落择绿洲之地

图 4.6.5　街道密集、建筑紧连的村寨格局

2. 庭院布局：开敞分区的外庭院

阿以旺民居外庭院包括屋前廊下区、种植区、附属建筑区（图 4.6.6），分区明确、功能多样。屋前廊下区布置有桌椅板凳柜架甚至床铺坐炕，犹如室外的起居室。在气候适宜无风沙的时节，这里是日常生活、生产劳作、休憩纳凉的好地方。种植区开辟果树蔬菜园地。附属建筑区选择隐蔽私密的角落或建筑边角处设置畜圈杂棚等。

和田常年盛行西风。庭院西部院墙处种植常绿乔木，冬季阻挡西向冷风进入庭院（图

4.6.7）。庭院南侧种植落叶乔木，夏季枝繁叶茂的树叶遮挡南侧阳光；冬季阳光透过落叶枝干照射在建筑外表皮，实现得热（图4.6.8）。庭院西南侧搭设葡萄架或供藤蔓植物攀援的棚架，利用棚架产生的丰富阴影降低建筑周围环境的空气温度，利用遮阳作用有效阻止阳光直射外墙，减少建筑夏季得热。院落种植树木、养育花草，利用植物的蒸腾作用净化室外空气、调节湿度，营造舒适宜人的微气候环境。

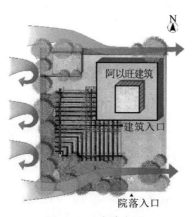

图 4.6.6　庭院布局

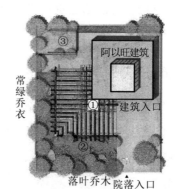

①屋前廊下区　②种植区　③附属建筑区

图 4.6.7　庭院西向种植

图 4.6.8　庭院南向种植

3. 建筑外形：封闭密实的内向式合院

和田地区干旱少雨、风沙频繁。沙暴日是和田地区和南疆一带的特殊气候，当地人习惯于把这种天气叫作扬沙天气。大风把沙漠中的沙土吹向天空并悬浮空中，天色昏暗，宛如大雾，几米之外便不见人影，在室外活动一会儿就满身沙土，当地人称之为"下土"。为减少风沙侵袭，建筑采用封闭密实的内向式合院造型：建筑外墙由厚实的生土围合，只在出入口处设置大门；沿四周环形布置房间，门窗全部开向内庭；阿以旺内庭整体加盖封顶，只在局部凸起处设侧向高窗，避免风沙在内庭上方发生倒灌。整幢建筑除户门及局部高窗外，外围几乎不开设其他任何孔洞，形成具有极强的抗风沙能力的单层实体建筑。民居外形封闭、严密厚实，能很好地抵御四季风沙、冬季寒风与夏季酷暑，保证内部干净少尘、冬季温暖、夏季凉爽。

4. 体形设计：近正方形的节能体形

通过资料收集与比对，在体量相当的情况下，南疆大量民居外形呈L形、凹形，体形系数偏大。阿以旺民居多为近正方形的体形，体形系数小于同体量的矩形及其他复杂形体，满足节约能源与土地、保护环境的目的，属于建筑节能体形。

5. 建筑平面布局：布局紧凑、功能多样

建筑由居中的阿以旺中厅、四周环形布置的"沙拉伊"和辅助房间三个基本功能单元组成（图 4.6.9）。

阿以旺原意明亮，指带有天窗的明亮前室。阿以旺内庭有起居、会客与纳凉等多种用途。整体加盖封顶，厅的中部设 6～8 根柱子并高出四周屋面，屋面局部突出部分侧向四周设置 600～1200mm 高的开闭自如、采光通风的高窗。内庭沿四面墙环状设置 2m 宽、300～450mm 高的不能加热的实心土炕，上铺地毯，可纺纱织毯、待客就餐。阿以旺内庭是建筑中面积最大、层高最高、装饰最好、最为明亮的室内空间，是平日起居会客的场所，更是佳节喜庆时载歌起舞、欢聚弹唱的娱乐空间。辅助用房如客房、储藏室、厕所等布置在角落或隐蔽之处。

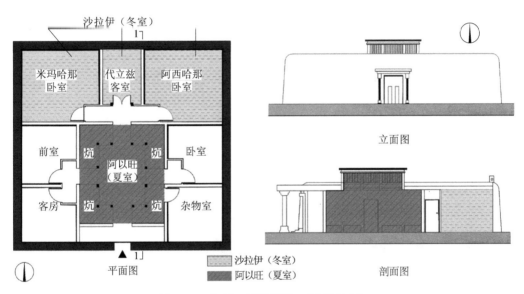

图 4.6.9　阿以旺民居平面、立面剖面图

一栋建筑的基本生活单元，人口少者一组即可，人口多者或经济富裕者可由两到三个单元组成。基本生活单元"沙拉伊"由一明的"代立兹"与两暗的"米玛哈那""阿西哈那"三个房间组成，类似汉族民居的一明两暗格局。三间房通过在朝向内庭一侧设置的落地木格隔断与门前的走廊相连。"沙拉伊"成组布局，根据人口及经济情况，一户人家可由一到三个单元组成。中间的"代立兹"面宽约 3m，进深约 4～6m。左侧的"米玛哈那"为起居室和主卧室，亲朋好友到访也在此接待，面宽约 6～9m。右侧的"阿西哈那"为次卧室，供老人及孩子使用，大小与主卧室相同或小一些。所有房间可以根据需要在屋顶开小平天窗采光。

6. 建筑空间构成：保温隔热、防沙尘的缓冲空间

阿以旺内庭亦称夏室，用于夏季纳凉祛暑。"沙拉伊"也称"冬室"，用于冬季取暖

避寒，考虑到冬季保暖，室内炕墙上均挂毯。冬夏室在地域气候作用下创造出不同的室内热环境，满足人们一定程度冬暖夏凉的需求。各居室围合成一个圆环，圆环外侧为建筑外墙，内侧为阿以旺内庭（图 4.6.10a、b）。厚实的外墙保证了圆环外侧的保温隔热；附带侧向高窗、加盖封顶的内庭成为连接室内外的过渡空间，恰似一个可开启与封闭的空气间层，可满足圆环内侧阻挡风沙、采光通风、驱寒避暑的需求。阿以旺夏季防热、冬季防寒工作原理见图 4.6.10c。

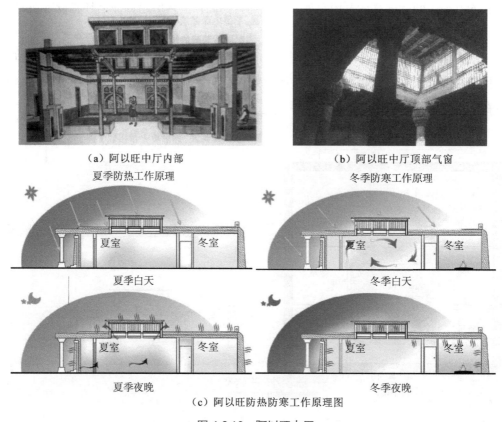

（a）阿以旺中厅内部　　　　　　　　　　　（b）阿以旺中厅顶部气窗
　　夏季防热工作原理　　　　　　　　　　　　　冬季防寒工作原理

（c）阿以旺防热防寒工作原理图

图 4.6.10　阿以旺中厅

7. 装饰纹样：伊斯兰文化浓厚

新疆维吾尔族喜欢红、蓝、绿、黑、白色等，装饰纹样主要为几何纹和植物纹。几何纹有网格纹、三角纹、菱形纹、新月纹、曲波纹等，植物纹主要有花卉、果实、叶蔓等。阿以旺民居大门上多为立体菱形纹装饰，柱梁和屋顶有木雕花装饰纹样。和田日照时间长，植物纹饰的窗花或带卷边的欧式窗帘可以遮挡毒辣阳光。窗花颜色鲜艳，象征大自然的勃勃生机。

四、结构形式、材料及构造

1. 结构体系与营造特性

1）结构形式：土木混合结构形式

阿以旺民居一般采用木构架承重，夯土或土坯墙及草泥屋顶围护的土木混合结构形式。

木构架结构包括承载与传载、防潮与拉接的木梁基础，竖向支撑的木立柱，托举屋面的木顶梁三部分。

2）场地与地基：高台基场地与卵石地基

含盐及矿化度大的地下水借助土壤毛细作用上升至土壤表层，水分蒸发后盐分便积聚下来形成盐碱土。盐碱生土受潮后产生盐碱化腐蚀，如盐碱土地基会使基床强度降低、膨胀松软、开裂破坏，也会因盐渍土被溶蚀而形成地下空洞，导致地基下沉。和田地区土质盐碱性较大，院落基地选择在地势较高的台地。建筑地基多选用当地盛产的河卵石铺设，即在高台地的地面开挖宽50cm、深40cm的沟槽，铺筑级配河卵石。高台地场地与河卵石地基坚固耐压，防潮透气性和防盐碱侵蚀性良好。

3）结构营造工序

高台基择地，卵石地基，上铺木梁基础，在开榫的基础木梁四角设置4根木立柱，柱头用翅托架主次顶梁，彼此以榫卯或捆扎的铰接连接方式固定，保证结构的整体性和柔韧性。通常榫卯连接处出榫10～15mm，防止榫头腐烂脱落。

2.外围护结构材料

新疆土质大部分为黏性大孔土，干燥时土质坚硬，潮湿时强度极低，若用生土加水拌合搅匀做成土块，干燥后强度又可增加。新疆地区多黄土，黄土具有抗压强度大、可塑性较强、易于成型、方便施工等优点；同时厚重的黄土还具有较大的热阻、热容和热稳定性，是优质的保温隔热、蓄热材料。沙漠边缘多沼泽，盛产芦苇、高粱、野生红柳、速生白杨、胡桐等，保证了建筑木材与茅草的充分供给。木材具有较好的抗拉抗弯性能，是结构梁的良好选材。阿以旺民居充分发挥土墙抗压、木梁抗弯的力学特性，同时黄土外墙及屋面依靠自身的热特性调节温差，形成冬暖夏凉并保持相对稳定的室内热环境。维吾尔族人民利用储量丰富、取材广泛、价廉质优、用材经济、操作简易的土、木、芦苇、稻草等原生态乡土材料营造民居，按照当地文化、审美情趣和自然规律建造房屋，将材料属性发挥得淋漓尽致，为经济条件相对滞后、生态环境脆弱的绿洲传统聚落带来了生机。

3.外围护结构构造

1）墙体构造

阿以旺民居外墙有夯土墙和土坯墙两种形式。

自然状态的生土经过加固处理成为"夯土"，其密度较生土大。夯土墙建造时在夯实地面上设木模板，木模板中装土夯实，之后拆模并将模板上移再固定，装土再分层夯筑，木椽封顶，20mm厚的草筋灰内外抹面以减少冷风渗透（图4.6.11）。基于稳定性要求，夯土墙竖向横截面底部厚600mm，顶部收分为400mm厚、平均500mm宽的倒梯形横截面。

土坯外墙采用300mm×150mm×8mm（长×宽×厚）的土坯砖砌筑，常见墙厚450mm，内外各20mm厚草筋灰抹面，后用木椽封顶。土坯内隔墙常采用单坯砌筑，300～150mm厚不等，常采用单坯砌筑，只分隔内部空间、不承重。

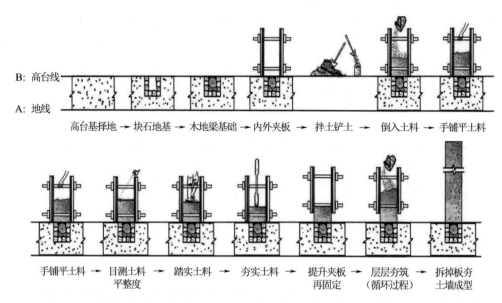

B: 高台线
A: 地线

高台基择地 → 块石地基 → 木地梁基础 → 内外夹板 → 拌土铲土 → 倒入土料 → 手铺平土料

手铺平土料 → 目测土料 → 踏实土料 → 夯实土料 → 提升夹板 → 层层夯筑 → 拆掉板夯
　　　　　　　平整度　　　　　　　　　　　　　再固定　　（循环过程）　土墙成型

图 4.6.11　夯土墙建造过程示意图

2）屋面构造

当地干旱少雨，屋面采用"满椽密檩式"草泥平顶。施工时在地梁上立木柱，柱头用翅托架主次梁，其上以木椽密排铺底，木楞上铺苇席（红柳席、毡席、芦苇席）一层，再均匀铺撒 50 ～ 100mm 厚的芦苇稻草或红柳枝作保温隔热层，最后以草泥黏土压实并用木棒拍打密实，筑成 150 ～ 200mm 厚的草泥平屋顶（图 4.6.12）。

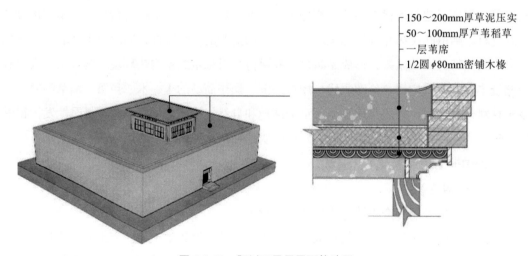

150～200mm厚草泥压实
50～100mm厚芦苇稻草
一层苇席
1/2圆 ϕ80mm密铺木椽

图 4.6.12　阿以旺民居屋面构造图

3）门窗

民居外门常采用单层夹板门，冬季外挂厚棉帘增加保温性。民居外墙四周几乎没有窗户，现在新建的阿以旺民居仅在外墙必要处设置采光单玻木框小高窗，尺寸约 600mm×600mm。地面为黄土上铺实心砖一皮。

五、外围护结构热工性能分析

在 6 种被动式气候策略的有效性排序中，得出新疆和田地区材料蓄热 + 夜间通风性能对于改善室内热舒适性最为有效，其中材料蓄热性能发挥主要作用。

1. 外墙热工性能分析

阿以旺民居的外墙常见夯土墙与土坯墙，夯土墙取 500mm 厚，土坯墙取 450mm 厚。砖墙选 240mm 厚实心砖墙和多孔砖（KP1）墙（这两种材料及厚度在现今村寨新建住宅中常见且甚为流行）。表 4.6.3、表 4.6.4 分别为夯土墙、土坯墙热工性能计算表。表 4.6.5 为阿以旺民居夯土墙、土坯墙与普通砖墙热工性能对比。

1）传热阻 R_0 表明构件抵抗热流通过的能力，传热阻越大，抵抗热流通过的能力越强，保温隔热性能越好。表 4.6.5 得出 450mm 厚土坯墙与 500mm 厚夯土墙的传热阻远远大于 240mm 厚及 370mm 厚多孔砖砌体，说明阿以旺民居黏土墙体抵抗热流通过能力强，具有很好的保温隔热性能。

2）热惰性指标 D 指材料层受到波动热作用后，背波面上温度波动的剧烈程度。D 越大，材料抵抗温度波动能力越强。500mm 厚夯土墙和 450mm 厚土坯墙的热惰性几乎是 240mm 厚多孔砖砌体的一倍，即抵抗室外温度波动的能力强一倍，因此阿以旺民居黏土墙体在夏季具有良好的隔热性能。

3）室外温度谐波传至平壁内表面的衰减倍数 ν_0 表明室外介质温度的振幅与平壁内表面温度谐波的振幅之比。500mm 厚夯土墙的 ν_0 最大，450mm 厚土坯墙次之，均远大于现代砖墙。ν_0 数值越大说明抵抗谐波热作用的能力越强，极寒极暑天气时无论室外气温日变化多么剧烈，墙体内表面温度都能维持较小波动，室内温度稳定。

阿以旺民居夯土墙热工性能计算表 表 4.6.3

构造层 （厚度 mm）	λ_i /[W/ （m·K）]	R_i / （m²·K/W）	S_i /[W/ （m²·K）]	D_i	R_0 / （m²·K/W）	ΣD	ν_0	ξ_0 / h
20 厚草筋灰	0.15	0.133	2.79	0.372				
500 厚夯土墙	0.93	0.538	11.03	5.930	0.95	6.674	254.1	20.50
20 厚草筋灰	0.15	0.133	2.79	0.372				

阿以旺民居土坯墙热工性能计算表 表 4.6.4

构造层 （厚度 mm）	λ_i /[W/ （m·K）]	R_i / （m²·K/W）	S_i /[W/ （m²·K）]	D_i	R_0 / （m²·K/W）	ΣD	ν_0	ξ_0 / h
20 厚草筋灰	0.15	0.133	2.79	0.372				
450 厚土坯	0.78	0.577	10.12	5.839	0.99	6.583	230.5	20.21
20 厚草筋灰	0.15	0.133	2.79	0.372				

阿以旺民居夯土墙、土坯墙与普通砖墙体热工性能对比　　　表 4.6.5

墙体类型（厚度 mm）	R_0 /（m^2·K/W）	D	ν_0	ξ_0 / h
阿以旺民居 500 厚夯土墙	0.95	6.674	254.1	20.50
阿以旺民居 450 厚土坯墙	0.99	6.583	230.5	20.21
240 厚多孔砖墙	0.57	3.68	17.78	13.31
370 厚多孔砖墙	0.77	5.41	59.80	17.97

4）延迟时间 ξ_0 指室外介质温度谐波出现最高值与平壁内表面温度谐波出现最高值的相位差。500mm 厚夯土墙及 450mm 厚土坯墙的 ξ_0 均较大，热稳定性好。

新疆和田地区，日夜室外综合温度变化剧烈。夏季白天，夯土墙及土坯墙体的外表面从室外环境吸热，温度升高，中午外表面温度达到日间峰值。然而，在墙体较大热阻、强热惰性、高蓄热能力和延迟作用下，到达外墙内表面的热流量、热流波幅及温度波幅会大大降低，内表面温度最大值出现时间将推迟至次日凌晨，此时可通过夜间自然通风达到降温目的。

冬季，夯土墙及土坯墙体较大的热阻可以有效阻止室内向室外流失更多热量。较大的热惰性使外墙内壁表面温度波动的波幅减小，较大的蓄热能力和延迟时间使热量流失缓慢，保温效果显著。

目前南疆的农宅，外围护结构大部分是黏土实心砖、木板夹心墙，热工性能完全达不到节能要求。老一辈传承下来的阿以旺民居，采用夯土或土坯砌筑墙体、草泥抹灰屋面，白天大量吸收并囤积热量，晚上再释放出来或通过夜间通风散失，这种"恒温式"的建筑是适应气温变化要求的。

2. 屋面热工性能分析

阿以旺草泥屋面及普通砖房的屋面构造、屋面热工性能见表 4.6.6、表 4.6.7。其中阿以旺民居夯土屋面，采用 ϕ 80 半圆木椽子铺底，相当于折算厚度为 31mm 木板的热物理性能，计算如下：

木椽子折算厚度：$d = \pi r^2 /（2 \cdot 2r）= \pi r/4 \approx 0.031$ m

木椽子热阻：$R = d / \lambda = 0.031/0.14 \approx 0.2214$（$m^2$·K/W）

阿以旺民居夯土屋面热工性能计算表　　　表 4.6.6

构造层（厚度 mm）	λ_i /［W/（m·K）］	R_i /（m^2·K/W）	S_i /［W/（m^2·K）］	D_i	R_0 /（m^2·K/W）	ΣD	ν_0	ξ_0 / h
200 厚草泥	0.58	0.345	7.69	2.653				
100 厚苇草	0.047	2.128	0.83	1.766	2.85	5.283	137.6	16.78
ϕ 80 半圆木椽子铺底	0.140	0.2214	3.85	0.864				

普通砖房钢筋混凝土隔热屋面热工性能计算表　　表 4.6.7

构造层（厚度 mm）	λ_i / [W/(m·K)]	R_i /(m²·K/W)	S_i / [W/(m²·K)]	D_i	R_0 /(m²·K/W)	ΣD	ν_0	ξ_0 / h
30 厚大阶砖	0.43	0.070	11.26	0.786	0.46	2.079	8.90	5.61
30 厚空气间层	0.20	0.150	0	0				
25 厚防水砂浆	0.87	0.029	10.79	0.313				
100 厚混凝土板	1.74	0.057	17.2	0.980				

阿以旺民居夯土屋面与现代砖房屋面热工性能对比　　表 4.6.8

屋面类型（厚度 mm）	R_0/(m²·K/W)	D	ν_0	ξ_0 / h
阿以旺民居夯土屋面	2.85	5.28	137.6	16.78
100 厚钢筋混凝土屋面	0.26	1.60	4.10	8.34
南方隔热屋面	0.46	2.09	8.90	5.61

从分析结果可看出（表 4.6.8），阿以旺民居屋面的传热阻 R_0、热惰性指标 D、室外温度谐波传至平壁内表面的衰减倍数 ν_0 和延迟时间 ξ_0 的数值都远大于普通钢筋混凝土屋面，表明阿以旺屋面在减少室内外热能交换，抵抗室外温度波动，保持室内热稳定性和热舒适性的能力方面明显优于砖砌体和钢筋混凝土组合结构屋盖体系，具有更好的建筑热工性能，节约能耗的同时具有更好的热舒适性能。

新疆现今农村住宅普遍采用单层屋顶，屋面的热损失约占整个房屋围护结构热损失的30%。提高屋面的热工性能对于建筑节能及保持室内热舒适性具有重要作用。

3. 窗户、门、地面热工性能分析

阿以旺民居外门及通向院内中厅的门常采用单层夹板门，传热系数为 2.31W/(m²·K)，冬季外挂厚棉帘增加保温性。

窗户的热损失包括通过窗户传热耗热和空气渗透耗热。对于传统民居而言，在建筑材料有限的条件下，减少冷风渗透、增加窗户热阻和控制窗墙面积比，节能效果突出。民居窗户多为单层木框单玻窗，热量通过窗户缝隙渗透使建筑耗热量增加。木框密闭性较差，现多改用铝合金单玻窗，传热系数为 6.0W/(m²·K)。增加窗户的热阻可以提高保温性能，研究结果表明，单层窗比双层窗的冷风渗透多 20% 的能耗。我国建筑规范规定供暖居住建筑的窗户面积不宜过大。窗墙面积比超过规定数值，应调整外墙和屋顶等外围护结构的传热系数，使建筑物总能耗热量指标达到规范要求。阿以旺民居外墙四周几乎不设窗户；新建阿以旺民居也仅在外墙必要处设置 600mm×600mm 采光木框单玻小高窗。民居各向窗墙面积比见

表 4.6.9，满足节能规范对窗墙比的要求。相比于普通住宅，传统民居窗洞数量少、面积小，窗墙比小的开窗方式利于冬季保温及夏季隔热。外窗采用单玻木框窗，外门采用单层夹板门，R_0、D 的数值都很小，可认为其内、外温度同步同幅波动，ν_0 与 ξ_0 为 0，由此得出民居外门窗均属于薄弱构件。

地面为黄土上铺实心砖一皮，传热系数为 3.418W/（$m^2 \cdot K$）。

不同朝向窗墙面积比 表 4.6.9

分项	窗墙面积比		
	北	东、西	南
严寒与寒冷地区居住建筑节能设计标准	≤ 0.30	≤ 0.35	≤ 0.50
阿以旺民居（寒冷地区）	0.005	0.005	0
结论	满足	满足	满足

4. 外围护结构热工性能评价

从表 4.6.10 中可看出，阿以旺民居外围护结构构件在保温、隔热方面具有得天独厚的优势；阿以旺民居外围护结构构件的热阻更接近节能设计规范；在民居的改造更新过程中，应加大民居外墙热阻，满足居住建筑节能设计规范。

阿以旺民居外围护构件热工性能与节能规范对比 表 4.6.10

类别	严寒与寒冷地区居住建筑节能设计标准（2A）		阿以旺民居外围护构件		普通砖房外围护构件	
外围护构件	屋顶	外墙	屋顶	外墙	屋顶	外墙
传热阻 /（$m^2 \cdot K/W$）	4.00	1.67（权衡）	2.85	0.99	0.26	0.57
实现率	—	—	71%	59%	7%	34%

六、建筑原型生态适应性模式

基于建筑思想、空间形态、建筑材料、结构体系、营造技术、外围护结构热工特性方面，新疆阿以旺民居的建筑原型具有与自然、社会环境适应共生的生态特性。其建筑原型生态适宜性模式如图 4.6.13 所示。阿以旺民居结构简单，经济实惠，比砖瓦房热工性能好，同时省工省料、经济适用，只要注意保养，一般可住数十年或上百年，即使需翻修更新，也较其他建筑省力。

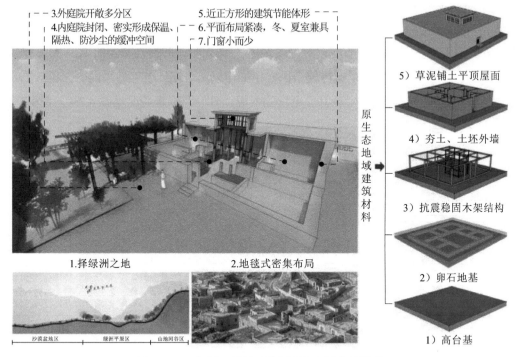

图 4.6.13　阿以旺民居建筑原型生态适应性模式

第七节　安徽徽州民居

一、徽州民居气候设计

徽州，古称歙州，又名新安，即今安徽省黄山市、绩溪县（宣城市）及江西省婺源县（上饶市）。古徽州下设歙县、黟县、休宁、祁门、绩溪、婺源六县，府治设在歙县。徽州地区北有云烟缭绕的黄山，南有峰峦叠嶂的天目山，又有新安江穿流而过，山地及丘陵地貌占90%，可谓地处山岭川谷崎岖之中。该地区气候属于北亚热带湿润性季风气候，四季分明，夏季闷热无酷暑，冬季湿冷无严寒，雨量充沛多梅雨。

自明清以来，安徽长江以南的屯溪专区，即明清时期的徽州是古代著名的经济发达地区。该地区富商云集，殷实的徽商多在自己的家乡兴建奢华的住宅以炫耀乡里，形成了具有传统风格的徽州民居，也称徽派民居。徽州民居是二或三层建筑围合成的具有狭小内天井的合院建筑，其中以内天井三合院形式居多。现今以黄山市黟县的宏村、西递、南屏，歙县的棠樾、许村，黄山市黄山区的陈村、屯溪区的屯溪、徽州区的唐模、潜口、呈坎等乡民居遗存较多，且大多为清代建造。

代表城市屯溪位于安徽省黄山市的一个市辖区，地处白际山与天目山、黄山之间的休屯盆地，扼横江、率水与新安江汇合处，北纬29.7°，东经118.3°，海拔高度142.7m。

年平均气温 16.3℃，1 月平均气温 4.1℃，7 月平均气温 27.7℃，气温日较差小，无霜期 237d。全年气候湿润、雨量充沛，年均降水量 1762.6mm，是我国年降水量最多的地区之一。降水多集中于 4～7 月，年平均相对湿度 80%；具有明显的梅雨季节，常有大雨和暴雨出现。冬季盛行偏北风，夏季盛行偏南风，年平均风速 1.3m/s。年日照偏少，年日照时数约 1928h，太阳辐射集中在 7、8 月。屯溪的气温、日照及降水情况见图 4.7.1、表 4.7.1。

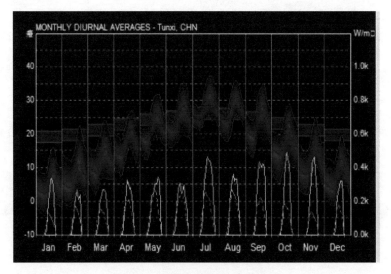

图 4.7.1　屯溪气候日均变化曲线

屯溪市气温、日照和降水　　　　　　　　表 4.7.1

地点	年平均气温/℃	1月平均气温/℃	极端最低温度/℃	7月平均气温/℃	极端最高温度/℃	日照时数/(h·a)	降水量/mm		
							冬半年（11月～次年4月）	夏半年（5～10月）	年均（1～12月）
屯溪	16.3	4.1	−15.5	27.7	40.6	1928.0	679.8	1082.8	1762.6

　　经过数百年的传承和改进，徽州人民从自然、审美角度出发，创造了适应徽州地区气候、独具特色的徽州民居——二或三层建筑围合成的具有狭小内天井的厅井式合院建筑。

二、气候设计

1. 热工设计区划及设计要求

　　屯溪建筑热工设计区划属于 3A 夏热冬冷气候区，建筑设计应符合下列规定：建筑物必须满足夏季防热、通风降温要求，冬季应适当兼顾防寒；总体规划、单体设计和构造处理应有利于良好的自然通风，建筑物应避西晒，并满足防雨、防潮、防洪、防雷击要求；夏季施工应有防高温和防雨的措施；3A 区北部建筑物的屋面尚应预防冬季积雪危害。

2. 被动式气候适应策略有效性分析

应用气候分析软件 Weather Tool 对屯溪气象数据进行分析（图 4.7.2），得出当地热舒适区域（图中多边形对应区域）及各种基本被动式设计措施扩大舒适区的范围。在建筑 6 种被动式设计方法中，各项措施提高舒适区范围的逐月有效性如图 4.7.3 所示，各项措施年均有效性综合分析结果见表 4.7.2。

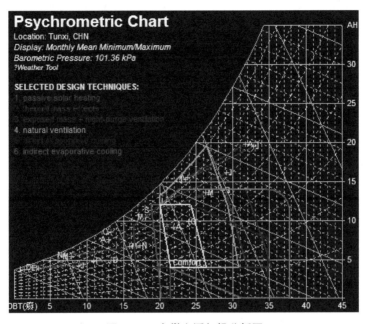

图 4.7.2　安徽屯溪气候分析图

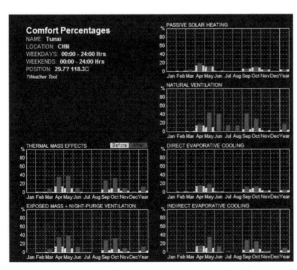

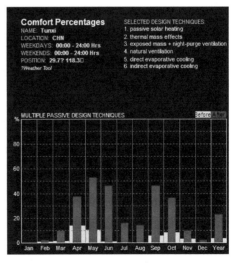

（a）各项措施逐月有效性　　　　　　（b）综合措施逐月有效性

图 4.7.3　屯溪被动式策略有效性

被动式策略有效性综合分析表 表 4.7.2

	自然通风	材料蓄热	夜间通风＋材料蓄热	间接蒸发降温	直接蒸发降温	被动式太阳能加热	综合措施	采取措施前	设计潜力
各项措施有效性	18%	15%	15%	10%	6%	5%	23%	4%	19%

6 种被动式气候适应策略按有效性排序，自然通风的有效性 18% 为最佳，大于其他 5 种方式。在一年中的 4 ～ 10 月持续发挥作用，尤其是 5 ～ 6 月及 9 ～ 10 月作用明显。

材料蓄热性有效性 15%，且在 4 ～ 5 月及 9 ～ 10 月作用明显。4 ～ 5 月平均最高气温 24.1℃（各月平均最高气温 21.7℃、26.5℃），平均最低气温 14.75℃（各月平均最低气温为 12.4℃、17.1℃）；9 ～ 10 月平均最高气温 26.05℃（各月平均最高气温 28.5℃、23.6℃），平均最低气温 16.45℃（各月平均最低气温 19.4℃、13.5℃）。白天室外气温较高，利用墙面、屋面、地面等实体层的蓄热性能，将太阳热能积聚体内；夜晚利用长波辐射散热将白天积蓄的热量散发出去，提高室内热舒适性。

对于夜间通风＋材料蓄热措施，从图中可知夜间通风不发挥作用。材料发挥蓄热性能的时节，夜晚室外较冷，此时室内需要增温而非降温才能达到热舒适。间接蒸发降温及直接蒸发降温的有效性分别为 10%、6%。由于屯溪夏季降雨集中，空气湿度较大，但蒸发能力小，因此降温有效性小。被动式太阳能加热的有效性最低为 5%。

若自然通风与其他 5 种被动式措施组合良好，将在全年（除 1 月）保持室内热舒适性功效发挥 23% 的作用；反之如果不采取任何措施，只有 4% 的热舒适性，被动式设计潜力为 19%。

三、建筑形式的气候适应性

徽州民居建筑形式的气候适应性主要体现在房屋的聚落选址、村落规划、街巷格局、建筑朝向、院落设置、建筑平面布局、建筑防火、防潮与防晒等方面。

1. 聚落选址：临水而居，家有清泉

徽州地处群山环抱之中，择吉地而居的观念促成了徽州传统村落的选址格局，即负阴抱阳、背山面水（图 4.7.4）。

徽州村落与水系有着密切的联系，因为河流的位置、流向和形状是财源与吉祥的象征，于是临水者选址于天然河道边，远水者通过对天然水系加以改造、择吉地而居。对天然水系改造的手法多种多样，《歙县志》载："凡叠碌土截流以缓之者曰坝，障流而止之者曰堤，决而导之、折而复之、疏而泄之曰堨（一种古老的水利设施，与堤、坝略有不同）"，其中筑渠引水至各家各户则是村落中最常用的手法。引水入户的方法使家家有清泉，在解决生活用水和消防用水的同时，还能适度调节局地小气候，为炎热的夏季带来丝丝清凉。

图 4.7.4　西递背山面水全貌

2. 村落规划：放射状组团布局

徽州村落以放射状组团形态布局，整体布局井然有序。每个村落以祠堂为中心，按照血缘的远近划分组团。祠堂按规模大小依次分总祠、支祠、家祠等；宗族的总祠是整个村落的中心，支祠围绕总祠形成次中心，每个家庭的家祠围绕支祠。

3. 街巷格局：窄巷高墙

"窄巷高墙"是徽州民居一大特色。街巷两侧的民居多为 2～3 层楼房，间距紧密，形成的街巷空间狭长紧凑，高宽比一般在 5∶1～10∶1 之间（图 4.7.5、图 4.7.6）。高大的外墙和狭窄的街巷有利于建筑之间相互遮阳，形成夏季凉爽的室外空间，也利于在热压作用下形成凉爽的街巷风。"窄巷高墙"是徽州传统民居街巷适应当地自然气候条件的结果。

图 4.7.5　徽州民居狭窄街巷剖面

图 4.7.6　瞻淇街狭窄街巷

4. 建筑朝向：面向西南向气口

夏热冬冷区的徽州，夏季闷热无酷暑、冬季湿冷无严寒、雨量充沛多梅雨。同时徽州地区三面环山，仅西南山脉较远处留有缺口。依风水之说，住宅应面向这个"气口"。综合日照、风雨及风水等因素，徽州民居的主要房间均避开了正西面方向，最终选择南偏西26°方向，这既可满足冬季防寒（优先面朝南向）、夏季防晒（避开西向）的需要，又面向气口有利于通风除湿。

利用 Weather Tool 气候设计软件计算屯溪的气候数据，得出当地建筑的最佳朝向为南偏西 10°（图 4.7.7）。

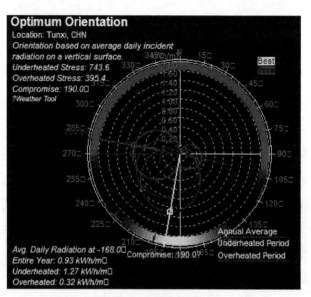

图 4.7.7　建筑最佳朝向

将习惯做法与气候设计软件计算结果进行比较，可知先民们在不断的试错过程中获取的技术经验与利用现代科学理论计算得出的结果基本一致，进一步说明了传统民居在设计经验方面的智慧所在：从气候区划角度分析，夏热冬冷气候区的徽州地区，南偏西的朝向，在冬季日照充足时间，可使正午及午后日光投射至房间之中，加热室内空气，提高冬季室内热舒适性。夏季，民居高耸的东西外墙有效阻止了太阳西向的热辐射，为建筑防止西晒、创造室内凉爽的热环境提供了可能。

5. 院落设置：小尺度天井，开敞堂屋利于通风

天井型合院民居广泛分布在安徽、江西、粤中和粤北等地区。以狭小内天井为核心的天井式合院院落形制为江南庭院式建筑的代表。民居多建成二层甚至更高层，窄小的天井及高大开敞的堂屋最具特色。

庭院空间由四面高耸的院墙围合成狭小的内天井。各进院落皆设天井，雨水通过天井内排方式流入阴沟，俗称"四水归堂"，有财不外流之意。水源丰富的地区，如安徽黟县宏村、江苏昆山周庄等地，将水引入院内形成水院。夏季，在蒸发降温作用下，天井更加凉爽怡人。高深的院墙使得夏季直射阳光的入射量十分有限，天井处于阴影之中，遮阳作用显著。

厅堂檐墙多可拆卸，削弱了空间阻隔。高大开敞的堂屋与开放的天井组合，形成纵向贯通的室内外空间。夏季，自然风畅行无碍地进出室内外，给民居带来阵阵舒适的凉风，同时也带走庭院和室内的湿气。

民居营建重在利用和疏导通风，徽州民居小尺度的天井和开敞的堂屋可有效组织自然通风，改善室内的热湿环境，更好地适应当地夏季炎热、多雨、潮湿的气候。窄小的内天井与高大开敞的堂屋承担采光、通风、排水、日常家庭活动以及与外界沟通等多重作用。此种模式已经转变为一种文化范式。

6. 平面布局：密集布置

徽州地区人多地少、土地宝贵，故民居主体占地不大，密集布局，一家一户的小型住宅居多，较少见大型住宅。

徽州民居建筑最大的特点是合院四周高墙封闭，以狭小内天井为核心。这里的民居自古少有平房，住宅大多是二层楼房，也有一些为三层。最基本的院落形制有两种，即"凹"字型的三合院和"口"字型的四合院，"H"型和"日"字型较少（图4.7.8）。

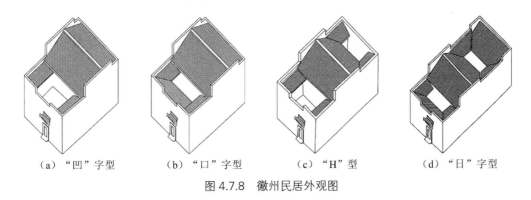

| （a）"凹"字型 | （b）"口"字型 | （c）"H"型 | （d）"日"字型 |

图 4.7.8　徽州民居外观图

"凹"字型民居为一进三合院，三面建房，另一面围以高墙，大门开在高墙正中，中间围合成狭窄的内天井。正房面阔三间两层楼式，左右带次间者为中间明两边暗的"一明两暗"，无次间者为明三间。正房一层中开间为敞厅式堂屋，即客厅；左右次间为开间狭窄、进深亦浅的住房。二层中开间为供奉祖先的祖堂，两侧厢房狭窄，作贮藏或交通之用。正房两侧各建廊房，廊屋仅是联系的过道，内置楼梯。房屋的侧墙及后墙极少开窗。

7. 建筑防潮、防火与防晒：措施得当

徽州民居没有采用干栏式的结构形式，这使居室多少显得有些潮湿。对此，徽州民居也采取了相应的防潮措施。

1）柱底防潮

柱础，民居中也称鼓蹬，是埋入土中、承接上部柱子、防止柱底受潮的构件，形式多样（图4.7.9）。柱础多为石质，上端中心为半凹洞，在木柱底中心做榫头，便于木柱安装定位。有的民居木柱下端开有宽、深各一寸的十字槽，使空气能流通，防止木柱下端受潮。

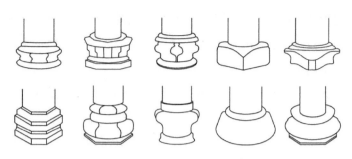

图 4.7.9　徽州民居各式柱础

2）墙台基防潮

为了防止埋入土层部分的墙体受潮，常常在墙体地下部分垫以台基。台基可分为须弥座形和普通形两种。普通形台基最常见，下层垒筑块石，上部露明部分平铺阶条石。由于徽州民居采用木构架体系承重，墙体只起围护与分隔作用，所以台基埋深较浅。根据工匠们在实践中的总结："实滚墙高一丈，台基深一尺，花滚墙高一丈，台基深七寸，单丁墙高一丈，台基深五寸。"

3）地面防潮

堂屋地面的底层铺一层石灰，再铺一层细砂，上铺地砖。堂屋两侧的卧室则采用架空木地板的方式进行防潮，木地板高出堂屋地面 30 ～ 40cm，并在朝向堂屋的墙基处设有 2 个通风口以通风除湿。更巧妙的处理方式如歙县棠越村的保艾堂，地面铺设极其讲究：先铺一层石灰，再撒一层细砂，然后是一层倒扣的酒缸，上面再铺细砂，最后铺地砖，防潮效果奇佳，即使水洒在地面上也会快速下渗保证地面干爽，梅雨季节也不会返潮。

4）建筑防火

木结构房屋时刻都有火灾隐患。徽州民居村落的建筑密度都很大，因此建筑的防火措施得当与否就显得尤为重要。徽州民居建筑外围四周用高耸砖墙隔离，屋顶用高出屋面的马头墙（也称封火墙）封护，有效阻隔火势蔓延，这也是当地民居封闭内向的原因之一。天井院内可见储水的大缸，有的人家在天井里砌一个大水池，以备救火之用。

5）防雨防热辐射：白灰外墙

徽州民居的墙体一律为白色，加上对比鲜明的黑瓦，呈现出粉墙黛瓦古朴淡雅的艺术格调。外墙表面涂抹白灰，厚度约 28 ～ 34mm。天井围墙的白灰刷饰在漫反射光照射下，可增加室内照度。白灰墙面可防止雨水侵蚀，在炎热的夏季也可减少外墙面的辐射热。

四、结构形式、材料及构造

1. 结构形式

徽州民居采用木构架结构承重体系。木构架分为抬梁式和穿斗式两种，徽州民居中除堂屋是抬梁式构架外，其余均采用穿斗式构架。青砖墙体仅发挥分隔与围护作用，只承受自身重量，不参与整体结构承重，属于非承重墙体。

2. 外围护结构构造

1）墙体构造

徽州传统民居墙体大部分采用烧结黏土青砖砌筑而成。徽州及江浙一带地区砖的规格较多，常见尺寸（长×宽×厚）：8.2寸×4.1寸×8分（10分＝1寸，1寸≈3.33cm），8寸×4寸×8分，较小尺寸有7寸×3.5寸×7分。砖料长宽比均为2:1，便于砌筑拼接。砖料厚度较小，砌筑拼接时可用灰砂调整厚度。徽州青砖大量使用于徽州各级建筑中，常用规格为274mm×115mm×53mm。同时还有一半厚度的"劈开砖"，多用于构筑空斗墙及各种花式砌法。

砌筑方法大体有实滚（实心）砌法、空斗砌法和花滚砌法等形式（图4.7.10），其中眠是平铺，斗是立（侧）铺，顺是纵向，丁是横向。实滚砌法是用砖平铺，砌成实心砖砌体，墙体内无空隙，用于平房的勒脚和楼房的低层部分。实滚砌法有一顺一丁（一层纵向＋一层横向）、三顺一丁（三层纵向＋一层横向）、五顺一丁、七顺一丁等多种砌法，等级越高顺数越少，一般多见五顺一丁和七顺一丁。空斗砌法即无眠空斗砌法，是用顺斗砖（纵向立砖）、丁斗砖（横向立砖）纵横相间砌筑或加扁砌砖，在墙体内部形成规则的空心体，内填灰砂石和碎砖，形成空隙较多的空斗墙。花滚砌法是实滚和空斗相间砌筑，内填灰砂和碎砖，常见一眠一斗（一层实滚＋一层空斗）、一眠二斗、一眠三斗、一眠五斗、一眠七斗等。

①240mm砖墙　一顺一丁式　　②240mm砖墙　多顺一丁式　　③240mm砖墙　十字式

（a）240mm砖墙实滚砌法

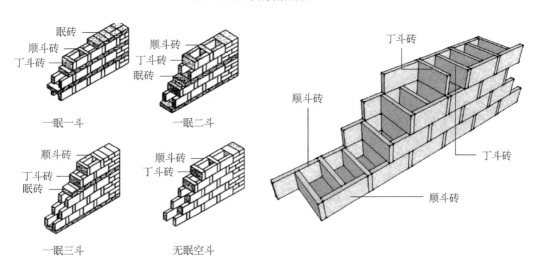

（b）砖墙花滚砌法与空斗砌法　　　　　　（c）徽州传统青砖无眠空斗砌法

图4.7.10　墙体砖砌法

徽州民居典型外墙为用青砖砌筑的空斗砖墙，也叫双隅砖墙，是用砖侧砌或平、侧交替砌筑成的内部空心的墙体，如无眠空斗墙（全斗墙）、有眠空斗墙（一眠一斗墙、一眠二斗墙、一眠三斗墙）。无眠空斗墙全部用斗砖层砌成，即斗砖层之间没有眠砖层，作为低层房屋的承重墙和围护墙。有眠空斗墙即每皮或每几皮斗砖之间有眠砖，一眠一斗墙即一皮眠砖层和一皮斗砖层相隔砌成，一眠二斗为一皮眠砖层与二皮斗砖层相隔砌成，具体取决于墙体的设计需求和承重能力。

徽州民居的外墙常见以望砖砌成的空斗青砖墙，外刷白浆，墙厚 300mm 左右。望砖是旧时汉族房屋中铺在屋面椽条上的薄砖；一般在较讲究的砖木结构房屋中铺设，用以承托瓦片，对防止透风、落尘有一定作用，并使室内的顶面外观平整，现大多为望板所替代。除外墙外，民居宅内其他墙体都比较薄，多为木板做成的内隔墙。

空斗墙一般作为木构架房屋的外围护墙，内部空腔能简单隔声和节省材料，其大热阻、小热容的热工特性，利于建筑的冬季保温与夏季隔热。

2）屋面构造：热阻大而热容小的望板空铺小青瓦

徽州民居的坡屋顶以硬山为主，坡度缓和。屋面构造与江浙民居比较类似，做法简单：檩条上搁椽子，椽子上铺望板或薄砖（望砖及薄砖），上盖板瓦（小青瓦）。有些民居屋面在檩条上直接铺一寸多厚的木板，板上铺方砖和瓦，或者在檩条上密铺一层方形木椽子，其他构造相同。也有在屋面铺瓦前在望板上做苦背，瓦片固定牢固，安全可靠的同时热阻较大而热容相对较小，利于建筑保温隔热。在铺瓦之前要先做好屋脊，然后从下至上，从中间向两边依次施工。瓦底一般不铺灰砂，只在檐口和屋脊封口处铺灰砂用以窝瓦（图 4.7.11）。

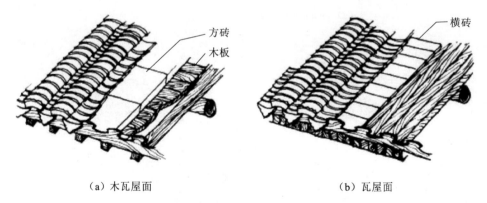

（a）木瓦屋面　　　　　　　　　（b）瓦屋面

图 4.7.11　徽州民居瓦屋面

五、外围护结构热工性能分析

根据 6 种被动式气候策略的有效性排序，得出自然通风性能对于改善室内热舒适性最为有效，提高材料蓄热性能的有效性仅次于自然通风。

1. 外墙热工性能分析

现以清末民初 280mm 厚、外抹白灰 30mm 厚、内抹草筋灰 20mm 厚的一眠五斗双隅青砖墙为例：每皮两顺砖，各宽 110mm，间层 60mm。徽州民居一眠五斗双隅青砖外墙的热物理性能计算见表 4.7.3。

徽州民居空斗砖墙热工性能计算表　　表 4.7.3

构造层 （厚度 mm）	λ_i / [W/ (m·K)]	R_i / (m²·K/W)	S_i / [W/ (m²·K)]	D_i	R_0 / (m²·K/W)	ΣD	ν_0	ξ_0 / h
20 厚内抹草筋灰	0.15	0.133	2.79	0371				
280 厚一眠五斗 空斗青砖墙	—	0.305	1.051	0.321	0.63	1.065	5.45	5.03
30 厚外抹白灰	0.81	0.037	10.07	0.373				

青砖墙：$\lambda_{青砖墙} = 0.65 \text{W} / (\text{m·K})$，$S_{青砖墙} = 7.73 \text{W} / (\text{m}^2 \cdot \text{K})$

草筋灰：$\lambda_{草筋灰} = 0.15 \text{W} / (\text{m·K})$，$S_{草筋灰} = 2.79 \text{W} / (\text{m}^2 \cdot \text{K})$

空气层：$\lambda_{空气层} = 0.15 \text{W} / (\text{m·K})$，$S_{空气层} = 0.00 \text{W} / (\text{m}^2 \cdot \text{K})$

一眠五斗空斗砖墙：

$$R_{空斗砖墙} = 2 \times 0.11 / 0.65 + (5+1) / [5/0.15 + 1/(0.06/0.65)]$$
$$\approx 0.305 \text{W} / (\text{m·K})$$

$$S_{空斗砖墙} = 0.136 \times 7.73 + 0$$
$$\approx 1.051 \text{W} / (\text{m}^2 \cdot \text{K})$$

以之与现代建筑外墙 240mm 厚多孔砖墙（两面各以 20mm 混合砂浆抹面）、370mm 厚多孔砖墙（两面各以 20mm 混合砂浆抹面）的热工计算结果进行比对，讨论各自的保温、隔热性能。

表 4.7.4 表明，280mm 厚一眠五斗空斗青砖墙与 240mm 厚黏土砖墙相比，前者热阻大但热惰性很小。徽州民居的空斗砖墙热阻较大，有利于夏季的隔热，同时兼顾冬季保温；蓄热性能小有助于夜晚散热。空斗青砖墙的热惰性是 240mm 厚黏土砖墙的近三分之一，表明其蓄热能力弱，有利于满足夏热冬暖区以隔热为主要目的的要求。热阻较大、热容相对较小的墙体构造利于建筑冬季保温、夏季隔热。

徽州民居外墙与普通砖房墙体热工性能对比　　表 4.7.4

墙体类型（厚度 mm）	R / (m²·K/W)	D	ν_0	ξ_0 / h
280 厚一眠五斗空斗青砖墙	0.63	1.065	5.45	5.03
240 厚多孔砖墙	0.57	3.68	17.68	13.31
370 厚多孔砖墙	0.77	5.40	59.80	17.97

280mm 厚一眠五斗空斗青砖墙与 370mm 厚多孔砖墙相比，后者热阻及热惰性均较大。虽然热阻大能有效阻止热量传递，但其热惰性指标是 280mm 厚一眠五斗空斗青砖的 5 倍。蓄热性能是 280mm 厚一眠五斗空斗青砖的 8 倍多。370mm 厚黏土砖墙室内一天的温度波动小，白天不是很热，夜晚也不如室外凉爽，使整个建筑长期处于温热状态，不满足以夏季隔热为主要目标的要求。

2. 屋面热工性能分析

屋面构造做法取椽上铺望板（1 寸厚的木板），上干挂双层板瓦，瓦底不铺灰砂，只在檐口和屋脊封口处铺灰砂用以窝瓦。该地区最常见的小青瓦是一种经过烧制而成的瓦，属于板瓦，瓦厚 10mm。小青瓦做工较粗糙，有微小的弧度，两层瓦片叠挂时中间留有间隙，视为双层青瓦中间设置 5mm 厚空气间层。挂瓦条截面较小且间距较大，在此忽略不计。铺贴双层片瓦是为了防水，但也提升了保温隔热的效果。小青瓦屋面热物理性能计算见表 4.7.5，徽州民居瓦屋面与 100mm 厚钢筋混凝土屋面、南方隔热屋面热工性能对比见表 4.7.6。

民居屋面的热阻较大，阻止热流进出屋面效果强于 100mm 厚钢筋混凝土屋面与南方隔热屋面。民居屋面热惰性数值较小，热阻较大，说明蓄热性能小。由于空气间层没有蓄热能力，热稳定性较差，延迟时间短，这样利于在夜间通风作用下室内及时散热降温。从计算结果可发现，在多层热惰性较小的材料中间设置空气间层，可提高其白天隔热能力但也因结构的热稳定性而不会提高太多，但加大了延迟时间，不利于室内夜间通风降温。这是当地屋顶隔热设计中一种有效的方法，是适应湿热地区气候的生态构建方法。

小青瓦屋面热工性能计算表 表 4.7.5

构造层（厚度 mm）	λ_i / [W/(m·K)]	R_i / (m²·K/W)	S_i / [W/(m²·K)]	D_i	R_0 / (m²·K/W)	ΣD	ν_0	ξ_0 / h
10 厚板瓦	0.43	0.02	6.23	0.14				
5 厚空气间层	—	0.10	0	0	0.53	1.19	5.21	2.74
10 厚板瓦	0.43	0.02	6.23	0.14				
33 厚（1 寸）木板	0.14	0.24	3.85	0.91				

徽州民居瓦屋面与普通砖房屋面热工性能对比 表 4.7.6

屋面类型（厚度 mm）	R_0（m²·K/W）	D	ν_0	ξ_0 / h
徽州民居小青瓦屋面	0.53	1.19	5.21	2.74
100 厚钢筋混凝土屋面	0.26	1.60	4.10	8.34
南方隔热屋面	0.46	2.09	8.90	5.61

3. 外围护结构热工性能评价

综合结果得表 4.7.7。与普通砖房外围护构件相比，徽州民居外围护结构构件的热阻更接近节能设计规范，尤其是其屋面结构，远远优于普通砖房。在民居更新与改造过程中，提升民居外围护结构外墙、屋面热阻，满足居住建筑节能设计规范，民居将具有更好的气候适应性，同时可降低改造成本，减少资源浪费。

徽州民居外围护构件热工性能与节能规范对比   表 4.7.7

类别	夏热冬冷地区居住建筑节能设计标准（3A）		徽州民居外围护构件		普通砖房外围护构件	
外围护构件	屋顶	外墙	屋顶	外墙	屋顶	外墙
传热阻 / (m² · K/W)	2.5	1.67（$D \leq 2.5$） 1.0（$D > 2.5$）	0.53	0.63	0.26	0.57
实现率	—	—	21%	38%	10%	57%

第八节　云南土掌房民居

一、概述

云南哀牢山、无量山的广阔山区，元江、峨山、新平、江川、红河、元阳、绿春等地，为亚湿润型的边缘热带气候。

代表城市元江哈尼族彝族傣族自治县位于云南省中南部，坐落在红河流域元江中上游两岸的河谷地区，北纬23.6°，东经102.0°，海拔高度400.9m。这里年均气温20～25℃，夏季最高温度可达40℃以上，冬季最低气温 −0.1℃，年温度变化及日温度变化均较大。冬半年受热带大陆气团影响，降雨量173.5mm，降雨较少。夏半年受西南季风控制，降雨量622.8mm。年降雨量796.3mm，属半湿润气候区，且降水集中于夏季，形成干湿分明的两季。该地区每年5～10月炎热多雨，11月～次年4月干燥凉爽，无热带风暴和台风影响。这里山川毓秀，物华天宝，古有"滇南雄镇"盛名，今得"天然温室""哀牢明珠"的美誉。元江市的气温、降水及日照情况见图4.8.1及表4.8.1。

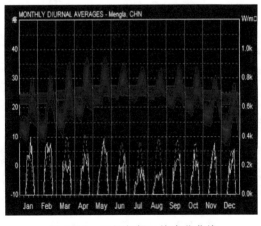

图 4.8.1　元江气候日均变化曲线

元江市气温、日照和降水   表 4.8.1

地点	年平均气温 /℃	1月平均气温 /℃	极端最低温度 /℃	7月平均气温 /℃	极端最高温度 /℃	日照时数 / (h·a)	降水量 /mm		
							冬半年（11月~次年4月）	夏半年（5~10月）	年均（1~12月）
元江	23.7	16.8	−0.1	28.5	42.2	2290.0	173.5	622.8	796.3

为适应高原地区的山地河谷地形和夏季炎热多雨、冬季干燥凉爽的气候特点，彝族、傣族与哈尼族人民从自然、审美角度创造出适应地域气候、独具特色的滇南地区土掌房民居——四壁厚重的土墙围合、土平顶作晒台、外墙无窗或二层开小窗的合院式土木结构房屋。

二、气候设计

1. 气候区划及设计要求

元江市气候区划属于 4B 夏热冬暖气候区，建筑设计必须充分满足夏季防热、通风、防雨要求，冬季可不考虑防寒、保温；总体规划、单体设计和构造处理宜开敞通透，充分利用自然通风；建筑物应防止西晒，宜设遮阳；应注意防暴雨、防洪、防潮、防雷击；夏季施工应有防高温和暴雨的措施。

2. 被动式气候适应策略有效性分析

应用气候分析软件 Weather Tool 对元江市气象数据进行分析如图 4.8.2，得出当地热舒适区域（图中多边形区域）及各种基本被动式设计措施扩大舒适区的范围。在建筑 6 种被动式设计方法中，各项措施提高舒适区范围的逐月有效性如图 4.8.3 所示，各项措施年均有效性综合分析结果见表 4.8.2。

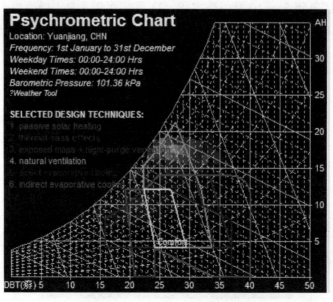

图 4.8.2　云南元江市气候分析图

按照 6 种被动式措施有效性排序，自然通风措施有效性为 38%，大于其他 5 种方式，尤其在每年 3～11 月，气候炎热多雨，自然通风既可降温又可除湿，一举两得。

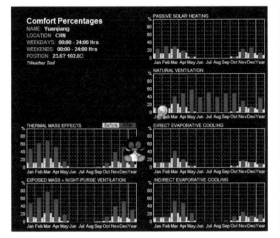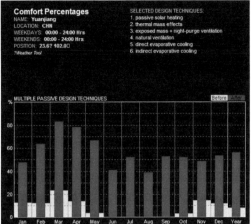

图 4.8.3　元江市被动式策略有效性

被动式策略有效性综合分析表

表 4.8.2

	自然通风	夜间通风+材料蓄热	材料蓄热	间接蒸发降温	被动式太阳能加热	直接蒸发降温	综合措施	采取措施前	设计潜力
各项措施有效性	38%	32%	29%	18%	15%	12%	56%	8%	48%

材料蓄热性能的有效性为 29%，一年中的 11 月至次年 2 月增温作用明显。该地区 11 月至次年 2 月的室外平均气温 18.18℃（各月室外平均气温为 20.2℃、16.8℃、16.8℃、18.9℃），平均最低温度为 13.5℃（各月室外平均最低气温为 16.2℃、12.4℃、11.9℃、13.6℃），此时月均降雨量较少（26.75mm，各月均降雨量为 58.9mm、12.7mm、13.2mm、22.2mm），太阳辐射较强。白天厚实的墙体吸收太阳能加热墙体，因其蓄热性能较大而将热能储存在其中，白天室外温度较高时室内温度适宜；夜晚在长波辐射作用下加热室内空气，使室内增温。

3～4 月室外平均气温 24.3℃（各月室外平均气温 22.7℃、25.9℃），平均最低气温 18.5℃（各月室外平均最低气温 16.9℃、20.1℃），平均最高气温 32.35℃（各月室外平均最高气温 30.9℃、33.8℃）。白天，在蓄热性能作用下外围护结构积蓄热能，阻止过多热量传入室内；夜晚，通过通风，室外冷空气带走日间积聚在外围护结构体内的热量，使室内降温。

6～9 月，室外平均气温 27.85℃（各月室外平均气温 28.8℃、28.5℃、27.7℃、26.4℃），最低平均气温 24.2℃（各月室外平均最低气温 25℃、25℃、24.1℃、22.8℃），平均最高温度达到 33.5℃（各月室外平均最高气温 34.4℃、33.7℃、33.5℃、32.3℃）。白天、夜晚温度都高，且此时降雨量较大，月均 114.7mm，白天，在蓄热性能作用下外围护结构积蓄热能，阻止过多热量传入室内；夜晚，通过通风，室外热空气无法带走日间积聚在外围护结构体内的热量，无法达到室内降温的目的。因此，建筑蓄热加夜间通风降温措施将不再发挥作用。

在此气候条件下，建筑的自然通风与材料蓄热措施有效与否对通风降温、建筑隔热发挥着决定性作用。如果自然通风、材料蓄热与其他 4 种被动式措施组合良好，将在夏季保持室内热舒适性方面发挥 56% 的作用；相反，如果不采取任何被动式措施，室内只有 8% 的热舒适性，其被动式设计潜力为 48%。

三、建筑形式的气候适应性

土掌房民居建筑形式的气候适应性特色主要体现在聚落选址、村寨规划、院落设置、建筑平面布局、建筑材料和营造技艺等方面。

1. 聚落选址：顺应山地，背山面阳

在海拔二三千米的云南哀牢山、无量山山区，分布着大量的土掌房，二三十户到上百户组成一个村寨。村寨多选址在背山面阳、山麓向阳地带，沿山地等高线或平行或垂直或偏转一定角度布局，自由灵活又层层延伸，与山地环境形成了统一生长的空间肌理。

2. 村寨规划：节约耕地的立体分块式

高原地区的山地河谷地带，土掌房采用立体分块式的形式布局村寨。山顶为放牧区，居住区选择在山腰，山脚河谷处是高原山区稀有的农田植被平地区（图 4.8.4）。土掌房依着山坡左右连接、高低层叠、密密麻麻地在山间台地中排列，退让出了高原山区大量稀有的耕地及自然绿地，保证农田与植被成为聚落的生产用地与绿色屏障。节约耕地的立体分块式村寨规划，形成了"上边有坡养羊，下边有田种粮"的依山傍水、土肥草美之居。

3. 院落设置：天窗式庭院民居

土掌房是四壁厚重、土墙围合的合院式民居（图 4.8.5）。内庭院分为封闭式与开敞式两种。封闭式内庭院居多数，庭院顶部有屋顶，屋顶处开天窗，满足一定的采光通风需要。少部分为开敞型内庭院，无顶开敞的内庭院形成小天井院。

图 4.8.4　土掌房聚落

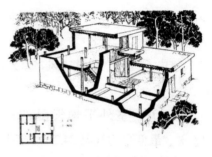

图 4.8.5　土掌房民居组成

4. 建筑平面布局：布置紧凑，功能多样，屋顶兼晒台

土掌房合院包括正房、厢房、晒台，较大者还包含天井和院落。正房面阔三间、上下两层，下层会客及住人，上层存放粮食。厢房一至二层，底层作厨房或杂用，上层存放粮草（图4.8.6）。土掌房屋顶平整，常用作晒台，是不可或缺的晾晒农作物的场所，正房二层设门可以通达平屋顶。山区地带少有大片平地晾晒谷物，平屋顶用作晒台既节约土地又解决了晒场问题，这是当地彝族、傣族与哈尼族人民因地制宜的创造。

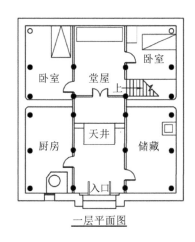 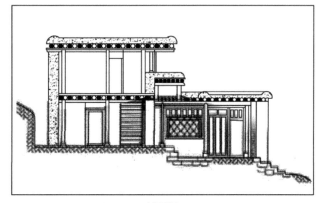

图 4.8.6　土掌房平面与剖面

四、结构形式、材料及构造

1. 承重结构形式

土掌房一般采用木构架承重，土墙、土平顶围护的土木混合结构形式。承重木构架包括竖向木柱（底端设石柱础）与梁架（设木柱顶端），结构简单，施工简便，经济耐用。

2. 外围护结构材料

建筑原生态材料按照强度分为刚性材料（石材、泥土等）和柔性材料（木、竹、草、藤等）。土掌房的外墙及屋面采用原生态材料木材作构架，泥土及柴草与松针作围护夯砌而成。泥土采用农耕地里种了多年变瘦后的庄稼土，遇水不会完全溶解，具有很强的黏性及可塑性。人们运用当地的天然生态材料，按彝族文化的审美观和自然规律进行建造，将材料的属性发挥得淋漓尽致。

3. 外围护结构构造

1）墙体构造

土掌房的外墙常见土坯墙和夯土墙。房屋先砌筑外围四堵墙，至需要高度，再用木椽封顶；墙体内外各抹草筋灰20mm厚。土坯墙350mm厚，使用期限20～50年。夯土墙300～600mm厚，平均450mm厚，使用期限可以达到80～100年。

土掌房的内隔墙一般为土坯墙（200～300mm厚）或木板墙。

2）屋面构造

土掌房屋面以整棵木材铺底，上面排列间距 300mm 的木椽或木楞（也可密铺，间距更小），其上铺竹片或荆条一层，垫 100～150mm 厚柴草、松针用于吸水，顶面铺 150～200mm 厚的黏土，并用木棒拍打密实，表面洒水抹泥填平，筑成 250～350mm 厚的平屋顶，可用作晒场和凉台。如果屋面局部漏雨，及时表面拍土抹泥即可，一般可维持 30～40 年不坏。土掌房屋面的具体构造见图 4.8.7。

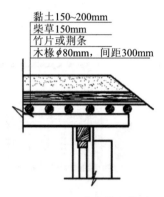

黏土 150～200mm
柴草 150mm
竹片或荆条
木椽φ80mm，间距 300mm

图 4.8.7　土掌房屋面构造

五、外围护结构热工性能分析

根据 6 种被动式气候策略的有效性排序，得出自然通风措施的有效性为 38%、夜间通风 + 材料蓄热措施的有效性为 32%，两者对于改善室内热舒适性最为有效。

1. 外墙热工性能分析

土掌房民居的外墙有夯土墙与土坯墙两种形式。按照习惯做法，夯土墙取 450mm 厚，土坯墙取 350mm 厚。民居夯土墙、土坯墙热物理性能计算表见表 4.8.3、表 4.8.4。

土掌房夯土墙热工性能计算表　表 4.8.3

构造层（厚度 mm）	λ_i / [W/(m·K)]	R_i / (m²·K/W)	S_i / [W/(m²·K)]	D_i	R_0 / (m²·K/W)	ΣD	ν_0	ξ_0 / h
20 厚草筋灰	0.15	0.13	2.79	0.37				
450 厚夯土	1.16	0.39	12.99	5.06	0.80	5.80	146.00	15.73
20 厚草筋灰	0.15	0.13	2.79	0.37				

土掌房土坯墙热工性能计算表　表 4.8.4

构造层（厚度 mm）	λ_i / [W/(m·K)]	R_i / (m²·K/W)	S_i / [W/(m²·K)]	D_i	R_0 / (m²·K/W)	ΣD	ν_0	ξ_0 / h
20 厚草筋灰	0.15	0.13	2.79	0.37				
350 厚土坯	0.78	0.45	10.12	4.54	0.87	5.28	92.20	14.32
20 厚草筋灰	0.15	0.13	2.79	0.37				

现代砖墙分别选取 240mm 厚实心砖墙和 240mm 厚空心砖墙,这两种材料及厚度的墙体在当地村寨的新建住宅中最为常见且甚为流行,同时也是体现家庭富裕程度的标杆。240mm 厚空心砖墙的热物理性能计算见表 4.8.5。表 4.8.6 为云南土掌房夯土墙、土坯墙与普通 240mm 厚砖墙体热工性能对比。

普通空心砖墙热工性能计算表　　　　　　　　　　　　表 4.8.5

构造层 （厚度 mm）	λ_i / [W/ （m·K）]	R_i / （m²·K/W）	S_i / [W/ （m²·K）]	D_i	R_0 / （m²·K/W）	ΣD	ν_0	ξ_0 / h
20 厚混合砂浆	0.87	0.023	10.75	0.25				
240 厚空心砖墙	0.58	0.413	7.52	3.11	0.61	3.61	17.00	9.77
20 厚混合砂浆	0.87	0.023	10.75	0.25				

云南土掌房民居与普通砖房墙体热工性能对比　　　　　表 4.8.6

墙体类型（厚度 mm）	R_0 /（m²·K/W）	D	ν_0	ξ_0 / h
云南土掌房 450 厚夯土墙	0.80	5.80	146.00	15.73
云南土掌房 350 厚土坯墙	0.87	5.28	92.20	14.32
240 厚实心砖墙	0.49	3.62	16.00	9.80
240 厚空心砖墙	0.61	3.61	17.00	9.77

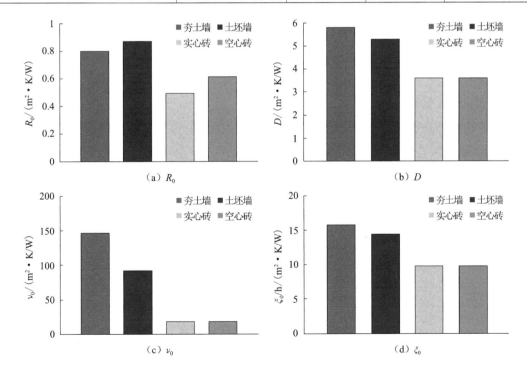

图 4.8.8　四种不同墙体热工性能对比图

1）总传热阻 R_0 表明构件抵抗热流通过的能力,传热阻越大,抵抗热流通过的能力越强,保温隔热性能越好。从图 4.8.8 得出,350mm 厚的土坯墙传热阻最大,450mm 厚夯土墙次之,

240mm 厚的实心砖墙及空心砖墙的传热阻都较小，说明土掌房墙体较现代实心砖砌体及空心砖砌体抵抗热流通过能力要强，具有很好的保温隔热性能。

2）总热惰性指标 $\sum D$ 指材料层受到波动热作用后，背波面上温度波动的剧烈程度。$\sum D$ 越大，材料抵抗温度波动能力越强。较之于 240mm 厚的实心砖墙和空心砖墙，450mm 厚夯土墙和 350mm 厚土坯墙的 $\sum D$ 值更大，具有更强的抵抗室外温度波动的能力。

3）室外温度谐波传至平壁内表面的衰减倍数 ν_0 表明室外介质温度的振幅与平壁内壁内表面温度谐波的振幅之比。450mm 厚夯土墙的 ν_0 最大，350mm 厚土坯墙次之，数值是后两者的 5 ～ 10 倍，表明其抵抗谐波热作用的能力都非常强，无论室外气温日变化多么剧烈，墙体内表面温度都能维持较小波动，保证室内的热舒适性。

4）延迟时间 ξ_0 指室外介质温度谐波出现最高值与平壁内表面温度谐波出现最高值的相位差。450mm 厚夯土墙 ξ_0 最大，热稳定性最好；350mm 厚土坯墙次之，240mm 厚实心砖墙及空心砖墙均远远不及前两者。

云南哀牢山和无量山的广阔山区，日间室外综合温度变化非常剧烈。夏季白天，墙体从室外环境吸热使外表面温度升高，中午时段其外表面温度达到日间峰值。然而，在夯土墙及土坯墙体较大的热阻及热惰性、较强蓄热能力和较长延迟时间作用下，到达外墙内表面的热流量、热流波幅及温度波幅会大大降低，使得内表面的温度最大值时间推迟至次日凌晨，此时可通过夜间自然通风达到降温目的。

冬季，夯土墙及土坯墙体的较大热阻可使室内向室外流失的热量减少，较大的热惰性使外墙内表面温度波幅减小，较大的蓄热能力和延迟时间使热量流失缓慢，从而使土掌房具有很好的保温效果。

2. 屋面热工性能分析

土掌房屋面由夯筑黏土和柴草铺筑而成，黏土 200mm 厚，柴草 100mm 厚。土掌房、大阶砖屋面的热工性能的计算见表 4.8.7、表 4.8.8，土掌房民居夯土屋面与 100mm 厚钢筋混凝土屋面、南方隔热屋面、大阶砖屋面的热工性能对比见表 4.8.9、图 4.8.9。

土掌房夯土屋面热工性能计算表　　　　　表 4.8.7

构造层 （厚度 mm）	λ_i /［W/（m·K）］	R_i /（m²·K/W）	S_i /［W/（m²·K）］	D_i	R_0 /（m²·K/W）	$\sum D$	ν_0	ξ_0 / h
200 厚夯土屋面	1.16	0.17	12.99	2.24	2.45	4.01	41.00	10.80
100 厚柴草	0.047	2.128	0.83	1.77				

普通砖房屋面热工性能计算表　　　　　表 4.8.8

构造层 （厚度 mm）	λ_i /［W/（m·K）］	R_i /（m²·K/W）	S_i /［W/（m²·K）］	D_i	R_0 /（m²·K/W）	$\sum D$	ν_0	ξ_0 / h
40 厚大阶砖	0.43	0.09	6.23	0.58	0.84	2.01	4.00	5.45
20 厚防水砂浆	0.87	0.02	10.79	0.24				
120 厚混凝土板	1.74	0.07	17.20	1.19				

土掌房民居夯土屋面与现代砖房屋面热工性能对比　表 4.8.9

屋面类型（厚度 mm）	R_0/（$m^2 \cdot K/W$）	D	ν_0	ξ_0/h
云南土掌房民居夯土屋面	2.45	4.01	41.00	10.80
100 厚钢筋混凝土屋面	0.26	1.60	4.10	8.34
南方隔热屋面	0.46	2.09	8.90	5.61
大阶砖屋面	0.84	2.01	4.00	5.45

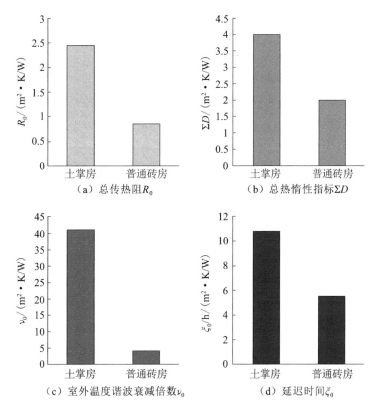

图 4.8.9　土掌房屋面与普通砖房屋面热工性能对比图

土掌房屋面的总传热阻 R_0、总热惰性指标 $\sum D$、室外温度谐波传至平壁内表面的衰减倍数 ν_0 和延迟时间 ξ_0 数值都远远大于普通钢筋混凝土屋面与南方隔热屋面，表明土掌房屋面在减少室内外热能交换、抵抗室外温度波动、保持室内热稳定性和热舒适性的能力方面明显优于现代砖房，建筑热工性能优越。

3. 墙体、屋面实测分析

表 4.8.10 给出了 1995 年 5 月对土掌房现场测试的数据，实际测试结果表明，夏天墙体内表面温度比外表面温度低 7℃（490mm 厚夯土墙）或 5℃（350mm 厚土坯墙），具有良好的隔热特性。

从上述计算及实测分析结果可以看出，由于土壤自身的热特征，土掌房厚重的外围护结构对于减少室内外传热总量、平抑室内温度波动具有明显的效果，可以自然地调节昼夜温差，创造出冬暖夏凉的宜人室内环境。

土掌房外墙及屋面温度测试数据　　　　　　　　表 4.8.10

	夯土墙（490mm）	土坯墙（350mm）	夯土平屋面
测试时间	16：50	10：10	10：00~11：00
室外温度 /℃	25.5	24.5	24.0
外墙、屋面外壁面温度 /℃	33.0	29.0	29.5
外墙、屋面内壁面温度 /℃	26.0	24.0	25.0
外墙、屋面降温数值 /℃	7.0	5.0	4.5

4. 窗户、门、地面热工性能分析

土掌房外门常采用单层夹板门，传热系数为 2.31W/（$m^2 \cdot K$）。窗户为单层木框玻璃门，木框密闭性较差，现多改用铝合金单玻窗，传热系数为 6.0W/（$m^2 \cdot K$）。不同朝向的窗墙面积比如表 4.8.11 所示，各向窗墙面积比均满足节能规范要求，体现适应夏热冬暖地区冬季保温的特性。地面为土壤，传热系数为 3.418W/（$m^2 \cdot K$）。

不同朝向窗墙面积比　　　　　　　　表 4.8.11

分项	窗墙面积比		
	北	东、西	南
夏热冬暖地区居住建筑节能设计标准	≤ 0.40	≤ 0.30	≤ 0.40
土掌房民居	0	0	0.16
结论	满足	满足	满足

5. 外围护结构热工性能评价

表 4.8.12 表明，与普通砖房相比，土掌房外围护结构的热阻均满足节能设计规范，远优于普通砖房。土掌房结构简单，经济耐用，比土木结构瓦房热工性能好，比草顶房坚固整洁，只要注意保养屋面平台，一般可住数十年或上百年，翻修更新也较省力。土掌房在其固有的良好气候适应性基础上，又兼具生态特色，值得大力传承和推广。

土掌房民居外围护构件热工性能与节能规范对比　　　　　　　　表 4.8.12

类别	夏热冬暖地区居住建筑节能设计标准（4B）		土掌房外围护构件		普通砖房外围护构件	
外围护构件	屋顶	外墙	屋顶	外墙	屋顶	外墙
传热阻 /（$m^2 \cdot K/W$）	2.5	1.43（$D \leq 2.5$） 0.67（$D > 2.5$）	2.45	0.87	0.26	0.57
实现率	—	—	98%	130%	10%	85%

第九节　云南傣族民居

一、概述

云南多山地与高原，地势总体趋势为北高南低，从最高海拔 6740m 的太子雪山主峰（卡瓦格博峰）到最低点元江与南溪河交汇处的水面（海拔 76.4m），高差约 6664m。全省地形就像一个由滇西北方向伸展出来的手掌：手掌高起为高原，五指向低处伸展，手指为梁状高地、山脉，指间空隙为河谷。南北走向的高耸陡坡山地与幽深峡谷并列，横断了东西交通，故名横断山地。

山地与河谷间高度悬殊，直接影响了气温与降水的变化。随着高度增加，气温逐渐降低，降水逐渐增加，至最大降水高度以后又慢慢减少，产生了山地特有的垂直性气候。山间盆地海拔 1700m 左右，属于温带气候；山间平坝（丘陵地带的低洼平地）海拔在 750 ～ 900m 之间，属于亚热带气候。

傣族民居以傣家竹楼为代表，主要分布在云南西双版纳傣族自治州及德宏傣族景颇族自治州。西双版纳州位于云南省西南部，境内诸多怒山余脉，澜沧江及其支流贯穿其中。德宏州位于云南省最西部，西与缅甸接界，北为横断山脉，东为云南中部高原，西为伊洛瓦底江平原三地过渡带。两地海拔 500 ～ 1700m，地势起伏较大，却是云南省少有的平原多于山地的地形。

云南省西部的德宏傣族景颇族自治州和西南部的西双版纳傣族自治州，总体海拔低、气温高、湿度大，形成滇南炎热多雨的湿热气候。云南西部的河谷地区，4 ～ 9 月炎热、多雨；10 月～次年 3 月干燥、凉爽，无热带风暴和台风影响；部分地区夜晚降温剧烈，气温日较差大，有时可达 20 ～ 30℃。

勐腊是傣族民众聚居较多的地区，位于西双版纳傣族自治州东南端，北纬 21.8°，东经 101.6°，海拔 631.9m。该地属于北热带季风气候区，终年暖热，冬无严寒，夏无酷暑。常年平均气温为 21.5℃，夏季最高温度可达 38.4℃，冬季最低气温低至 0.5℃，年日温度变化最大值 26.0℃。雨量充沛，年平均总降水量 1520.7mm。夏半年受西南季风控制，降水集中；冬半年受热带大陆气团影响，降雨较少，形成干湿分明的两季。年均相对湿度 86%，最低点 76%（出现于 3 月），最高点 91%（出现于 8 月）。全年无四季之分，只有明显的干季（11 月至次年 4 月）和雨季（5 月至 10 月）之别，属于湿热地区。

地面太阳年辐射总量 1450kW·h/cm²，年日照时数 1850h，属于太阳能资源可利用区。代表地区勐腊的气温、日照及降水情况如图 4.9.1、表 4.9.1 所示。

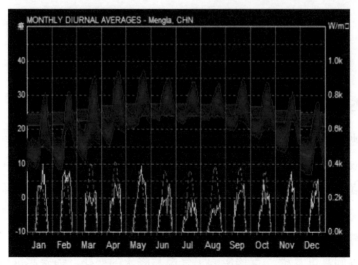

图 4.9.1　勐腊市气候日均变化曲线

勐腊气温、日照和降水 　　　　　　　　　　　　　　　　　表 4.9.1

地点	年平均气温/℃	1月平均气温/℃	极端最低温度/℃	7月平均气温/℃	极端最高温度/℃	日照时数/(h·a)	降水量/mm		
							冬半年（11月～次年4月）	夏半年（5～10月）	年均（1～12月）
勐腊	21.5	15.9	0.5	25.2	38.4	1850.0	257.7	1263.0	1520.7

在平坝的地理环境与滇南炎热多雨的湿热气候条件下，傣族人民因地制宜、就地取材，创造出通风散热、防晒避雨、适应气候的傣家竹楼——一种底部架空、大坡屋顶、外墙无窗或仅在二层开小窗的竹木结构房屋。

二、气候设计

1. 热工设计区划及设计要求

勐腊市建筑热工设计区划属于 4B 夏热冬暖气候区。建筑设计必须充分满足夏季防热、通风、防雨要求，冬季可不考虑防寒、保温；总体规划、单体设计和构造处理宜开敞通透，充分利用自然通风；建筑物应防止西晒，宜设遮阳；应注意防暴雨、防洪、防潮、防雷击。夏季施工应有防高温和暴雨的措施。

2. 被动式气候适应策略有效性分析

应用气候分析软件 Weather Tool 对勐腊市气象数据进行分析（图 4.9.2），得出当地热舒适区域（图中多边形区域）及各种基本被动式设计手段加大舒适区的范围。在建筑 6 种被动式设计方法中，各项措施加大舒适区的逐月有效性如图 4.9.3 所示，各项措施年均有效性综合分析见表 4.9.2。

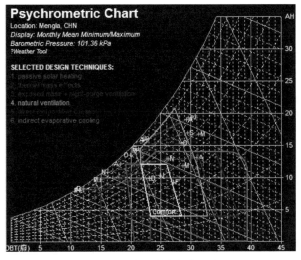

图 4.9.2　云南勐腊市气候分析图

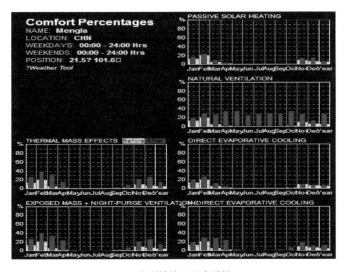

（a）各项措施逐月有效性

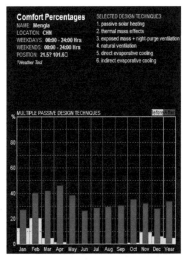

（b）综合措施逐月有效性

图 4.9.3　勐腊市被动式策略有效性

被动式策略有效性综合分析表　　　　　　　　表 4.9.2

	自然通风	材料蓄热	夜间通风 +材料蓄热	间接蒸发	直接蒸发	被动式太阳能	综合措施	采取措施前	设计潜力
各项措施有效性	29%	16%	16%	13%	8%	7%	34%	5%	29%

　　根据 6 种被动式气候适应策略有效性排序，自然通风有效性为 29%，远远大于其他 5 种方式，在一年中每个月都一直发挥着保持室内热舒适性的较高功效。在此气候条件下，建筑的自然通风措施有效与否将对建筑隔热降温发挥决定性作用。如果自然通风与其他 5 种被动式措施组合良好，将在保持室内热舒适性方面发挥 34% 作用，相反，如果不采取任何措施，只能发挥 5%，其被动式设计潜力为 29%。

三、建筑形式的气候适应性

傣家竹楼建筑形式的气候适应性特色主要体现为房屋的聚落选址、村寨布局、庭院布局、平面布局、建筑材料和施工方法等几个方面。

1. 聚落选址：山抱村，村围田，田包水，有山有村有塘有水

《阳宅十书》中道："人之居处，宜以大地山河为主"，即村落选址宜以自然山川河流为依托，将自然环境与村落居所有机融合。傣寨聚落多选址于江河边、沟溪旁、地势较低的山间河谷平坝区（自然勐，即平川，俗称坝子），间或山间河谷，其谚语云："傣族不上山，景颇不下坝"。

勐为傣语音译，意为地方，多指平坝地区，是某些地区的一级行政区划单位。一个勐有森林及多个寨子等。每个勐均有"垄社勐"（"勐神林"），占总森林面积的60%，只允许保护。"腾勐"是一个勐共有的可开发森林，约占总森林面积的30%，按需砍伐。由于傣族民众信奉小乘佛教，每个寨子的寨边均有"垄社曼"（"寨神林"），简称"垄林"，即密林，约占总森林面积的10%，是寨神居住的地方，其内的土地、动植物、水资源神圣不可侵犯，严禁砍伐、开垦与狩猎。垄林多处于村寨背靠大山或坝子中央的丘陵高地上，环绕寨边，包围村寨，虽然是祖先宗教的产物，但无疑也是天然的自然保护区，是地方性气候的调节器，是用之不竭的绿色氧库。村寨与森林浑然一体，便有"密林深处是傣家"之说。

稻作文化在此源远流长，在平坝的沼泽地上开挖稻田，阡陌纵横、水系通畅、水稻清香，德宏民间流传着"不吃糯米饭，不是傣家人"的谚语。

傣族是崇拜水的民族，通过制定严格的灌溉制度以保证节水，建水井以保护水的清洁，与水进行亲密接触来获得灵魂的安定。

傣寨背靠大山，居于山谷平坝、山脚，寨边"垄林"环绕，水田与寨子相接，水渠从寨脚田头流过，整体呈现"山上有林、林下抱寨、寨前有河、河围田、田包水、寨前渔、寨后猎"的依山傍水的美丽意象（图4.9.4）。

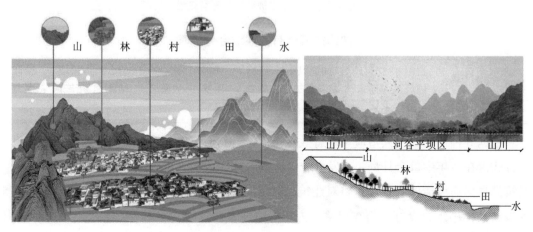

图 4.9.4　傣族"山、林、寨、水、田"聚落选址图

2. 村寨布局：棋盘式散点布局，利于自然通风

傣寨多聚居且重信仰，傣族村寨一般由寨外的佛寺，寨内的寨心、民居、寨门及公共建筑组成。

由于推崇万物有灵的思想，人们认为村落也应和人一样，有头有尾有心脏，因此聚落内部空间规划以寨心为核心、寨头与寨尾为控制线，其他空间与建筑呈棋盘式散点布局依次展开（图 4.9.5）。交通组织以寨头、寨心与寨尾组织线形交通主线，建筑沿鱼骨状支路而建，整体布局呈组织有序的向心内聚型格局；局部呈散点离散式分布形态。村落建筑超过寨头认为对寨神不恭，超过寨尾是亵渎菩萨。

寨头的寨门是村寨象征性的入口，设于寨内通向寨外的入口的路口处，仅用两根木柱中间托一根横梁。寨头和寨心是祭神场所，不允许进行大型娱乐活动。寨心是村寨核心，体量高大。寨尾的佛寺是求拜佛主的地方，常作为民众集会娱乐等的公共活动中心。

傣家民居在村寨中整体呈棋盘式散点布局，各家各户彼此相隔一定距离独自建房，房屋朝向一致，屋脊与佛寺相互垂直。分散的建筑布局形式有利于整个场地的自然通风，适应湿热气候（图 4.9.6）。

图 4.9.5 "寨头、寨心、寨尾"——村寨平面示意　　图 4.9.6 竹楼的棋盘式散点布局

3. 庭院布局：外敞庭园围绕中心房屋

汉族民居庭院布局多采用房屋环绕四周、向内围合成封闭的内庭院的形式，而傣族民居各户院落布局则采用外敞庭院围绕中心房屋的形式，庭院中心建独栋竹楼，四周种植遮阳庇阴、枝繁叶茂的果树及花木等（图 4.9.7），竹篱间隔各家院落。布局开朗自由（图 4.9.8），呈现为自然优雅、开敞通透、鸟语花香的热带庭院风光。

图 4.9.7 西双版纳傣族民居外观图　　图 4.9.8 西双版纳傣族民居内部示意图

4. 朝向选择：南偏西与南偏东

气候是建筑朝向的主要决定因素，包括防止太阳辐射、争取夏季主导风、防寒风避雨水的影响等，其中防止太阳辐射最为重要。而在防止太阳辐射中，最主要的是防止西晒。因此，传统民居的竹楼主要房间都避开西向，再结合风雨等因素，最终选择南偏西与南偏东的方向。民居经验与用 ECOTECT 计算软件得出的建筑最佳朝向一致（图 4.9.9），体现了传统建筑经验的智慧。

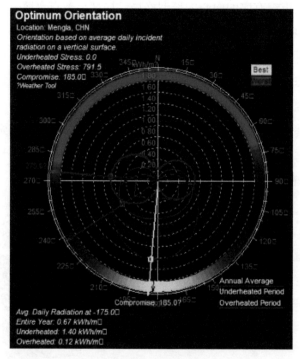

图 4.9.9　日照方向

5. 平面布局：内部开敞、灵活多样

西双版纳傣族竹楼平面布局的最大特点是灵活多样，房间大小也根据使用性质有所区别。与汉族以间为单位、大小相等、对称严谨的形式迥然不同，傣家竹楼平面近方形，分上下两层，底层架空，二层居住（图 4.9.10）。

上层居住层高 1200 ～ 2500mm，顶棚设置阁楼吊顶层。居住层包括室内的堂屋（待客）与卧室各一间，室外有开敞通风的遮阳前廊、晒台与楼梯。卧室内无桌椅，楼面上铺席垫即可躺卧。堂屋中心设置火塘，火塘四周设固定座席，家庭成员按照长幼尊卑入座，供生火做饭或接待客人之用。基于道德及礼制，火塘之火常年不熄，同时柴薪烟气可以延长竹木构件的使用寿命。卧室与堂屋间设内隔墙，隔墙上只设 1 ～ 2 个门框挂帐帘来遮挡视线。前廊位于二层楼梯口处，除了遮阳避雨的重檐，四周皆无墙，形成明亮、通风的半室外空间。遮阳前廊处设靠椅或铺席，是白天进餐、纺织、劳作、夜晚乘凉、待客等的理想之地。室外晒台面积一般为 15 ～ 20m²，有矮栏或无栏，在此可晒衣、晾晒农作物等。

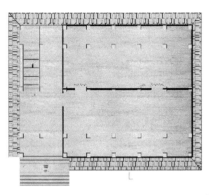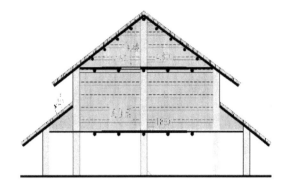

图 4.9.10　傣族竹楼二层平面图及剖面图

6. 底部架空：通风隔热防潮

底部架空层有高低两种形式。底层架空高度，高楼 1800 ～ 2500mm（下养牲畜），矮楼 600 ～ 800mm（家庭贫寒或汉族入赘者常见）。底层由数十根木棍支承而起，四周一般无外墙，内外空间通透，形成典型的干栏式建筑，可存放杂物、柴草或养牲畜，既避免虫兽侵害与洪水冲袭，又通风散湿、防潮干燥。干栏式建筑底层架空的气候适应性表现为以下几点：

防潮湿：气候炎热，潮湿多雨，架空楼居，利于通风散湿，较为干燥；

散热通风：气候本已炎热，又在室内设火塘炊事，墙壁楼板等用竹篾或木板制成，其间均有较大缝隙，利于散热排烟，通风效果良好；

避虫兽：西双版纳森林丰茂，野生动物甚多，危害人类，楼居较为安全；

避洪水：每年雨量集中时常遇洪水，楼下架空利于洪水通过；假如洪水非常大，拆除绑在梁架上的竹篾可减小浮力，避免竹楼被水冲走，洪水过后重新捆上竹篾又可居住。

7. 屋面：陡坡大重檐

西双版纳傣族民居的最大特点是歇山式陡坡大重檐屋面。宽大坡陡的歇山式屋顶，正脊短，屋顶下面还有披屋顶（当地人称为偏厦），看上去很像重檐式屋顶（图 4.9.11）。这些特点的形成与炎热多雨的湿热气候因素密切相关。陡屋面利于排水。主屋架（上折）跨度一般为 5 ～ 6m，坡度约 45° ～ 50°，两侧再接辅屋架（下折），坡度约 35° ～ 45°，形成两折状的屋面。在主房四周扩大一圈檐柱，盖披屋面形成一个宽大的披檐，形成遮阳的披屋面（即偏厦）。上部主屋面与下部披屋面可以将楼层外围墙全部盖住，遮阳防雨作用良好。竹楼四周墙体或不开窗，或二层开小窗，因此更加遮阳避晒。整个建筑全部笼罩在阴凉之中。

图 4.9.11　重檐陡坡大屋面

四、结构形式、材料及构造

1. 结构形式

整个建筑采用竹木框架结构体系：木柱、木梁及木屋架组成结构受力体系；底层四周一般无墙。外围护结构包括二层的竹篾外墙或木板外墙、竹板楼面、空挂缅瓦或草排屋面。各构件通过木榫卯和竹篾绑扎连接。轻质结构及柔性连接利于结构整体抗震。

2. 建筑材料及营造

民居用料过去多为竹，现在屋架、柱、梁等构件多改用木材。为了防白蚁、蛀虫，木材多采用质地坚硬的杂木，并按照"七竹八木"的经验进行备料，即七月砍竹，八月伐木，较少虫害。有的还将竹木砍伐后，泡于污水中，防虫，防腐。傣族民居修建多在农闲季节进行，各家自备材料（自己上山砍伐木、竹），由匠师指挥，全寨各户泥人相助至建成为止。

3. 外围护结构构造

1）墙体与楼面构造：竹篾墙、竹板楼面利于自然通风

竹楼二层外墙多采用竹篾外墙或木板（约 18mm 厚）。楼板采用圆竹，或将圆竹纵剖展开，利用未断的纤维相连，铺于楼楞上，以竹篾捆扎，走于其上，有一定弹性（图 4.9.12）。传统傣族民居竹楼墙面多采用竹篾子制成，缝隙较多，利于通风散热。竹墙、竹楼板常利用竹子正反质感与色泽不同，编结成花色各异的图案，美化室内外环境。

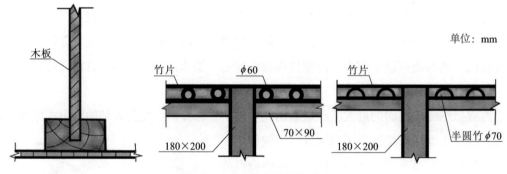

图 4.9.12　墙体与楼板构造图

2）屋面构造：空挂缅瓦或草排屋面，热阻热容小，通风隔热

传统屋面多为竹结构草屋面：屋顶构架采用竹竿搭建，屋顶以草排面铺，草排由稻草捆扎、竹篾子夹制而成，成排的草排整齐地缚于屋顶横檩上，厚度约 200mm。

清代后期这种竹结构的草屋面形式逐步改成木梁柱结构缅瓦屋面形式（图 4.9.13）。木构架的各个木构件之间采用榫卯交叉连接，形成基本构架，再在基本构架上搭木檩竹条进行分隔。屋面不再使用稻草，改用一种叫作缅瓦的小平瓦铺设。缅瓦是西双版纳地区最常见的一种烧制而成的瓦，尺寸 220mm×140mm，厚 7mm。端部带钩挂于竹片挂瓦条上，上层盖住下层，接缝叠放两层，上下错缝搭接 60mm，但外观造型依然如竹制，双层干挂于屋顶。缅瓦弧度微小，做工粗糙，两层瓦片中的间隙形成空气间层。与稻草屋顶相比，

双层缅瓦屋面的防水保温隔热效果较好。

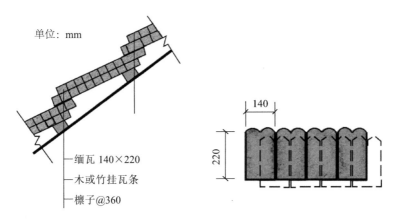

单位：mm

缅瓦 140×220
木或竹挂瓦条
檩子@360

图 4.9.13　缅瓦屋顶构造图

3）门、窗户构造：通透、隔热

建筑物居住层四周的墙体基本不开窗户，减少由于太阳直接辐导致室内过热。采用不开窗或窗口数量少、面积小的措施进行遮阳隔热，也带来了室内采光不足的问题。

五、外围护结构热工性能分析

根据 6 种被动式气候策略的有效性排序，得出自然通风性能对于改善室内热舒适性最为有效，材料蓄热性能的有效性其次。

1. 外墙热工性能分析

木板墙厚约 18mm，地板较墙厚一些，达到 20mm 厚。这里以现今使用较多的木板墙为例来讨论外围护墙体的热工性能（表 4.9.3）。

傣家竹楼的木板墙热工性能计算表　　　　　　　　　表 4.9.3

构造层 （厚度 mm）	λ_i /［W/ （m·K）］	R_i / （m²·K/W）	S_i /［W/ （m²·K）］	D_i	R_0 / （m²·K/W）	ΣD	ν_0	ξ_0 / h
18 厚木板墙	0.14	0.128	3.85	0.49	0.28	0.49	2.29	3.98

木板墙计算：

外表面蓄热系数：

$$Y_e = （0.128 \times 3.85^2 + 8.7）/（1 + 0.128 \times 8.7）\approx 5.01 W/（m^2 \cdot K）$$

内表面蓄热系数：

$$Y_i = （0.128 \times 3.85^2 + 19）/（1 + 0.128 \times 19）\approx 6.07 W/（m^2 \cdot K）$$

木板墙围护结构衰减倍数：

$$\nu_0 = 0.9 e^{0.493/\sqrt{2}} \times \frac{3.85 + 8.7}{3.85 + 5.01} \times \frac{5.01 + 19}{19} \approx 2.29$$

木板墙围护结构延迟时间：

$$\xi = \frac{1}{15}\left(40.5 \times 0.493 - \arctan\frac{8.7}{8.7 + 6.07\sqrt{2}} + \arctan\frac{5.01}{5.01 + 19\sqrt{2}}\right) \approx 3.98h$$

傣家竹楼木板墙与普通砖房墙体热工性能对比　　　　表 4.9.4

墙体类型（墙厚 mm）	$R/(m^2 \cdot K/W)$	D	ν_0	ξ_0/h
18 厚木板墙	0.28	0.49	2.29	3.98
240 厚多孔砖墙	0.57	3.68	17.68	13.31

从表 4.9.4 可以看出，黏土砖墙的热阻是木板墙的 2 倍多，说明黏土砖墙的隔热性能高于木板墙，能阻止更多的室外热量进入室内。黏土砖墙的热惰性指标是木板墙的 7 倍多，说明黏土砖墙室内一天的温动波动较小，长期保持整个建筑处于较稳定的热状态。黏土砖墙的高热阻性能，白天为阻止热量进入室内，将更多的热量存储于自身体内，因此热稳定性好，延迟时间很长，达到 13.31h。室外的综合温度峰值一般出现在 14 点，墙体内表面最高温度出现时间，木板墙出现在当天 18 点左右，黏土砖墙则出现在次日凌晨 3 点多。对于湿热的夏季，夜晚温度较高，此时对于热惰性指标较大的黏土砖砌体，夜晚辐射的热量使室内增温，此时是不利的。因此，在傣族竹楼的大屋顶及披檐等构件的遮挡作用下，轻质墙体如木板墙更利于快速散热降温除湿，热性能更优越。

2. 屋面热工性能分析

缅瓦尺寸为 220mm×140mm，瓦厚 7mm，上下错缝搭接 60mm，采用双层干挂形式缅瓦之间自然形成空气间层。由于挂瓦条截面较小且间距较大，在此忽略不计。在此按双层缅瓦中间设置 5mm 厚空气间层的构造形式来计算屋面热工性能（表 4.9.5）。

缅瓦屋面热工性能计算表　　　　表 4.9.5

构造层（厚度 mm）	$\lambda_i/[W/(m \cdot K)]$	$R_i/(m^2 \cdot K/W)$	$S_i/[W/(m^2 \cdot K)]$	D_i	$R_0/(m^2 \cdot K/W)$	ΣD	ν_0	ξ_0/h
双重瓦 7 厚	0.43	0.016	6.23	0.10				
5 厚空气间层	—	0.09	0	0	0.27	0.20	2.30	0.47
双重瓦 7 厚	0.43	0.016	6.23	0.10				

缅瓦屋面计算：

外表面蓄热系数：

$$Y_{1,e} = (0.016 \times 6.23^2 + 8.7)/(1 + 0.016 \times 8.7) \approx 8.184 W/(m^2 \cdot K)$$

$$Y_{2,e} = (0.09 \times 0^2 + 8.184)/(1 + 0.09 \times 8.184) \approx 4.714 W/(m^2 \cdot K)$$

$$Y_{3,e} = (0.016 \times 6.23^2 + 4.714)/(1 + 0.016 \times 4.714) \approx 4.962 W/(m^2 \cdot K)$$

内表面蓄热系数：

$$Y_{3,i} = (0.016 \times 6.23^2 + 19) / (1 + 0.016 \times 19) \approx 15.047 \, \text{W} / (\text{m}^2 \cdot \text{K})$$

$$Y_{2,i} = (0.09 \times 0^2 + 15.047) / (1 + 0.09 \times 15.047) \approx 6.392 \, \text{W} / (\text{m}^2 \cdot \text{K})$$

$$Y_{1,i} = (0.016 \times 6.23^2 + 6.392) / (1 + 0.016 \times 6.392) \approx 6.362 \, \text{W} / (\text{m}^2 \cdot \text{K})$$

缅瓦屋面围护结构的衰减倍数：

$$\nu_0 = 0.9 e^{0.2/\sqrt{2}} \times \frac{6.23 + 8.7}{6.23 + 8.184} \times \frac{8.184}{4.714} \times \frac{6.23 + 4.714}{6.23 + 4.962} \times \frac{4.962 + 19}{19}$$

$$\approx 2.30$$

缅瓦屋面围护结构的延迟时间：

$$\xi_0 = \frac{1}{15} \left(40.5 \times 0.2 - \arctan \frac{8.7}{8.7 + 6.362\sqrt{2}} + \arctan \frac{0.09x6.392}{0.09x6.392 + \sqrt{2}} + \arctan \frac{4.962}{4.962 + 19\sqrt{2}} \right) \approx 0.47 \text{h}$$

以现代建筑中常见的 100mm 厚钢筋混凝土屋面板及南方隔热屋面为参照，讨论屋面隔热性能。100mm 厚钢筋混凝土屋面与南方隔热屋面，热惰性较好，延迟时间长，白天较好的隔热能力保证屋顶内表面温度波动较小，但是温度波延迟时间较长，白天积蓄的热量在晚间以长波辐射的方式向室内外传递热量，不利于室内夜间的散热降温（表4.9.6）。

傣家竹楼与普通砖房屋面热工性能对比　　　　　　表 4.9.6

屋面类型（厚度 mm）	$R / (\text{m}^2 \cdot \text{K/W})$	D	ν_0	ξ_0 / h
傣家竹楼缅瓦屋面	0.27	0.20	2.30	0.47
100 厚钢筋混凝土屋面	0.26	1.60	4.10	8.34
南方隔热屋面	0.46	2.09	8.90	5.61

缅瓦屋顶采用两层干挂形式，双层瓦之间的缝隙自然形成了空气间层。缅瓦屋面热阻与 100mm 厚钢筋混凝土屋面板相当，白天阻挡热流进入室内的效果两者均等。由于缅瓦屋面热惰性指标与衰减倍数均较小，白天屋面内表面热波动性较大；但是夜晚时间，由于空气间层没有蓄热能力，缅瓦屋面热稳定性较弱，延迟时间较短，反而利于夜间的室内散热降温。因此采用内置空气间层的热惰性较小的屋面构造，在隔热能力相当情况下，则热稳定较低，日间通过自然通风提供室内热舒适，夜晚较短的延迟时间避免围护结构在夜间以长波辐射向室内散热，不利于室内夜间通风降温。这是当地屋顶隔热设计中一种有效的方法，是适应湿热地区气候的生态构建方法。

3. 窗户、门、地面热工性能分析

傣家竹楼外门常采用单层竹席门。二层不开窗或开小窗，均有重檐屋面作为外遮阳。不同朝向的窗墙面积比如表 4.9.7 所示，各向窗墙面积比均满足节能规范要求，体现适应夏热冬暖地区潮湿、闷热的特性。地面为架空木板，传热系数为 3.418W/（m² · K）。

不同朝向窗墙面积比　　　　　　　　　　表 4.9.7

分项	窗墙面积比		
	北	东、西	南
夏热冬暖地区居住建筑节能设计标准	≤ 0.40	≤ 0.30	≤ 0.40
傣家竹楼	0	0	0.32
结论	满足	满足	满足

4. 外围护结构热工性能评价

综合结果得表 4.9.8，与普通砖房的外围护构件相比，傣家竹楼外围护结构构件的热阻较之节能设计规范相差甚远。由于地处湿热型夏热冬暖气候区，自然通风是最有效的被动式措施，采用低热阻、低热容的外围护构造是利用被动式节能措施满足室内热舒适性要求的具体体现，是适应当地气候特色的举措。在未来对民居进行改造时应兼顾规范对于节能方面的要求，减少资源的浪费。

傣家竹楼外围护构件热工性能与节能规范对比　　　　表 4.9.8

类别	夏热冬暖地区居住建筑节能设计标准（4B）		傣家竹楼外围护构件		普通砖房外围护构件	
外围护构件	屋顶	外墙	屋顶	外墙	屋顶	外墙
传热阻 / (m²·K/W)	2.5	1.43 (D ≤ 2.5) 0.67 (D > 2.5)	0.27	0.28	0.26	0.57
实现率	—	—	11%	20%	10%	85%

第十节　贵州石板房民居

一、概述

贵州是一个以汉族为主，苗族、布依族、侗族、土家族、彝族、回族等多民族共居的省份，自古以来就蕴含着古朴浓郁的民俗风情和璀璨的民族文化。

贵州布依族传统民居石板房历史悠久，具有浓郁的山地特征和强烈的民族特色。石板房主要分布在贵州中、西部地区，包括贵阳、安顺、镇宁、关岭、长顺、平坝、织金一带。这里高原山地居多，92.5% 的面积为山地和丘陵，优美的喀斯特地貌造就了山高谷深、山势陡峻、绵延纵横的地理环境。

代表城市贵阳市地处北纬 26.6°，东经 106.7°，海拔高度 1223.8m，是低纬度高海拔的高原地区。贵阳地处山地丘陵，素有"山国之都"之称。由于常年受西风带控制，属于亚热带湿润温和型季风气候，兼有高原性和季风性气候特点。贵阳市年平均气温 15.3℃，7 月平均气温 23.9℃，1 月平均气温 5.1℃。夏季最高气温 35.1℃，冬季最低气温 −7.3℃，年气温变化较大。高于30℃的天数少，即使气温大于30℃，早晚也很凉爽。只要不在烈日下暴晒，室内通风状况良好，没有空调设备也绝无汗流浃背、夜不能寐的炎热现象，因此，在街头很少见人手持扇子，晚上还需要盖薄被。年平均风速2.04m/s。年平均降雨量1117.7mm，年平均相对湿度77%，干湿季不明显，属于湿润气候区。年平均日照时数1148.3h，年平均阴天日数为235.1d。年降雪日数少，平均仅为11.3d。贵阳夏无酷暑，冬无严寒，冬暖夏凉，气候湿润，雨水充沛，雨热同季，暖湿共节，舒适宜人的气候是贵阳的骄傲，博得了"上有天堂，下有苏杭，气候宜人数贵阳"之美誉。贵阳的气温、日照及降水情况如图4.10.1、表4.10.1所示。

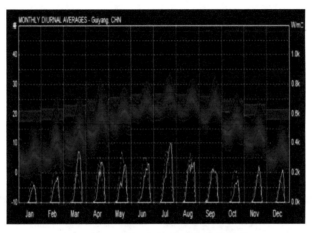

图4.10.1 贵阳市气候日均变化曲线

贵阳市气温、日照和降水 表4.10.1

地点	年平均气温/℃	1月平均气温/℃	极端最低温度/℃	7月平均气温/℃	极端最高温度/℃	日照时数/(h·a)	降水量/mm		
							冬半年（11月～次年4月）	夏半年（5～10月）	年均（1～12月）
贵阳	15.3	5.1	−7.3	23.9	35.1	1148.3	226.5	891.2	1117.7

根据山地丘陵的地理环境与湿润温和的气候条件，当地人民依山就势、就地取石，从自然、审美的角度出发，创造出适应地域气候、具有浓郁山地特征和强烈民族特色的贵州石板房民居——除柱子、梁架、檩条、椽子使用木材外，墙体、屋面均由石块及石板构成的石木结构房屋。

二、气候设计

1. 热工设计区划及设计要求

贵阳市建筑热工设计区划属于5A温和气候区，建筑设计必须满足防雨和通风要求，部分地区应考虑冬季保温，一般不考虑夏季防热。

2. 被动式气候适应策略有效性分析

应用气候分析软件 Weather Tool 对贵阳市气象数据进行分析（图 4.10.2），得出当地热舒适区域（图中多边形区域）及各种基本被动式设计措施扩大舒适区的范围。在建筑 6 种被动式设计方法中，各项措施提高舒适区范围的逐月有效性如图 4.10.3 所示，各项措施年均有效性综合分析结果见表 4.10.2。

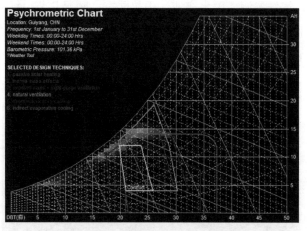

图 4.10.2　贵州贵阳市气候分析图

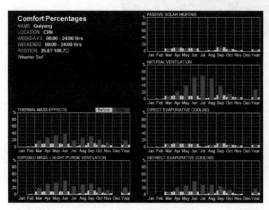

（a）各项措施逐月有效性

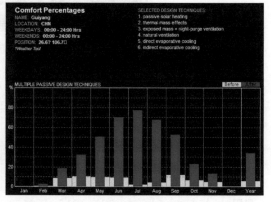

（b）综合措施逐月有效性

图 4.10.3　贵阳市被动式策略有效性

被动式策略年均有效性综合分析表　　　　　　　　　　　　　　　　　表 4.10.2

	自然通风	夜间通风＋材料蓄热	材料蓄热	间接蒸发降温	直接蒸发降温	被动式太阳能加热	采取措施前	综合措施	设计潜力
各项措施有效性	28%	21%	19%	18%	8%	6%	6%	34%	26%

根据 6 种被动式措施有效性进行排序，自然通风最为有效，有效性为 28%。自然通风降温措施在一年中 5～9 月较集中地发挥着降温作用。如果自然通风与其他 5 种被动式措施组合良好，将在春、夏、秋三季保持室内热舒适性方面发挥 34% 的作用。相反，如

果不采取任何措施，只有 6% 的热舒适性，其被动式设计潜力为 26%。

三、建筑形式的气候适应性

贵州石板房具有浓郁的山地特征和强烈的民族特色，其建筑形式的气候适应性特色主要体现在聚落选址、村寨规划、院落设置、建筑平面布局等方面。

1. 聚落选址：依山傍水临田的坡地

贵州多山地和丘陵，山高谷深，山势陡峻，绵延纵横。石板房民居多建于依山傍水临田、避风朝阳的山间坡地地段。依山而建，布局随山地的起伏变化参差错落、井然有序，既节省土方又能呈现高低错落、层层叠叠、疏密相间的建筑层次美学。傍水而居，在山间近水处，清澈的河流从房前淌过，为取水便捷与调节局地微气候创造了条件。临田而居，在山间局部平地处，种田插秧，方便农活。石板房聚落依山而建，河溪环绕，寨前田畴，素有"八山一水一分田"之说。

2. 村寨规划：层叠有序的星点密集式布局

石板房村寨也俗称"石头寨"。全寨石板屋沿着山坡布局，自下而上，层层叠叠，彼此独立，间距较小但互不遮挡，整体呈现为高低错落、井然有序的星点式布局，为冬季获取更多日照、夏季通风散热创造了条件。

3. 建筑平面布局：干栏式或半边楼式楼房

石板房多为 1～2 层的干栏式或半边楼式楼房（前半部正面是楼，后半部背面是平房）。布依族以小家庭为主，房屋体量较小。建筑平面多为三开间或五开间的一正房两侧厢房的长方形单体。上层正房住人，下层关牲口（图 4.10.4）。

图 4.10.4　贵州石板房原始形式图

正房堂屋居中，前间为生活起居的厅室，也是布依族敬奉祖先的地方，后间是烤火的火塘及杂用空间。正房两侧厢房前部下层多利用山坡地形建牲畜圈，上层前间为卧室，后间为厨房，顶部均设阁楼储存粮食。当地以左为尊，左边卧室住老人，右边住年轻人。卧室内一般设有火塘，用于冬天取暖、烤茶。布依族不在正房的火堂煮饭、炒菜，厨房建在正房旁边的厢房后间，在正房的墙上打一个四方形洞口，方便传递酒饭、碗筷。

4. 建筑外观与色彩

石板房古朴美观，朴实淳厚、原始粗犷、古老苍凉、激昂铿锵。全寨的石板房石料均是浅灰色，加工后更显晶洁。白天银光闪烁，月夜凝霜盖雪。如果说吊脚楼展现的是贵州高原上特有的一种鲜明、轻快、风雅和流畅的音乐节奏，那么层峦叠嶂的座座石板房就是一曲规模宏大、激情澎湃的交响乐。

四、结构形式、材料及构造

1. 结构形式：墙架混合承重结构

石板房多采用木架承重的半干栏式结构形式。半干栏式房屋亦称半边楼，即前半部正面看是楼，后半部背面是平房。木料穿榫作为屋架，屋架直接设于立柱上；也有先砌两边外纵墙，中间架木柱，屋架搭于两者之上的。屋架立好后，再砌外墙或另两面山墙，屋架上面再用不规则石板盖顶。核心结构是木构架，用于支撑楼板和房顶；墙体并不承重，仅仅是围护构件。简单地说，石头房其实是木头"骨架"与石头"衣裳"。

2. 营建技术

依坡而建的石板房建于整平的坡地台基上。基础采用大块长方形条石沿墙底环砌，一般较高，深入地下并高出地面约1.5 m，形成半地下空间，以此作厩，蓄养牲畜。石基础以上石板铺成地面，搭木板作楼板，石条或毛料石块砌墙，石板铺顶。

3. 外围护结构材料

民居"以木为架，石头为墙，石片为瓦"，除必要的立柱、梁、檩、椽、楼板、窗撑、门板以外，其他全部采用石材。甚至家庭日常用的水缸、冲辣椒面用的擂钵、碓子、磨子以及户与之户之间的隔墙、菜园围栏、寨子里的道路，全是清一色的石头建筑，朴实无华，固若金汤，堪称"石头王国"。

贵州山多石头多，崎岖不平的山地，岩层处处外露，岩石比比皆是。山地"石漠化"较为严重，大部分山地的表面土质较薄，部分山体表面仅有的薄土流失后剩下光秃秃的石质岩层。黏土稀少，限制了用土量较大的土坯砖及夯土墙等土质建筑的发展。布依族人民不受自然条件的制约，因地制宜，就地取材，利用当地盛产的优质石料创造美好家园，修造出一幢幢颇具民族特色的石板房。

当地石材以水成岩为主（又名沉积岩），主要包括石灰岩、砂岩、页岩等。页岩是泥沙在湖泊、海洋等低洼地区沉积后，经过上亿年的巨大压力及胶结作用形成的呈薄片状层理的沉积岩。石板采自附近板页状的石灰岩层。按需要的尺寸划线，用凿子延线凿出凹槽，等下雨过后石层之间已经浸透了水，用工具一撬即可成材。当地页岩作为常用石材的一种，具有以下多种优良的物理特性：

1）岩层外露，硬度适中，节理裂隙分层明确，便于取材

民众建屋常常在附近的山体就近取石，大量外露的岩层随取随用。与质地坚硬的花岗

石、大理石相比，页岩较为致密、硬度适中（硬度为普氏硬度系数 1.5 ～ 3）。工匠用工具撬开节理明确、裂隙分层、易于开采的层层片石，再按用途加工成各种规格不一的方整石板。屋顶瓦片 2cm 厚，板壁 3cm 厚，水缸等容器 4cm 厚，铺地材料 5cm 厚。

2）良好的热稳定性

页岩石板热容量较大、热惰性高，可以有效减少夏季热辐射带来的室内温度波动，有效提高室内的热稳定性。

3）较强的不透水性

在地下岩层中成为隔水层的页岩质地紧密，孔隙率为 0.40% ～ 10.00%，吸水率为 0.51% ～ 1.44%，不透水性强，耐水性和抗冻性较好。贵州地区年降雨量较大，降雨日数较多，相对湿度较大。采用页岩石板屋面及墙体，其致密而不透水的特性能有效阻止雨水的侵蚀，增强外围护构件的耐久性能，防腐、防霉变，因此页岩石片广泛应用于石板房的建造。

4）耐火性好

由石英及其他矿物质组成的页岩具有良好的耐火性能，温度达到 700℃时才开始发生破坏。石板房由耐火的页岩石材为主材，减少了火灾隐患。

石材是一种天然材料，资源丰富，经久耐用，在生态循环系统不会产生自然界难以降解的物质，是一种生态建材。

4. 外围护结构构造

1）墙体构造

贵州石板房的墙体以石材筑墙居多，部分地区也有木板外墙。石材外墙厚度一般为 400 ～ 500mm，高 5 ～ 6m，若采用内外白泥抹灰，风雨不透。石材外墙的砌筑方式有块石砌筑和片石叠砌两种形式（图 4.10.5、图 4.10.6）。

块石砌筑墙体一般采取 500 ～ 600mm 厚的楔形石块错位交叉，缝内灌灰浆的构造方式；建筑质量要求高的块石砌筑墙体则采用将石块交接面凿平的扁钻铰口的砌筑方式。块石墙面上可以作自然虎皮墙勾缝。片石叠砌墙体有干砌及浆砌两种形式：将 15 ～ 50mm 厚的薄石板镶嵌于木柱与横枋之间，横缝结构致密、条理清晰，外表层不作任何加工处理，凹凸不平的纹理粗犷又不失自然之美。房屋内墙有的用薄石板分隔房间，有的用石块垒砌，有的还需要石柱支撑。

图 4.10.5　石板房块石墙体　　　　　图 4.10.6　石板房片石墙体

石基础、石墙体块料间的黏合剂一般使用石灰浆，即石灰浆坐浆。高大些的石板房则用猕猴桃的藤根剂或糯米作为黏合剂，这是一种有着悠久历史传统的独特工艺。

2）屋面构造

贵州石板房屋面为双坡屋面，坡度约 1：1.8 ～ 1：2.0，利于排除雨水。屋面均以石片作瓦，这是石板房的一大特色：将 15 ～ 30mm 厚的页岩薄石板置于屋面木椽之上，彼此搭接约 50mm，铺成整齐的菱形（图 4.10.7）或随料 50cm 见方的鳞纹（图 4.10.8）。

图 4.10.7　人工加工的石瓦片屋顶　　图 4.10.8　天然石瓦片屋顶

五、外围护结构热工性能分析

根据 6 种被动式气候策略的有效性排序，得出自然通风对于改善室内热舒适性最为有效，尤其在一年中 5 ～ 9 月较集中地发挥着降温作用。提高材料蓄热性能的有效性次于自然通风。

1. 外墙热工性能分析

石板房的外墙体为石板，厚度取 450mm。表 4.10.3 为石板墙热工性能计算表。

石板房石板墙热工性能计算表　　　　　　　　　表 4.10.3

构造层 （厚度 mm）	λ_i /［W/ （m·K）］	R_i / （m²·K/W）	S_i /［W/ （m²·K）］	D_i	R_0 / （m²·K/W）	ΣD	ν_0	ξ_0 / h
450 厚石板墙	2.04	0.22	18.099	3.992	0.37	3.99	21.90	11.29

石板墙热工计算：

各材料层外表面蓄热系数的计算由内向外，围护结构各材料层的编号次序必须与表面蓄热系数计算相同，如由内侧的第 1 层依次向外直到外侧的第 n 层。

1）外表面蓄热系数

如果某个材料层 k 的热情性指标 $D_k \geq 1$，则该材料层的外表面蓄热系数取该材料层的蓄热系数，即 $Y_k = S_k$；围护结构的外表面蓄热系数就是外侧第 n 层材料的外表面蓄热系数，

即 $Y_{e} = Y_{n,\,e}$。

石板墙外表面蓄热系数：

$$Y_{e} = Y_{1,\,e} = S_{1} = S_{k} = 18.099\ \text{W} / (\text{m}^{2} \cdot \text{K})$$

2）室外温度波传到围护结构内表面时的衰减倍数 ν_{0}

室外空气温度波传到围护结构内表面，要经历外表面空气边界层和各层材料层（包括空气间层）的振幅衰减和时间延迟过程。

石板墙围护结构衰减倍数：

$$\nu_{0} = 0.9 e^{3.982/\sqrt{2}} \times \frac{18.099 + 8.7}{18.099 + 18.099} \times \frac{18.099 + 19}{19} \approx 21.90$$

石板墙围护结构延迟时间：

$$\xi = \frac{1}{15}\left(40.5 \times 3.982 - \arctan\frac{8.7}{8.7 + 18.099\sqrt{2}} + \arctan\frac{18.099}{18.099 + 19\sqrt{2}}\right) \approx 11.29\text{h}$$

贵州石板墙与普通砖房墙热工性能对比　　　　　表 4.10.4

墙体类型（厚度 mm）	$R/(\text{m}^{2} \cdot \text{K/W})$	D	ν_{0}	ξ_{0}/h
450 厚石板墙	0.37	3.99	21.90	11.29
240 厚多孔砖墙	0.57	3.68	17.68	13.31

通过对比，可以得出：

保温性能：石板墙的热阻为 $0.37\text{m}^{2} \cdot \text{K/W}$，240mm 多孔砖砌体的热阻为 $0.421\text{m}^{2} \cdot \text{K/W}$，说明石板墙冬季保温性不及后者。贵州气候温润，大部分地区不需冬季保温、夏季隔热，因此建筑外围护结构不需要较大的热阻。这也是当地民居外墙体热阻较小的原因。

热惰性性能：石板墙的热惰性指标为 3.99；240mm 多孔砖砌体热惰性指标为 3.68，说明石板抵抗温度波动的能力更强。夏季白天，从室外环境吸热使墙体外表面温度升高，午后时段其外表面温度达到日间峰值。然而，在石板墙体的较大热惰性、蓄热性能和延迟效应综合作用下，到达外墙内表面的热流量、热流波幅及温度波幅会大大降低，内表面的温度最大值时间推迟，此时可通过夜间自然通风达到降温目的。冬季白天，石板墙吸收太阳热辐射并且积聚在体内，白天室内得热更多的是直接从窗户投入的阳光。夜间，室外环境温度的骤降使得墙体外表面温度达到日间最低。在石板墙热惰性、蓄热和延迟效应综合作用下，此时内表面温度较高且波幅变化较小，此时可通过紧闭门窗实现房屋的保温。

2. 屋面热工性能分析

石板屋面由半米见方，厚度为 250mm 的石板相互搭接 50mm 铺砌而成。表 4.10.5 和表 4.10.6 分别为石板房屋面和普通砖房屋面热工性能的计算结果。

石板房石板屋面热工性能计算表

表 4.10.5

构造层 （厚度 mm）	λ_i /［W/ （m·K）］	R_i / （m²·K/W）	S_i /［W/ （m²·K）］	D_i	R_0 / （m²·K/W）	ΣD	ν_0	ξ_0 / h
250 厚石板	2.04	0.123	18.099	2.218	0.27	2.22	6.26	6.69

1）外表面蓄热系数

如果某个材料层 k 的热惰性指标 $D_k \geq 1$，则该材料层的外表面蓄热系数取该材料层的蓄热系数，即 $Y_k = S_k$；围护结构的外表面蓄热系数就是外侧第 n 层材料的外表面蓄热系数，即 $Y_e = Y_{n,e}$。

石板屋面外表面蓄热系数：

$$Y_e = Y_{1,e} = S_1 = S_k = 18.099 \ \text{W} / (\text{m}^2 \cdot \text{K})$$

2）室外温度波传到围护结构内表面时的衰减倍数 ν_0

室外空气温度波传到围护结构内表面，要经历外表面空气边界层和各层材料层（包括空气间层）的振幅衰减和时间延迟过程。

石板屋面围护结构衰减倍数：

$$\nu_0 = 0.9e^{2.218/\sqrt{2}} \times \frac{18.099 + 8.7}{18.099 + 18.099} \times \frac{18.099 + 19}{19} \approx 6.26$$

石板屋面围护结构延迟时间：

$$\xi = \frac{1}{15}\left(40.5 \times 2.218 - \arctan \frac{8.7}{8.7 + 18.099\sqrt{2}} + \arctan \frac{18.099}{18.099 + 19\sqrt{2}}\right) \approx 6.69\text{h}$$

石板房民居夯土屋面与现代砖房屋面热工性能对比

表 4.10.6

屋面类型（厚度 mm）	R /（m²·K/W）	D	ν_0	ξ_0 / h
石板房屋面	0.27	2.22	6.26	6.69
100 厚钢筋混凝土屋面	0.26	1.60	4.10	8.34
南方隔热屋面	0.46	2.09	8.90	5.61

从分析结果可以看出，在气候温润的贵州，夏季不需进行建筑防热。石板房屋面的传热阻 R_0、热惰性指标 D、室外温度谐波传至平壁内表面的衰减倍数 ν_0 的数值都远远优于普通钢筋混凝土屋面，这表明石板房屋面在减少室内外热能交换，抵抗室外温度波动，保持室内热稳定性和热舒适性的能力方面明显优于钢筋混凝土组合结构房屋的屋盖体系，具有更好的建筑热工性能。

由于石材的热特性，石板房的墙体和屋面吸热慢，散热也慢，可以自然地调节昼夜温差，同样可以创造冬暖夏凉的室内热环境。

3.窗户、门、地面热工性能分析

贵州石板房民居外门常采用单层夹板门，传热系数为2.31W/(m²·K)，冬季外挂厚棉帘增加保温性。地面为黄土上铺实心砖一皮，传热系数为3.418W/(m²·K)。

窗户为单层木框玻璃窗，由于木框密闭性较差，现多改用铝合金单玻窗，传热系数为6.0W/(m²·K)。不同朝向的窗墙面积比如表4.10.7所示，各项窗墙面积比均满足节能规范要求，适应温和地区的特性。

不同朝向窗墙面积比　　　　　　　　　　表4.10.7

分项	窗墙面积比		
	北	东、西	南
温和地区居住建筑节能设计标准	≤ 0.40	≤ 0.35	≤ 0.50
贵州石板房民居	0	0	0.15
结论	满足	满足	满足

4.外围护结构热工性能评价

综合结果如表4.10.8所示，可知与普通砖房的外围护构件相比，贵州石板房外围护结构构件的热阻与节能设计规范相差甚远。由于地处湿热型温和气候区，自然通风是最有效的被动式措施，采用这种低热阻、低热容的外围护构造也是其气候适应性特色的具体体现。但是，在未来对这种民居进行改造时应兼顾规范对于节能方面的要求，减少资源的浪费。

贵州石板房外围护构件热工性能与节能规范对比　　　　　表4.10.8

类别	温和地区居住建筑节能设计标准（5A）		石板房外围护构件		普通砖房外围护构件	
外围护构件	屋顶	外墙	屋顶	外墙	屋顶	外墙
传热阻/（m²·K/W）	2.5	1.67（D≤2.5） 1.0（D>2.5）	0.27	0.37	0.26	0.57
实现率	—	—	11%	37%	10%	57%

第十一节　典型传统民居外围护结构气候适应性综合分析

传统民居的主要功能是满足使用者的居住需求。影响民居外围护结构热工性能的主要因素是温度，外围护结构的材料、构造、尺寸随温度的变化而大相径庭，从而影响外围护结构总的热工性能。

一、外围护结构热工性能实现率

各气候区典型传统民居外围护构件热工性能与节能规范对比 表 4.11.1

		屋顶			外墙		
		形式	热阻 / (m²·K /W)	热阻实现率	形式 /mm	热阻 / (m²·K/W)	热阻实现率
严寒气候区	严寒与寒冷地区居住建筑节能设计标准（1C）	—	5.0	—	—	2.0（权衡）	—
	吉林碱土民居	碱土平顶	4.32	86%	600 厚夯土墙	1.06	53%
					440 厚土坯墙	0.98	49%
	吉林满族民居	小青瓦屋面	1.96	39%	500 厚青砖檐墙	0.92	46%
					600 厚青砖山墙	1.07	54%
	青海庄窠	草泥平顶	1.46	29%	850 厚夯土墙	1.15	58%
	现代砖墙民居	100 厚钢筋混凝土	0.26	5%	240 厚多孔砖墙	0.57	29%
					370 厚多孔砖墙	0.77	39%
寒冷气候区	严寒与寒冷地区居住建筑节能设计标准（2A）	—	4.0	—	—	1.67（权衡）	—
	阿以旺民居	夯土屋面	2.85	71%	500 厚夯土墙	0.95	57%
					450 厚土坯	0.99	59%
	现代砖墙民居	100 厚钢筋混凝土	0.26	7%	240 多孔砖墙	0.57	34%
		隔热屋面	0.46	12%			
夏热冬冷气候区	夏热冬冷地区居住建筑节能设计标准（3A）	—	2.5	—	—	1.67（D ≤ 2.5） 1.0（D > 2.5）	—
	徽州民居	小青瓦屋面	0.53	21%	280 厚空斗砖墙	0.63（D = 1.06）	38%
	现代砖墙民居	100 厚钢筋混凝土	0.26	10%	240 多孔砖墙	0.57（D = 3.68）	57%
		隔热屋面	0.46	18%	370 厚多孔砖墙	0.77（D = 5.40）	77%
夏热冬暖气候区	夏热冬暖地区居住建筑节能设计标准（4B）	—	2.5	—	—	1.43（D ≤ 2.5） 0.67（D > 2.5）	—
	云南元江土掌房民居	夯土屋面	2.45	98%	450 厚夯土墙	0.80（D = 5.80）	119%
					350 厚土坯墙	0.87（D = 5.29）	130%
	现代砖墙民居	100 厚钢筋混凝土	0.26	26%	240 多孔砖墙	0.57（D = 3.68）	114%

		屋顶			外墙		
		形式	热阻 /（ m²·K /W）	热阻实现率	形式 /mm	热阻 /（ m²·K/W）	热阻实现率
夏热冬暖气候区	夏热冬暖地区居住建筑节能设计标准	—	2.0	—	—	1.43	—
	云南勐腊傣家竹楼	缅瓦屋面	0.27	11%	18 厚木板墙	0.28（D=0.49）	20%
	现代砖墙民居	100 厚钢筋混凝土	0.26	10%	240 多孔砖墙	0.57（D=3.68）	85%
		隔热屋面	0.46	18%			
温和气候区	温和地区居住建筑节能设计标准（5A）	—	1.25	—	—	1.67（D≤2.5） 1.0（D>2.5）	—
	贵州石板房民居	250 厚石板屋面	0.27	11%	450 厚石板外墙	0.37（D=3.99）	37%
	现代砖墙民居	100 厚钢筋混凝土	0.26	10%	240 多孔砖墙	0.57（D=3.68）	57%

从表 4.11.1 中可见，各气候区典型传统民居的外墙及屋面在保温、隔热方面的热学性能普遍优于现代砖房，充分表明其气候适应性。但与现代热学规范相比，大部分民居还有待进一步提高，这也是现代民居在传统民居基础上需要进一步改进的地方。

为了更直观地表明中国典型传统民居外围护结构热工性能与不同地域的气候关系，依据计算结果，利用 Excel 绘制出外围护结构热工性能与相关气候参数之间的关系曲线。横坐标为气候参数（年平均温度 $t_{年平均温度}$、最冷月平均温度 $t_{1月平均温度}$、最热月平均温度 $t_{7月平均温度}$、极端最高温度 t_{max}、极端最低温度 t_{min}），纵坐标为不同区域民居外围护结构热工性能指标（总热阻 R_0、热惰性指标 D），以下给出不同区域围护结构中墙体及屋面的各种关系曲线，包括 $t_{年平均温度}-R_0$ 曲线、$t_{1月平均温度}-R_0$ 曲线、$t_{7月平均温}-R_0$ 曲线、$t_{max}-R_0$ 曲线、$t_{min}-R_0$ 曲线；$t_{年平均温度}-D$ 曲线、$t_{1月平均温}-D$ 曲线、$t_{7月平均温}-D$ 曲线、$t_{max}-D$ 曲线、$t_{min}-D$ 曲线。

相关系数是描述两个测量值变量之间的离散程度的指标，用于判断两个测量值变量的变化是否相关，即一个变量的较大值是否与另一个变量的较大值相关联（正相关，相关系数为正值），或者一个变量的较小值是否与另一个变量的较大值相关联（负相关，相关系数为负值），还是两个变量中的值互不关联（相关系数近似于零）。

二、墙体热阻与温度因子相关性

对所选取的各中国典型传统民居外墙的传热阻与代表城市对应的不同气温参数进行一元多项式回归，得出图 4.11.1～图 4.11.5 所示曲线。

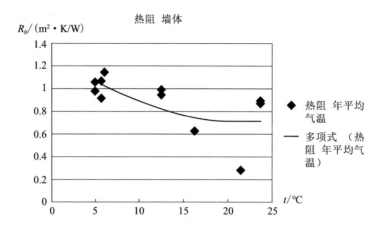

图 4.11.1　$t_{年平均温度}$—墙体 R_0 关系曲线图（相关性系数 −0.621）

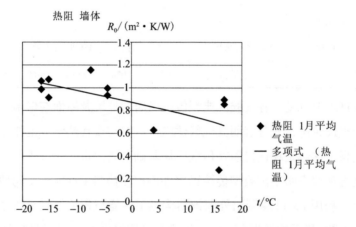

图 4.11.2　$t_{1月平均温度}$—墙体 R_0 关系曲线图（相关性系数 −0.631）

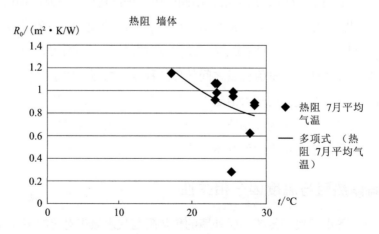

图 4.11.3　$t_{7月平均温度}$—墙体 R_0 关系曲线图（相关性系数 −0.460）

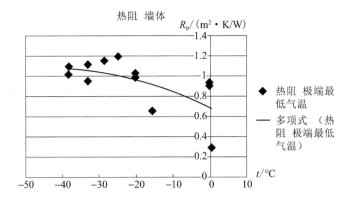

图 4.11.4　$t_{极端最低温度}$—墙体 R_0 关系曲线图（相关性系数 −0.619）

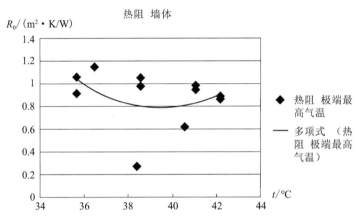

图 4.11.5　$t_{极端最高温度}$—墙体 R_0 关系曲线图（相关性系数 −0.200）

从图中可以看出，对于不同气候区域的传统民居，一般情况下，随着当地各气温参数数值的增加，墙体热阻 R_0 呈下降的趋势。同时，墙体热阻 R_0 与当地各个气温参数之间均存在着一定的相关性，其中，墙体热阻 R_0 与年平均温度的相关性系数为 −0.621，与年 1 月平均温度的相关性系数为 −0.631，与 7 月平均温度的相关性系数为 −0.460，与年极端最低温度的相关性系数为 −0.619，与年极端最高温度的相关性系数为 −0.200。墙体热阻与各个气象参数之间的相关性系数的汇总及排序见表 4.11.2。

墙体热阻与各气温参数相关性系数的汇总及排序　　　　　表 4.11.2

排序	相关项	相关性系数
1	1 月平均气温	−0.631
2	年平均气温	−0.621
3	年极端最低气温	−0.619
4	7 月平均气温	−0.460
5	年极端最高气温	−0.200

从表中可以看出墙体热阻 R_0 与 1 月平均温度的相关性最高，年平均气温和极端最低气温次之，7 月和极端最高温度与墙体热阻的相关性比较小。由此可见，几千年来，传统民居经过长期的繁衍和变革，形成了一套固有的与当地气候条件相适应的构造形式。这种气候适应性的特色体现在墙体热阻与气温的关系上，中国典型传统民居墙体的热阻主要由当地冬季气温特性决定。

三、墙体热惰性与温度因子相关性

对所选取的各中国典型传统民居外墙热惰性指标 D 与代表城市对应的不同气温参数进行一元多项式回归，得出图 4.11.6 ～图 4.11.10 所示曲线。

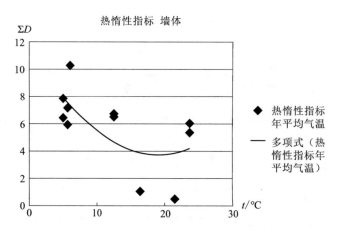

图 4.11.6　$t_{年平均温度}$—墙体 D 关系曲线图（相关性系数 −0.589）

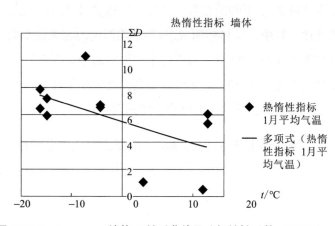

图 4.11.7　$t_{1 月平均温度}$—墙体 D 关系曲线图（相关性系数 −0.560）

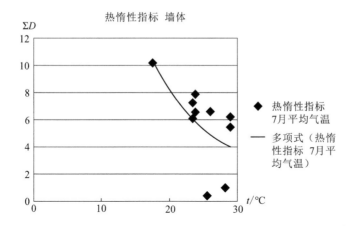

图 4.11.8　$t_{7月平均温度}$—墙体 D 关系曲线图（相关性系数 −0.456）

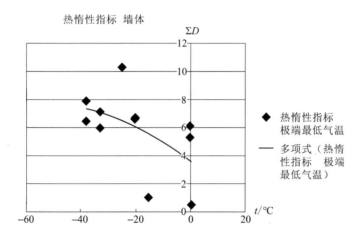

图 4.11.9　$t_{极端最低温度}$—墙体 D 关系曲线图（相关性系数 −0.535）

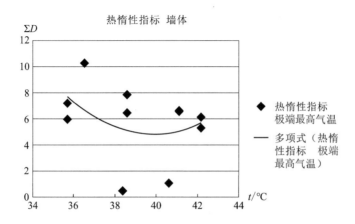

图 4.11.10　$t_{极端最高温度}$—墙体 D 关系曲线图（相关性系数 −0.237）

从图中可以看出，对于不同气候区域的传统民居，一般情况下，随着当地各气温参数数值的增加，墙体热惰性指标 D 呈下降的趋势。同时，墙体热惰性指标 D 与当地各个气温参数之间均存在着一定的相关性，其中，墙体热惰性 D 与年平均温度的相关性系数为 -0.589，与 1 月平均温度的相关性系数为 -0.560，与 7 月平均温度的相关性系数为 -0.456，与年极端最低温度的相关性系数为 -0.535，与年极端最高温度的相关性系数为 -0.237。将各个因子的相关性系数汇总并排序，如表 4.11.3 所示。

墙体热惰性与各气温参数相关性系数的汇总及排序　　　　　表 4.11.3

排序	相关项	相关性系数
1	年平均气温	-0.589
2	与 1 月平均气温	-0.560
3	年极端最低气温	-0.535
4	7 月平均气温	-0.456
5	年极端最高气温	-0.237

从表中可以得出墙体热惰性指标 D 与年平均温度的相关性最高，1 月平均气温和极端最低气温次之，7 月平均气温和极端最高温度相关性比较小。传统民居气候适应性的特色体现在墙体热惰性指标与气温的关系上，即墙体构造的热惰性指标同样主要是由当地冬季气温特性决定。

四、屋面热阻与温度因子相关性

对所选取的各中国典型传统民居屋面热阻 R_0 与代表城市对应的不同气温参数进行一元多项式回归，得出图 4.11.11 ～图 4.11.15 所示曲线。

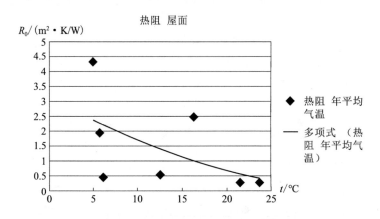

图 4.11.11　$t_{年平均温度}$—屋面 R_0 关系曲线图（相关性系数 -0.538）

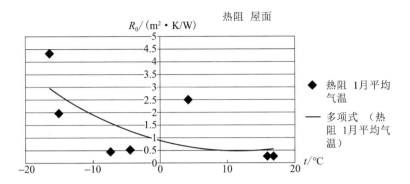

图 4.11.12　$t_{1月平均温度}$—屋面 R_0 关系曲线图（相关性系数 −0.616）

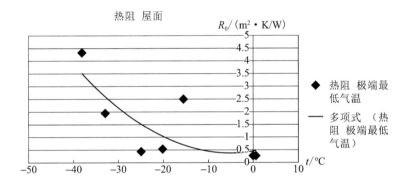

图 4.11.13　$t_{极端最低气温}$—屋面 R_0 关系曲线图（相关性系数 −0.700）

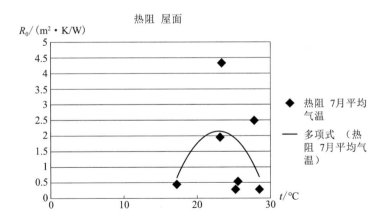

图 4.11.14　$t_{7月平均气温}$—屋面 R_0 关系曲线图（相关性系数 −0.007）

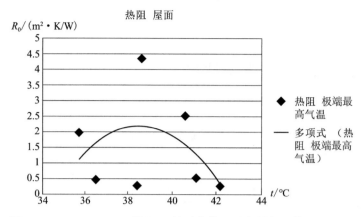

图 4.11.15　$t_{极端最高温度}$—屋面 R_0 关系曲线图（相关性系数 −0.166）

从图中可以看出，对于不同气候区域的传统民居，一般情况下，随着当地各气温参数数值的增加，屋面的热阻 R_0 呈下降的趋势。同时，屋面热阻 R_0 与当地各个气温参数之间均存在着一定的相关性。计算 R_0 与各个气温参数之间的相关性，并且将各个因子的相关性系数汇总并排序，列表如表 4.11.4 所示。

屋面热阻与各气温参数相关性系数的汇总及排序　　　　表 4.11.4

排序	相关项	相关性系数
1	年极端最低气温	−0.700
2	1 月平均气温	−0.616
3	年平均气温	−0.538
4	年极端最高气温	−0.166
5	7 月平均气温	−0.007

从表中可以看出屋面热阻 R_0 与年极端最低气温、1 月平均气温和年平均气温的相关性系数较高，而与年极端最低温和 7 月平均气温的相关性较小，因此，传统民居屋面与屋面热阻 R_0 相关的热工构造同样受当地低温的影响较大。

五、屋面热惰性与温度因子相关性

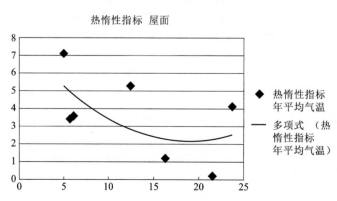

图 4.11.16　$t_{年平均温度}$—屋面 D 关系曲线图（相关性系数 −0.580）

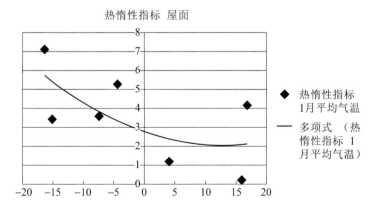

图 4.11.17　$t_{1\text{月平均温度}}$—屋面 D 关系曲线图（相关性系数 −0.614）

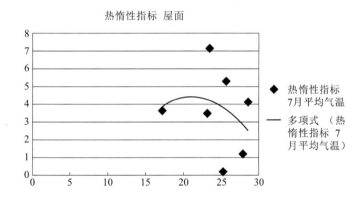

图 4.11.18　$t_{7\text{月平均温度}}$—屋面 D 关系曲线图（相关性系数 −0.165）

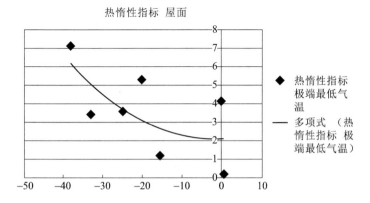

图 4.11.19　$t_{\text{极端最低温度}}$—屋面 D 关系曲线图（相关性系数 −0.689）

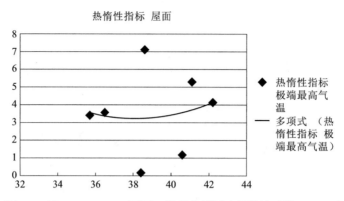

热惰性指标 屋面

图 4.11.20 $t_{极端最高温度}$—屋面 D 关系曲线图（相关性系数 −0.337）

从图中可以看出，随着当地各气温参数数值的增加，屋面热惰性指标 D 呈下降的趋势。屋面热惰性指标 D 与当地各气温参数之间的相关性系数汇总并排序，如表 4.11.5 所示。

屋面热惰性指标与各气温参数相关性系数的汇总及排序　　　　表 4.11.5

排序	相关项	相关性系数
1	墙体热阻与极端最低气温	−0.689
2	墙体热阻与 1 月平均气温	−0.614
3	墙体热阻与年平均气温	−0.580
4	墙体热阻与极端最高气温	−0.337
5	墙体热阻与 7 月平均气温	−0.165

从表中可以得出屋面热惰性指标 D 与冬季气温参数的相关性最高，即屋面热工构造的热惰性指标同样主要是由当地冬季气温特性决定。

第十二节　小结

建筑的气候适应性是生态建筑设计需要妥善解决的重要问题，本章综合分析了中国不同热工分区典型传统民居建筑形式的生态性和气候适应性特色。首先，归纳总结了各种典型传统民居在保持生态性方面和适应当地气候方面所采取的各种措施，然后结合外围护结构结构形式、材料选用、构造方式特点，重点分析了各种民居外围护结构的热工性能，同时与现代普通砖砌体房屋的热工特性进行对比分析，量化剖析传统民居的气候适应性特征。

一、中国典型传统民居建筑形式气候适应性特色总结

中国传统民居在选址、规划、布局、空间架构和取材建造等方面都体现出与自然环

境之间的良好适应性，从而创造出适应地域气候的生态节能建筑。这种历经百年甚至上千年历史传承的传统民居，值得我们深入地剖析、研究、提炼，并在现代建筑设计中加以借鉴。本章对不同热工分区典型传统民居的生态性和气候适应性特征进行了总结，见表4.12.1。

不同热工分区中国典型传统民居建筑形式的生态性和气候适应性特征　　表 4.12.1

气候区	民居形式	气候适应性特色	外围护结构的材料及构造（生态性特征）
严寒地区	半干旱区——碱土民居	● 聚落选址：背阴抱阳 ● 村寨布局：开敞的行列式或散点式布局 ● 庭院布局：开敞宽阔、彼此独立 ● 外形特征：矮小紧凑、南向面宽 ● 平面布局：平面紧凑并设缓冲空间——暖阁 ● 文化传承：顺应气候而生的炕头文化——"一"字形南炕	● 结构形式：节约木材的墙架混合承重结构形式 ● 外围护结构材料：原生态材料木材架构、碱土及苇芭、高粱秆、羊草等围护 ● 墙体构造：热阻、热容大的叉垛墙、土坯墙 ● 屋面构造：热阻、热容大的碱土平顶，砸灰顶 ● 门窗：木板门窗，冬季加棉帘
	半湿润区——满族民居	● 聚落选址：临水向阳、防止冷风侵袭的地带 ● 总体布局：布局松散、向阳的东西向延伸格局 ● 院落布局：开阔宽敞、建筑点状分布 ● 平面布局：布置紧凑、功能多样 ● 顺应气候而生的炕头及火地文化——万字火炕及火地	● 结构形式：木构架承重的梁架结构形式 ● 外围护结构材料：草、土、石材、砖、木材 ● 墙体构造：热阻、热容大的青砖墙体，草泥夯筑墙，拉核墙，垡垒墙 ● 屋面构造：热阻、热容大的青瓦坡顶，草坡顶 ● 门窗：木板门，支摘木窗及防水高丽纸，冬季加棉帘
寒冷地区	半干旱区——青海庄窠	● 选址与布局：顺应地形的散点式布局 ● 院落布局：严密厚实，防止风沙及冷风侵袭 ● 平面布局：布置紧凑，功能多样的房屋 ● "房上能赛跑"的平土屋顶 ● 内院前廊：夏季歇凉	● 结构形式：木构架承重 ● 外围护结构材料：黏土、木材和少量块石 ● 墙体构造：热阻、热容大的厚重夯土墙 ● 屋面构造：热阻、热容大的单坡草泥平顶 ● 门窗：木板门，冬季加棉帘
	干旱区——新疆阿以旺	● 村寨格局：地毯式密集布局 ● 庭院布局：带花架、水池的外敞庭院及中心封闭主建筑 ● 体形设计：近正方形的节能体形 ● 平面布局：布局紧凑、功能多样 ● 建筑外形：防御风沙侵袭的封闭外形 ● 阿以旺中厅：保温隔热的缓冲空间	● 结构形式：木构架承重 ● 外围护结构材料：泥土、木、草 ● 墙体构造：热阻、热容大的土坯墙和夯土墙 ● 屋面构造：热阻、热容大的草泥平屋顶 ● 小而少的木门窗

续表

气候区	民居形式	气候适应性特色	外围护结构的材料及构造（生态性特征）
夏热冬冷地区	湿润区——徽州民居	● 聚落选址：负阴抱阳、背山面水 ● 村落布局：放射状组团 ● 街巷格局：窄巷高墙 ● 建筑朝向：面向南向气口 ● 庭院布局：小尺度天井、开敞堂屋利于通风 ● 平面布局：密集布置 ● 建筑防潮、防火措施得当 ● 防雨防热辐射：白灰外墙	● 结构形式：木构架承重 ● 外围护结构材料：砖、瓦 ● 墙体构造：较大热阻、较小热容的空斗砖墙 ● 屋面构造：坡度缓和的硬山屋顶，热阻较大而热容较小的望板空铺小青瓦构造 ● 单层夹板门、木窗
夏热冬暖地区	半湿润区——云南土掌房	● 聚落选址：顺应山地、背山面阳 ● 村寨布局：节约耕地资源的立体块式 ● 院落布局：天窗式庭院民居 ● 平面布局：布置紧凑，晒台功能多样 ● 结构简单，施工简便，经济耐用	● 结构形式：木构架承重，土墙围护 ● 外围护结构材料：石材、泥土、木、竹、草、藤等 ● 墙体构造：热阻热容较大的土坯墙和夯土墙 ● 屋面构造：热阻热容较大的土、木结构平屋顶 ● 单层夹板门、木窗
	湿润区——傣家竹楼	● 聚落选址：山抱村，村围田，田包水 ● 村寨布局：棋盘式散点布局，利于自然通风 ● 庭院布局：外敞庭园围绕中心房屋 ● 朝向选择：南偏西与南偏东 ● 平面布局：内部开敞、灵活多样 ● 底部架空：通风隔热防潮 ● 屋面：陡坡大重檐，遮阳、防雨	● 结构形式：竹、木结构构架 ● 外围护结构材料：竹、木 ● 墙体构造：热阻热容小的竹篾墙，利于自然通风 ● 屋面构造：空挂缅瓦或草排屋面，热阻热容小，通风隔热 ● 竹席门、遮阳小开窗、架空木楼板
温和地区	湿润区——贵州石板房	● 聚落选址：依山傍水，避风朝阳 ● 村寨布局：较密集的星点式布局，彼此独立、间距较小 ● 平面布局：干栏式或半边楼式楼房	● 结构形式：墙架混合承重 ● 外围护结构材料：石材 ● 墙体构造：石材筑墙 ● 屋面构造：石板双坡顶

二、被动式策略有效性综合分析结果

被动式策略与建筑设计关系密切，建筑师恰当地使用被动式策略不仅可以减少建筑对周围环境的影响，还可以减少供暖空调等的造价与运行费用，因此，被动式策略是建筑与气候相互适应的主要途径。本章对不同气候区的典型传统民居被动式策略的有效性进行了综合分析，分析表明：

1）在严寒或寒冷地区，材料蓄热性能发挥的作用最大。尤其对于地处冬季寒冷干旱、夏季炎热少雨气候区的新疆塔里木盆地沙漠南沿，材料蓄热策略的有效性达36%，可以极大程度保证冬季防寒及夏季隔热。

2）在夏热冬冷地区，各种被动式策略的有效性比较接近，较之其他气候区被动式策略的有效性不高；夏季自然通风有效性较高，发挥夏季隔热作用；冬季材料蓄热性能较高，发挥冬季保温作用。

3）在夏热冬暖地区，自然通风的有效性最高。对于干热地区，自然通风的有效性与材料蓄热的有效性都很高，能充分发挥夏季隔热作用；对于湿热地区，自然通风的有效性远远高于其他措施，能充分发挥夏季通风、隔热、除湿作用。

4）在温和地区，各种被动式策略的有效性比较接近，发挥的效能并不高；自然通风效果明显高于其他措施，材料蓄热性能要求不突出。

不同气候区的典型传统民居被动式策略的有效性分析结果汇总于表4.12.2。

被动式措施有效性汇总

表 4.12.2

气候区	民居类型	被动式措施的有效性		
严寒及寒冷地区	碱土民居	27%	24%	24%
		夜间通风 + 材料蓄热	材料蓄热	间接蒸发降温
	满族民居	26%	22%	20%
		夜间通风 + 材料蓄热	材料蓄热	间接蒸发降温
	青海庄窠	29%	29%	19%
		夜间通风 + 材料蓄热	材料蓄热	被动式太阳能加热
	新疆阿以旺	39%	36%	33%
		夜间通风 + 材料蓄热	材料蓄热	间接蒸发降温
夏热冬冷地区	徽州民居	18%	15%	15%
		自然通风	材料蓄热	夜间通风 + 材料蓄热
夏热冬暖地区	云南土掌房	38%	32%	29%
		自然通风	夜间通风 + 材料蓄热	材料蓄热
	傣家竹楼	29%	16%	16%
		自然通风	材料蓄热	夜间通风 + 材料蓄热
温和地区	贵州石板房	28%	21%	19%
		自然通风	夜间通风 + 材料蓄热	材料蓄热

三、传统民居外围护结构的气候适应性特征

传统民居外围护结构构件的热工性能是体现气候适应性特征的重要指标，因此，对典型传统民居外墙、屋面的传热阻 R_0、热惰性指标 D、室外温度谐波传至平壁内表面的衰减

倍数 v_0 和延迟时间 ξ_0 等热工参数作进行定量计算，并与现代普通砖墙及钢筋混凝土屋面的热工性能进行对比分析，总结出如下不同气候区传统民居外围护结构的气候适应性特征（表4.12.3）：

外围护结构构件热工性能汇总比较 表 4.12.3

气候区	民居类型		外墙		屋面	
			$R/(m^2 \cdot K/W)$	D	$R/(m^2 \cdot K/W)$	D
严寒及寒冷地区	碱土民居	计算值	1.06	7.86	4.32	7.11
		与普通砖房比值	138%	146%	1662%	444%
	满族居民	计算值	0.92	5.95	1.96	3.38
		与普通砖房比值	119%	110%	754%	211%
	青海庄窠	计算值	1.15	10.26	1.46	3.59
		与普通砖房比值	149%	190%	562%	224%
	新疆阿以旺	计算值	0.95	6.67	2.85	5.28
		与普通砖房比值	123%	124%	1096%	330%
夏热冬冷地区	徽州民居	计算值	0.63	1.06	0.53	1.2
		与普通砖房比值	82%	20%	204%	75%
夏热冬暖地区	云南土掌房	计算值	0.87	5.29	2.45	4.00
		与普通砖房比值	117%	113%	958%	259%
	傣家竹楼	计算值	0.28	0.49	0.27	0.2
		与普通砖房比值	36%	9%	104%	13%
温和地区	贵州石板房	计算值	0.37	3.99	0.27	2.22
		与普通砖房比值	48%	74%	104%	139%
	普通砖房（240mm 多孔砖墙 + 100mm 厚钢筋混凝土屋面）		0.57	3.68	0.26	1.6
	普通砖房（370mm 多孔砖墙 + 100mm 厚钢筋混凝土屋面）		0.77	5.4	0.26	1.6

1）地处严寒及寒冷地区的典型传统民居——碱土民居、满族民居、青海庄窠、新疆阿以旺民居，其外墙及屋面的热阻及热惰性指标都很大，远远大于现代砖房。高热阻、高热容是该地区建筑外围护结构的普遍特质，对于减少室内外传热总量，以及平抑室内温度波动具有非常明显的效果，也符合严寒或寒冷气候区对于被动式措施的要求。

2）地处夏热冬冷地区的传统民居——徽州民居，其外墙及屋面的热阻接近或稍高于现代砖房，热惰性较之现代砖房要小。这种高热阻、低热容是该地区传统民居的普遍特性，利于兼顾夏季隔热和冬季保温的要求，同时蓄热性能小利于夜晚散热，符合该气候区对于被动式措施的要求。

　　3）地处夏热冬暖地区的传统民居，分为两种情况：一种是干热地区，代表性民居是土掌房，另一种是湿热地区，代表性民居是傣家竹楼。由于湿度的不同，两类民居外围护结构的热工性能截然不同。大热阻、大热容是夏热冬暖干热地区的普遍特性，对于减少室内外传热总量，以及平抑室内温度波动具有明显的效果。小热阻、小热容是夏热冬暖湿热地区的普遍特性，其目的在于加强房间的通风，保证夜间的快速散热降温。两种民居外围护结构也符合各自气候区对于被动式措施的要求。

　　4）地处温和地区的传统民居——贵州石板房，其外墙的热阻较小而热惰性较大，低热阻、高热容是该地区传统民居的普遍特性，同样利于兼顾夏季隔热和冬季保温的要求，蓄热性能较好利于同时发挥夏季夜间通风和冬季夜间密闭蓄热的效果，符合该气候区对于被动式措施的要求。

四、各气候因子与房屋热特性的相关性分析

　　影响民居外围护结构热工性能的主要因素是温度，外围护结构的材料、构造、尺寸随温度的变化而大相径庭，从而影响外围护结构总的热工性能。通过对外围护结构热阻及热惰性指标与各气候因子的相关性分析可以得出：墙体和屋面的热阻主要是与各地区最低气温指标相关性最大，包括一月最低温和年极端最低温；屋面的热惰性与各地区的最低气温指标相关性最大；墙体的热惰性与各地区的年平均气温相关性最大。

第五章
中国典型传统民居屋面挑檐气候适应性

第一节 概述

一、建筑日照

1.建筑日照与设计要求

日照是指物体表面被太阳光直接照射的现象。阳光直接照射到建筑地面、建筑物表面及其房间内部的现象，称为建筑日照。

建筑对日照的要求根据建筑使用性质的不同而不同，分为争取日照和避免日照。

争取日照：在阳光的照射下，争取日照能够引起动植物的光生物学反应，促进生物机体的新陈代谢。建筑争取适宜的日照具有重大的卫生意义，如阳光中的紫外线能够预防和治疗某些疾病，如感冒、支气管炎等。阳光中的红外线照射到室内，其产生的辐射热在提高室内温度的同时具有良好的取暖和干燥作用。此外，日照在建筑物之上及其周围光影变化，能够增强建筑物的立体感。争取日照的建筑物有医疗病房、幼儿园活动室、农用日光室等。

避免日照：过量的日照容易造成室内过热，对人体健康不利；阳光直射在工作面上产生的眩光，会损害人的视力；此外，直射的阳光会加快物品褪色、变质、损坏的速度，也有造成某些化学易燃品燃烧和爆炸的危险。避免日照的建筑有两类：一类是室内环境不宜过热的房间，如炎热季节民用建筑的主要居室、恒温恒湿的生产车间、高温冶炼车间等；第二类是易于引起视觉眩光及某些化学反应的房间，如档案库、展览室、阅览室、绘图室、精密仪器室，以及某些化学生产车间、药品室、实验室等。

建筑日照设计要求：进行建筑日照设计时应根据建筑的不同使用要求，采取措施使房间内部获得适当的日照，防止过量太阳直射光，对有特殊要求的房间甚至终年要求限制阳光的直射。

2.地球绕太阳运行的规律

天文学家依据人们观察太阳位置变化感觉的不同，提出了天体的概念，即将观察者视为固定不变的"宇宙中心"，太阳等其他天体分布在这个想象出来的大球体内，这个球体称之为天球（图 5.1.1）。天体在天球上的位置叫作视位置，例如太阳在天球上的位置就叫作视太阳。

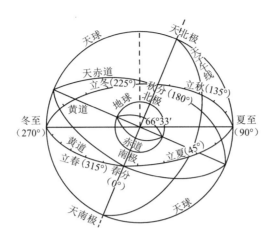

图 5.1.1　视太阳在天球上的运动图

地球按一定的轨道绕太阳的运动称为公转。公转一周的时间为一太阳年（365.2422 个太阳日）。地球公转的轨道平面叫黄道面。通过地心并垂直地轴的平面叫作赤道面，其与地球表面相交出来的圆就为赤道。由赤道向两极各分 90°，北半球称北纬，南半球称南纬。显然赤道的地理纬度为 0。

由于地轴是倾斜的，地轴与黄道面约成 66°33′的交角。这样一来，太阳光线垂直照射在地球上的范围在南、北纬 23°27′之间作周期性变动，这两条纬度线则分别叫作南回归线、北回归线。图 5.1.2 为地球绕太阳运行图。

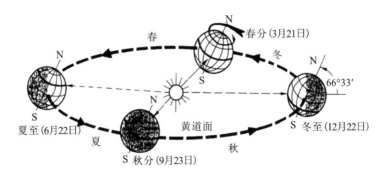

图 5.1.2　地球绕太阳运行图

地球气候在一年中的变化要经历春分、夏至、秋分和冬至四个重要节气：

春分至夏至：春分日时阳光直射赤道，赤纬角 $\delta = 0°$，阳光正好切过两极，此时南北半球昼夜等长，均为 12h。此后，阳光直射点向北移动，北半球白天逐日加长，黑夜逐日缩短。夏至日时阳光直射北纬 23°27′（北回归线），并切过北纬 66°33′（北极圈），此时太阳赤纬角 $\delta = 23°27′$，此日北半球白天最长，夜间最短，南半球则相反。在北半球春分至夏至日的季节视为春季，昼长夜短；南半球则为秋季，昼短夜长。

夏至至秋分：夏至日后太阳直射点向南移动，逐日返回赤道。北半球白天逐日缩短，黑夜逐日加长。当阳光回到赤道时，其赤纬角为 0°，此日为秋分日，南北半球昼夜等长。在北半球夏至至秋分的季节视为夏季，昼长夜短；南半球为冬季，夜长昼短。北极圈内是"极昼"，南极圈内是"极夜"。

秋分至冬至：秋分日以后阳光直射点向南半球移动，北半球白天逐日缩短，黑夜逐日加长。冬至日阳光直射在南纬 23°27′线（南回归线），且切过南纬 66°33′线（南极圈），其赤纬角 $\delta = -23°27′$。此日，北半球白天最短、夜间最长，而南半球则相反。在北半球秋分至冬至的季节视为秋季，昼短夜长；南半球则相反。

冬至至春分：冬至日后太阳直射点向北移动，逐日向赤道返回。北半球白天逐日加长，黑夜逐日缩短。当阳光直射点回到赤道时，此时赤纬角又为 0°，此日又为春分日，南北半球昼夜又等长。在北半球从冬至到春分视为冬季，南极圈内为极昼，北极圈内为极夜；北半球昼短夜长，南半球昼长夜短。

二、太阳赤纬角 δ、时角 Ω、太阳高度角 h_s、太阳方位角 A_s

在地球表面观看到的天空中太阳位置的变化，由观察点的地理纬度 Φ、太阳赤纬角 δ 和观察时刻的时角 Ω 共同决定，如图 5.1.3 所示。

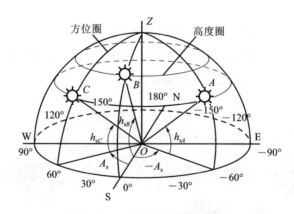

图 5.1.3　一年中太阳位置的变化

1. 太阳赤纬角 δ

大阳赤纬角 δ 即太阳光线与地球赤道面所夹的角，是用来表征不同季节的一个数值。赤纬角从赤道面算起，向北为正，向南为负，$-23°27′ \leqslant \delta \leqslant 23°27′$。地球绕太阳公转一年的行程中，不同季节有不同的太阳赤纬角。一年中任意日的太阳赤纬角可用公式（5-1）近似计算。

$$\delta = 23.4512 \sin \left[(J - 81) / 1.02222 \right] \tag{5-1}$$

式中　δ —— 太阳赤纬角（°）；

J —— 从 1 月 1 日算起的天数（d）。

2. 时角 Ω

不同地方的太阳时 t 对应有不同的时角 Ω，地球自转一周 $360°$ 需一天时间，即 24h，每小时对应的时角为 $15°$，于是

$$\Omega = 15(t - 12) \tag{5-2}$$

式中　Ω——地方太阳时对应的时角（°）（正午为零，上、下午对称，下午为正，上午为负）；

　　　t——地方太阳时（h）。

3. 太阳高度角 h_s、太阳方位角 A_s

太阳高度角指太阳光线与地平面之间的夹角（即太阳在当地的仰角），简称太阳高度。任何一个地区，在日出、日落时太阳高度角均为 0；一天中的太阳高度角最大值出现在正午，即地方时 12 时，此时太阳位于正南（或正北），若此地为太阳直射点处，正午太阳高度角为 $90°$。

太阳方位角即太阳所在的方位，指太阳光线在地平面上的投影与当地子午线的夹角，近似地看作是竖立在地面上的直线在阳光下的阴影与正南方的夹角。太阳方位角，以正南点为零，顺时针方向为正，表示太阳位于下午的范围；逆时针方向的方位角为负，表示太阳位于上午的范围；任何一天内，上、下午太阳的位置对称于正午。

确定太阳高度角和方位角的目的是进行日照时数、日照面积、房屋朝向和间距，以及房屋周围阴影区范围等问题的设计。影响太阳高度角 h_s 和方位角 A_s 的因素有三个：太阳赤纬角 δ 表明季节的变化；时角 Ω 表明时间的变化；地理纬度 Φ 表明观察点所在的地方差异。

所谓太阳高度角 h_s 是指太阳光线与地平面的夹角，计算公式：

$$\sin h_s = \sin \Phi \cdot \sin \delta + \cos \Phi \cdot \cos \delta \cdot \cos \Omega \tag{5-3}$$

式中　h_s——太阳高度角（°）；

　　　Φ——地理纬度（°）；

　　　δ——太阳赤纬角（°）；

　　　Ω——时角（°）。

正午的太阳高度角最大，此时 $\Omega = 0$，代入式（5-3）得

$$h_s = 90 - (\Phi - \delta) \tag{5-4}$$

太阳方位角 A_s 为太阳光线在地平面上的投影线与地平面正南子午线所夹的角。计算公式：

$$\cos A_s = \frac{\sin h_s \cdot \sin \Phi - \sin \delta}{\cos h_s \cdot \cos \Phi} \tag{5-5}$$

式中　A_s——太阳方位角（°）。

日出、日没的时角和方位角因日出、日没 $h_s = 0$，代入式（5-3）和式（5-5）得

$$\cos \Omega = -\tan \Phi \cdot \tan \delta \qquad (5-6)$$

$$\cos A_s = -\sin \delta / \cos \Phi \qquad (5-7)$$

$\Phi > \delta$ 时太阳在观察点之南，$\Phi < \delta$ 时太阳在观察点之北，其中 23°27′ 为 23.45°。

第二节　屋面挑檐遮阳性能

一、吉林碱土民居

1. 气候特点

吉林省西部白城市、通榆、大安等地为中温带半干旱大陆性季风气候，冬季寒冷而漫长，夏季凉爽而短促。代表城市白城地处吉林省西北部，常年平均气温为5.0℃，夏季最高温度可达38.6℃，冬季最低气温低至-38.1℃，年温度变化较大。年均降雨量为398.4mm（小于400mm），属半干旱气候区，且全年近五个月的结冰期，形成干湿分明的特色。日照时间较长，太阳能资源较丰富。吉林白城市年均气温及太阳辐射见图5.2.1。

白城气候区划属于1C严寒气候区，在建筑物设计中必须充分满足冬季防寒、保温、防冻等要求，夏季可不考虑防热。

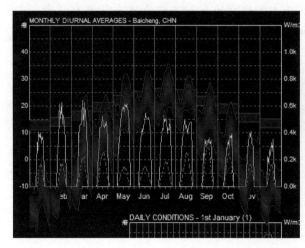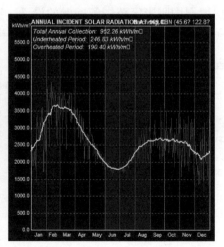

图 5.2.1　吉林白城市年均气温及太阳辐射

2. 民居特色

在冬季长期严寒干燥的气候条件下，当地人民创造出了适应东北严寒、干燥气候条件的独具特色的民居形式——碱土平房，它是一种土墙、土平顶的土木结构房屋。

3. 屋檐对窗口的遮阳作用

传统民居建筑根据各地寒冷、酷热程度不同，需要接受、拒绝太阳直射辐射的需求不同，建筑物的屋檐出挑长度则大相径庭，短的几乎无几，长的甚至形成宽敞的檐廊（檐廊是建

筑室内与室外的过渡空间，起着组织通风、控制采光和防止太阳直接照射室内的作用）。总体而言屋檐的出挑长度呈现出一定的规律性。

这里讨论一下吉林白城碱土民居的屋檐出挑与窗口遮阳作用。

白城市地处北纬 45.6°，东经 122.8°，冬至日、夏至日正午的太阳高度角计算如下：

冬至日太阳高度角：

$$h_{s冬至日} = 90 - (\varPhi + \delta) = 90 - (45.6 + 23.45) = 20.95°$$

夏至日太阳高度角：

$$h_{s夏至日} = 90 - (\varPhi - \delta) = 90 - (45.6 - 23.45) = 67.9°$$

太阳光从南向窗口入室的投影深度 B：

冬至日：

$$B_{冬至日} = H \cdot \cot h_{s冬至日} = (930 + 1100) \cdot \cot 20.95° - 220 \approx 5082mm$$

夏至日：

$$B_{夏至日} = H \cdot \cot h_{s夏至日} = 1500 \cdot \cot 67.9° - 420 \approx 191mm$$

东、西向屋面挑檐端部与墙根连线与水平面夹角为 $\theta_{东西}$，由于东西墙屋面挑檐外伸长度为 0mm，因此

$$\theta_{东西} = \text{arccot}\,0/2430 = 90°$$

碱土平房屋面挑檐与太阳光入室深度的关系见图 5.2.2，计算数据统计结果见表 5.2.1。屋面挑檐与南向屋檐外挑 420mm，由于冬季太阳高度角很低，南向屋檐外挑尺度不能遮挡南向阳光，阳光在正午时完全投入室内，入室深度为 5082mm，给房间提供了完全日光照射。夏季，太阳高度角大，南向屋檐发挥些许遮阳作用，夏季阳光在正午时不能完全投入室内，只能最大程度落在窗台上，入室深度为 191mm。同时考虑冬季屋面积雪下落的原因，在南向即出入口处屋檐出挑，可以将落雪引导至离墙根一定距离外，对人员的出入安全及墙身的耐久性都有好处。

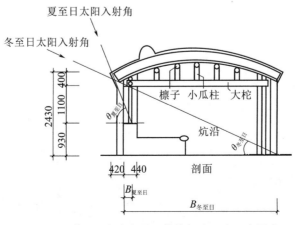

图 5.2.2 碱土平房南向屋面挑檐与太阳光入室深度

吉林碱土民居屋檐出挑长度与阳光入室深度

表 5.2.1

日期	太阳高度角 (°)	屋面挑檐长度 / 阳光入室深度 / (mm/mm)	屋面挑檐长度与 $\theta_{东西}$ / [mm/ (°)]	
		南向墙	东向墙	西向墙
冬至日	20.95	420 /5082	0 /90	0 /90
夏至日	67.9	420 / 190	0 /90	0 /90

东、西向屋檐外挑 0mm，墙上无窗，因此东西向阳光入室深度均为 0mm。屋檐对墙身的遮挡角度为 0°（清晨）～ 90°（正午）。由于东北地区夏季凉爽，东西向不需要对窗口或墙体进行遮阳。冬季阳光可以最大程度加热东西墙体，利用墙体高蓄热性能，白天蓄热，夜晚散热，提高冬季室内舒适度。屋面积雪不会在山墙方向下落，出入口也不在此处，因此屋面无需挑檐。

二、吉林满族民居

1. 气候特点

满族主要聚居在吉林省境内松花江上游一带的吉林市、长春市、大安等地，该地为温带大陆性季风气候，冬季寒冷而漫长，夏季温暖湿热而短促。由于北临北半球的寒极，冬季强大的冷空气南下，盛行寒冷干燥的西北风，使之成为同纬度各地区中最寒冷的地区，与同纬度的其他地区相比，温度一般低 15℃。夏季受低纬度海洋湿热气流的影响，气温则高于同纬度各地区。因此，年温差大大高于同纬度各地。

代表城市长春市地处吉林省中部，北纬 43.9°，东经 125.2°，海拔高度 239.0m。夏季最高温度可达 35.7℃，冬季最低气温低至 −33.0℃，年温度变化较大。由辽西吹来的狂风每年数月不停。降雨量为 570.3mm，且全年近五个月的结冰期。日照时间较长，太阳能资源比较丰富。吉林长春市年均气温及太阳辐射见图 5.2.3。

长春市气候区划属于 1C 严寒气候区，在建筑设计中必须充分满足冬季保温，一般可不考虑夏季防热。

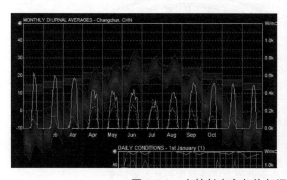 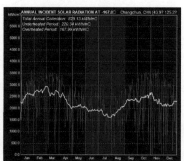

图 5.2.3 吉林长春市年均气温及太阳辐射

2. 民居特色

根据平原地形特征和严寒的气候条件，当地民居建筑主要考虑建筑保温及防雪，夏季不需考虑隔热。其建筑平面、剖面图如图5.2.4。

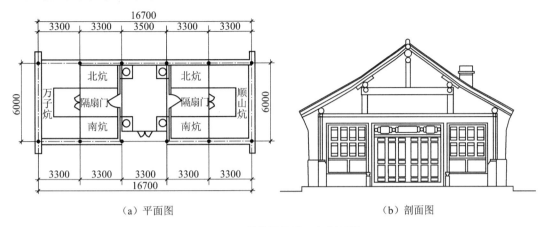

（a）平面图　　　　　　　　　　　（b）剖面图

图 5.2.4　满族民居平面与剖面图

3. 屋檐对窗口遮阳作用

长春市冬至日、夏至日正午的太阳高度角计算如下（图5.2.5、图5.2.6）：

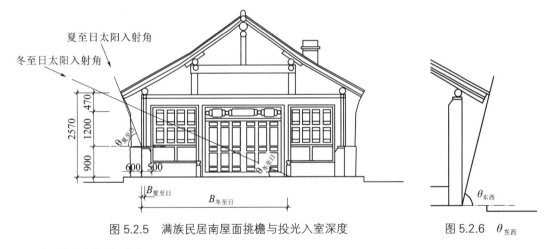

图 5.2.5　满族民居南屋面挑檐与投光入室深度　　　图 5.2.6　$\theta_{东西}$

冬至日太阳高度角：

$$\sin h_{s\,冬至日} = \sin \Phi \cdot \sin \delta + \cos \Phi \cdot \cos \delta \cdot \cos \Omega$$

$$= \sin 43.9° \cdot \sin(-23°27') + \cos 43.9° \cdot \cos(-23°27') \cdot \cos 0$$

$$h_{s\,冬至日} = 22.65°$$

夏至日太阳高度角：

$$\sin h_{s\,夏至日} = \sin \Phi \cdot \sin \delta + \cos \Phi \cdot \cos \delta \cdot \cos \Omega$$

$$= \sin 43.9° \cdot \sin 23°27' + \cos 43.9° \cdot \cos 23°27' \cdot \cos 0$$

$$h_{s\,夏至日} = 66.55°$$

冬至日太阳光从窗口入室的投影深度：

$$B_{冬至日} = (1200 + 900) \cdot \coth_{s冬至日} - 250 \approx 4782\text{mm}$$

夏至日太阳光从窗口入室的投影深度：

$$B_{夏至日} = (470 + 1200) \cdot \coth_{s夏至日} - 600 \approx 22\text{mm}$$

东、西向屋面挑檐端部和墙根连线与水平面夹角：

$$\theta_{东西} = \arctan 2570/600 \approx 76.86°$$

南向屋檐外挑 600mm，由于冬季太阳高度角很小，南向屋檐外挑尺度不能遮挡南向阳光，阳光在正午时完全投入室内，入室深度为 4782mm，给房间提供了完全日光照射。夏季，太阳高度角大，南向屋檐发挥些许遮阳作用，夏季阳光在正午时不能完全投入室内，只能最大程度落在窗台上，入室深度为 22mm（表 5.2.2）。

吉林满族民居屋檐出挑长度与阳光入室深度

表 5.2.2

日期	太阳高度角 /（°）	屋面挑檐长度 / 阳光入室深度 /（mm/mm）	屋面挑檐长度与 $\theta_{东西}$ /［mm/（°）］	
		南向墙	东向墙	西向墙
冬至日	22.65	600 / 4782	600 / 76.86	600 / 76.86
夏至日	66.55	600 / 22	600 / 76.86	600 / 76.86

东、西向屋檐外挑 600mm，墙上也无窗，因此在东西向上阳光入室深度均为 0mm。屋檐对墙身的遮挡角度为 76.86°。由于东北地区夏季凉爽，东西向不需要对窗口或墙体进行遮阳。冬季阳光可以最大程度加热东西墙体，利用墙体高蓄热性能，白天蓄热夜晚散热，提高冬季室内舒适度。

由于该地夏季降雨较充沛，与西部碱土地带的干冷气候相比，属于半湿润气候区，因此屋面挑檐同时兼顾墙身防雨的要求，屋檐出挑 600mm，冬季纳阳、夏季防雨不遮阳。

三、青海庄窠民居

1. 气候特点

青海地处我国三大阶梯地形中的第一阶梯上，绝大部分属于"世界屋脊"的青藏高原，全省平均海拔在 3000m 以上。这里气候属高原亚干旱气候，冬季寒冷、夏季凉爽，年降水量在 200～500mm，每年有 3 个月以上无霜期，太阳辐射强但风沙较大。

代表城市西宁市地处青海省西北部，北纬 36.6°，东经 101.8°，海拔高度 2296m，属于大陆高原半干旱气候。常年平均气温为 6.1℃，夏季最高温度可达 36.5℃，冬季最低气温低至 -24.9℃，年温度变化较大（61.4℃）。冬半年降雨量较少（34.5mm），夏半年较多（339.3mm），年降雨量为 373.8mm，小于 400mm，属于半干旱地区。日照时间较长，太阳能资源比较丰富。青海西宁市年均气温及太阳辐射见图 5.2.7。

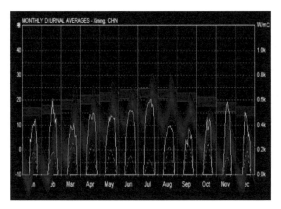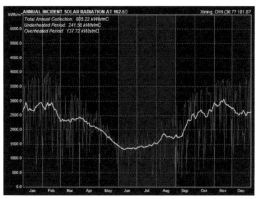

图 5.2.7　青海西宁市年均气温及太阳辐射

西宁气候区划属于 1A 严寒气候区，冬季严寒，6～8 月凉爽；12 月～次年 5 月多风沙，气候干燥。建筑物应充分满足防寒、保温、防冻的要求，夏天不需考虑防热；总体规划、单体设计和构造处理应注意防寒风与风沙；建筑物应采取减少外露面积、加强密闭性、充分利用太阳能等节能措施。

2. 民居特色

为了适应干燥寒冷、日照强、风沙大的气候条件，当地的汉族、藏族等多个民族共同创造了古朴的庄窠式传统民居。几百年来，青海一带居民在同大自然的顽强斗争中，结合自身民族特色，不断挖掘探索，逐渐形成了庄窠民居独特的地域特色。庄窠民居看似土气、拙朴，却有着深远的历史背景和很强的实用性与地域性。

3. 屋檐对窗口遮阳作用

西宁市地处北纬 36.6°，东经 101.8°，冬至日、夏至日正午的太阳高度角计算如下（图 5.2.8）：

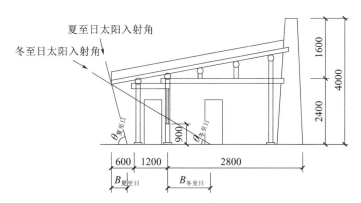

图 5.2.8　庄窠民居南向屋面挑檐与太阳光入室深度

冬至日太阳高度角：

$$h_{s冬至日} = 90 - (\Phi + \delta) = 90 - (36.6 + 23.45) = 29.95°$$

夏至日太阳高度角：

$$h_{s夏至日} = 90 - (\Phi - \delta) = 90 - (36.6 - 23.45) = 76.85°$$

冬至日太阳光从窗口入室的投影深度：

$$B_{冬至日} = H \cdot \cot h_{s冬至日} - 1800 = 2400 \cdot \cot 29.95° - 1800 \approx 2365mm$$

夏至日太阳光从窗口入室的投影深度：

$$B_{夏至日} = 1800 - H \cdot \cot h_{s夏至日} = 1800 - 2400 \cdot \cot 76.85° \approx 1240mm$$

即夏至日阳光投射在室外檐廊处，距离外墙面 1240mm 处。

冬季太阳高度角低，屋檐不能遮挡阳光，冬季正午时阳光部分投入室内，入室深度为 2365mm。夏季太阳高度角大，屋檐发挥遮阳作用，夏季正午时阳光无法投入室内，最大投射深度为距离外墙 1240mm 处，即投射在外檐廊处（表 5.2.3）。

青海庄窠民居屋檐出挑长度与阳光入室深度   表 5.2.3

日期	太阳高度角（°）	屋面挑檐长度 / 阳光入室深度 /（mm/mm）	屋面挑檐长度与 $\theta_{东西}$ /［mm/（°）］	
		南向墙	东向墙	西向墙
冬至日	29.95	1800 / 2365	0 /0	0 /0
夏至日	76.85	1800 / −1240	0 /0	0 /0

屋面椽子一端搭于后墙预留孔洞内并用泥填实固定，另一端挑出房屋前檐墙面 600 ~ 800mm，形成檐廊。青海紫外线辐射很强，开小窗是为了防紫外线，这样将使室内的采光性能变差，而增设檐廊既防止紫外线又可以满足室内采光。同时檐廊可有效防止雨水冲刷房屋的前墙面。

例如撒拉族、回族等庄窠正房明间的门窗凹进一步架，做成"虎抱头"式凹廊。"虎抱头"中间凹进部分的开间为一间或两间，在屋前形成一块上有屋顶、下有平台的室外半封闭空间，使人身处室外，却有一种围合感和安全感。此空间与室内用隔扇门分隔，与庭院用踏步连接，平时是一处晒太阳和遮风避雨的理想空间，无论是晴天还是阴雨天，人们都可以在此休闲、娱乐、做家务，这里同时也是儿童玩耍的乐园。在举行大型活动和仪式时，所有的隔扇门打开，此空间便与堂屋呼应，形成室内外的连续空间。

四、阿以旺民居

1. 气候特点

在新疆的南部，沿塔里木盆地沙漠南沿的楼兰、精绝（尼雅）、于阗（和田）、皮山、若羌、且末、米兰、民丰、库车等地，由于干旱少雨、风沙大，广泛分布着传统民居——阿以旺。

和田深居内陆，属大陆性暖温带极干旱荒漠气候。地理经度 79.9°，纬度 39.1°，海拔高度 1375.0m。该地区夏季炎热、冬季寒冷，年平均气温 12.2℃，夏季最高温度 41.1℃，冬季最低气温 −20.1℃。全年多晴天，风沙大，尤其是春夏季节多沙暴浮尘天气。日照特别丰富，平均年日照时数达 450h 以上。该地区降水稀少，蒸发旺盛，年降水量不足50mm，属于干旱区（小于 200mm）。新疆和田市年均气温及太阳辐射见图 5.2.9。

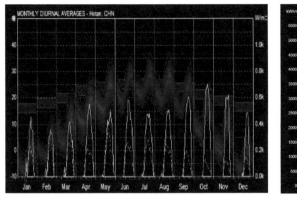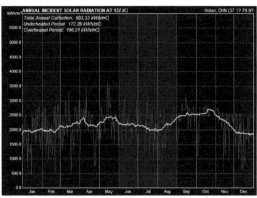

图 5.2.9 新疆和田市年均气温及太阳辐射

和田气候区划属于 2A 寒冷气候区，其建筑设计应满足冬季保温，也应注意夏季隔热。建筑物必须充分满足防寒、保温、防冻要求，夏季部分地区应兼顾防热；总体规划、单体设计和构造处理应以防寒风与风沙，争取冬季日照为主；建筑物应采取减少外露面积，加强密闭性，充分利用太阳能等节能措施；房屋外围护结构宜厚重。

2. 民居特色

阿以旺民居是具有明亮天窗的封闭内庭院式合院建筑，也是中国高台民居的典范，其中以和田地区最具代表性（图 5.2.10）。

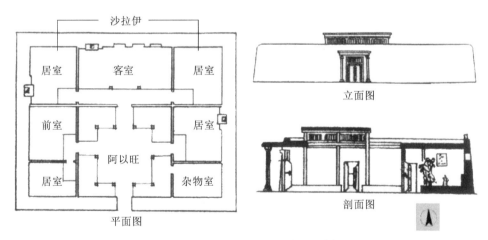

图 5.2.10 阿以旺民居平面、立面、剖面图

阿以旺厅亦称"夏室"，有起居、会客等多种用途。厅的中部高出四周，屋面安装高侧窗以通风采光。后室"冬室"是卧室，通常不开窗。"沙拉伊"是基本生活单元，由一明两暗三间房间组成。中间客房面阔约 6～9m，进深约 4～6m。左侧为主卧室，面宽3m 或更大。右侧为次卧室，供老人与孩子使用，大小同主卧房。所有房间的屋顶均开小

平天窗以利采光。辅助用房如储藏室、冷室（夏季作为卧室用房）、客人用房大都增建在基本生活单元的一侧或两侧。

3. 屋檐对窗口的遮阳作用

窗户的传热系数 K 远大于墙体的传热系数，窗户的热损失主要包括通过窗户的传热耗热和通过窗户的空气渗透耗热。因此，窗户的节能不仅要改善窗户保温性能，增加窗户的热阻，而且还要减少窗户冷风渗透和控制窗墙面积比。

窗户的气密性好坏对节能有很大的影响。窗户的气密性差，通过窗户的缝隙渗透入室内的冷空气量加大，供暖耗热量也会随之增加。据专家实证分析，单层窗户的缝隙引起的冷风渗透，使得维持同样的室内温度，要多花费 20% 的能耗，双层窗多花费的能耗相应减半。入冬，当地居民用塑料布将窗户封住，来保持室内小炉燃煤得到的室内温度。屋面出挑几乎为零，因此屋檐对外墙窗口的遮阳不发挥作用。

老式的"阿以旺"住宅，侧墙和后墙是没有窗户的，新建的阿以旺在这些部位设置采光小高窗，仅在正立面设采光的主窗。通过对比分析，阿以旺建筑的窗墙比远远小于普通住宅。另外，相对于农民自建的土坯墙来说，低窗墙比大大降低了房屋建造成本。

和田市地处北纬 39.1°，东经 79.9°，冬至日、夏至日正午的太阳高度角计算如下（图 5.2.11）：

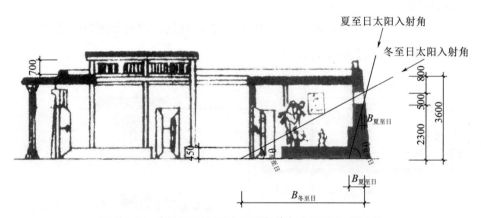

图 5.2.11　阿以旺民居南向屋面挑檐与太阳光入室深度

冬至日太阳高度角：

$$h_{s冬至日} = 90 - (\varPhi + \delta) = 90 - (39.1 + 23.45) = 27.45°$$

夏至日太阳高度角：

$$h_{s夏至日} = 90 - (\varPhi - \delta) = 90 - (39.1 - 23.45) = 74.35°$$

冬至日太阳光从窗口入室的投影深度：

$$B_{冬至日} = 2800 \cdot \cot h_{s冬至日} = 2800 \cdot \cot 27.45° \approx 5390mm$$

夏至日太阳光从窗口入室的投影深度：

$$B_{夏至日} = 500 \cdot \cot h_{s冬至日} = 500 \cdot \cot 74.35° \approx 140mm$$

东、西向屋面挑檐端部和墙根连线与水平面夹角：

$$\theta_{东西} = \text{arccot}0 / 2800 = 90.0°$$

阿以旺民居房屋常围绕内院来布置，所有门、窗都朝向内院，外围是厚重的实墙。同时窗开得既少又小，多采用高窗的形式以减弱地面阳光的反射。屋檐外挑长度为零，即屋檐对窗口无遮阳、避雨作用。由于窗口小、开高窗、外墙厚重，夏至日阳光最大入室深度为140mm，大部分时间阳光不能入射进窗，室内只能在散射作用下进行采光，阳光在夏季不能直接入室，保证夏季室内凉爽。冬季太阳高度角大，即使外窗开窗小，但由于外墙开高窗的原因，冬至日阳光入室达到最大深度5390mm，保证冬季室内得热（表5.2.4）。

新疆阿以旺民居屋檐出挑长度与阳光入室深度　　　　表5.2.4

日期	太阳高度角 (°)	屋面挑檐长度 / 阳光入室深度 / (mm/mm)	屋面挑檐长度与 $\theta_{东西}$ / [mm/(°)]	
		南向墙	东向墙	西向墙
冬至日	27.45	0 / 5390	0 /90	0 9/0
夏至日	74.35	0 /140	0 /90	0 9/0

五、云南土掌房民居

1. 气候特点

云南哀牢山、无量山的广阔山区，元江、峨山、新平、江川、红河、元阳、绿春等地，为亚湿润型的边缘热带气候。常年平均气温为 20 ~ 25℃，夏季最高温度可达40℃以上，冬季最低气温低至 -0.1℃，年温度变化较大。夏半年降水集中，冬半年较少，形成干湿分明的两季。云南元江市年均气温及太阳辐射见图 5.2.12。

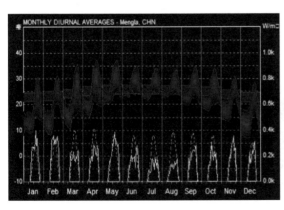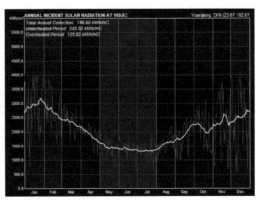

图 5.2.12　云南元江市年均气温及太阳辐射

2. 民居特点

为适应当地的山区地理分布特征和气候特点，彝族、傣族、哈尼族等少数民族先民创造了滇南地区独具特色的民居形式——土掌房。土掌房是一种土墙、土顶、外墙无窗或二层开小窗的土木结构房屋。房屋由正房、厢房、晒台组成。正房面阔三间两层，下层会客及住人，上层存放粮食。厢房一至二层，底层作厨房或杂用，上层存放粮草。土掌房的平顶用作晒台，由正房二层设门通达。

3. 屋檐对窗口的遮阳作用

元江市地处北纬 23.6°，东经 102.0°，冬至日、夏至日正午的太阳高度角计算如下（图 5.2.13）：

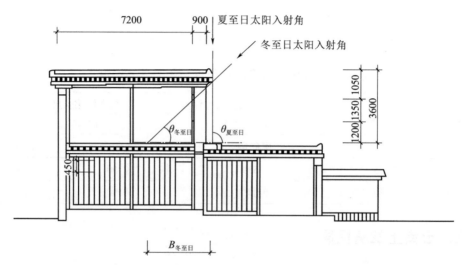

图 5.2.13 土掌房民居南向屋面挑檐与太阳光入室深度

冬至日太阳高度角：

$$h_{s冬至日} = 90 - (\Phi + \delta) = 90 - (23.6 + 23.45) = 42.95°$$

夏至日太阳高度角：

$$h_{s夏至日} = 90 - (\Phi - \delta) = 90 - (23.6 - 23.45) = 89.85°$$

冬至日太阳光从窗口入室的投影深度：

$$B_{冬至日} = H \cdot \cot h_{s冬至日} = (1350 + 1200) \cdot \cot 42.95° \approx 2739.33mm$$

夏至日太阳光从窗口入室的投影深度：

$$B_{夏至日} = H \cdot \cot h_{s夏至日} = 3600 \cdot \cot 89.85° \approx 9.43mm$$

距外墙墙根距离　9.43 − 900 = −890.57mm

东、西向屋面挑檐端部和墙根连线与水平面夹角 $\theta_{东西}$：

$$\theta_{东西} = \text{arcot} 900 / 3600 \approx 76.0°$$

南向屋檐外挑 900mm，由于冬季太阳高度角很低（42.95°），南向屋檐外挑尺度不会遮挡南向阳光，阳光在正午时完全投入室内，入室深度为 2739.33mm，给房间提供了部分日光照射。夏季太阳高度角大（89.85°），南向屋檐发挥遮阳作用，阳光在正午时不能投入室内，最多在室外距离外墙 890.57mm 远处（表 5.2.5）。

云南土掌房民居屋檐出挑长度与阳光入室深度 表 5.2.5

日期	太阳高度角（°）	屋面挑檐长度 / 阳光入室深度 / (mm/mm)	屋面挑檐长度与 $\theta_{东西}$ / [mm/(°)]	
		南向墙	东向墙	西向墙
冬至日	42.95	900 / 2739	900 /76	900/76
夏至日	89.85	900 / −897	900 /76	900/76

东、西向屋檐外挑 900mm，屋檐对墙身的遮挡角度为 76°。由于西南地区夏季虽然夜晚凉爽，但白天炎热，东西向需要对窗口或墙体进行部分遮阳。

六、云南傣家竹楼

1. 气候特点

傣家竹楼主要分布在云南省西双版纳傣族自治州及德宏傣族景颇族自治州。勐腊是傣族民众聚居较多的地区，位于西双版纳傣族自治州东南端，属北热带气候区，纬度 21.8°，经度 101.6°，海拔高度 631.9m。常年平均气温为 20 ~ 25℃，夏季最高温度可达 38.4℃，冬季最低气温低至 0.5℃。夏半年降水集中，冬半年降水较少，形成干湿分明的两季，年平均总降水量 780mm，属湿热地区。云南勐腊市年均气温及太阳辐射见图 5.2.14。

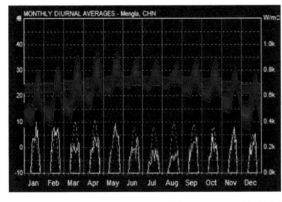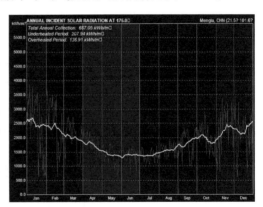

图 5.2.14 云南勐腊年均气温及太阳辐射

勐腊气候区划属于 4B 夏热冬暖气候区，建筑设计必须充分满足夏季防热，一般可不考虑冬季保温、防暴雨、防潮、防洪、防雷电的要求。

2. 民居特色

傣家竹楼是底部架空、大坡屋顶、外墙无窗或仅在二层开小窗的竹木结构房屋。平面近方形，主房一般由底部的架空层和上层的堂屋、卧室、前廊、晒台、楼梯组成。底部架空用以存放杂物，柴、米或养牲畜。楼上内有堂屋与卧室各一间，外有开敞通风的前廊和晒台。前廊位于二层楼梯口处，四周无墙，仅有双重屋檐遮阳避雨，形成明亮、通风的半室外空间。外檐处设靠椅或铺席，是白天进餐、夜晚乘凉以及纺织、待客等的理想之地。

3. 屋檐对窗口的遮阳作用

勐腊市地处北纬21.8°，东经101.6°，冬至日、夏至日正午的太阳高度角计算如下（图5.2.15）：

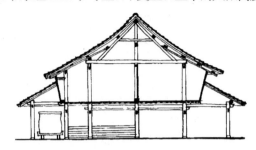

图 5.2.15　西双版纳傣族民居屋檐、披檐挑檐与太阳光入室深度

冬至日太阳高度角：

$$h_{s冬至日} = 90 - (\Phi + \delta) = 90 - (21.8 + 23.45) = 44.75°$$

夏至日太阳高度角：

$$h_{s夏至日} = 90 - (\Phi - \delta) = 90 - (21.8 - 23.45) = 91.65°$$

冬至日太阳光从窗口入室的投影深度（南向楼梯间宽2400mm）：

$$B_{冬至日} = 600 \cdot \cot h_{s冬至日} - 1500 - 2400 = 600 \cdot \cot 44.75° - 3900 \approx -3295mm$$

夏至日太阳光从窗口入室的投影深度：

$$B_{夏至日} = -600 \cdot \tan(h_{s夏至日} - 90°) - 1500 - 2400$$
$$= -600 \cdot \tan(91.65° - 90°) - 3900 \approx -3917mm$$

由于勐腊纬度低，南向有双重屋檐遮阳，同时楼梯及晒台设在南向，因此无论是在冬至日太阳高度角最小时还是夏至日太阳高度角最大时，阳光一律不能投入室内，最近处在室外离外墙面3295mm远处。坡度大、出挑深远的屋面挑檐无疑对南向墙面有很好的遮阳作用，降低室外墙面处的空气温度的同时可使室内获得良好的热环境（表5.2.6）。

傣家竹楼屋檐出挑长度与阳光入室深度　　表 5.2.6

日期	太阳高度角（°）	屋面挑檐长度 / 阳光入室深度 / (mm/mm)	屋面挑檐长度与 $\theta_{东西}$ / [mm/(°)]	
		南向墙	东向墙	西向墙
冬至日	44.75°	1500 /-3295	1500～4400 /（-7～56）	1500～4400 /（-7～56）
夏至日	91.65°	1500 /-3917	1500～4400 /（-7～56）	1500～4400 /（-7～56）

东西面墙体有双重檐做法，也有单层檐做法。单层檐屋面挑檐出挑1500mm左右，檐口与外墙面连线与地面夹角为56°。双重檐上层屋面挑檐出挑1500mm左右，下层出挑4400mm，完全遮挡住外墙面，能更好防止东西晒。同时该地炎热多雨，双重檐可以很好地发挥防雨功效。因此在湿热地区，坡度较大的双重檐做法不仅有良好的遮阳作用，同时也有避雨作用，可谓一举两得。

第三节　屋面挑檐与遮阳性能分析

一、屋面挑檐与纬度

从图 5.3.1、图 5.3.2 中，可总结中国典型传统民居屋面挑檐的规律：

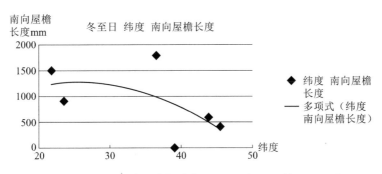

图 5.3.1　南向屋檐长度与纬度关系图（相关系数 −0.521）

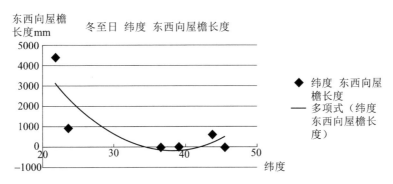

图 5.3.2　东西向屋檐长度与纬度关系图（相关系数 −0.760）

1）无论南向还是东西向，纬度越高，民居屋面挑檐长度越小，这是为了让建筑可以尽量多地采纳阳光，提高冬季室内温度；

2）约北纬 26° 以北地区，民居屋面挑檐长度南向大于东西向，以南地区（该地区基本处于夏热冬暖区）东西向大于南向。北纬 26° 以北地区，大部分为严寒、寒冷及夏热冬冷区，屋檐出挑尽量短，以保证冬季足够纳阳；夏季东西晒不严重，南向屋面挑檐长度已经可以满足遮阳需要。约北纬 26° 以南地区，大部分为夏热冬暖区。夏热冬暖区的被动式房间，自然通风措施对获得室内热舒适性最为有效，但需保证其隔热，东西向外墙和屋顶应设隔热层，南北向外墙则不必。因此，南向屋面挑檐长度较小，东西向较大可满足东西向良好的遮阳隔热。

3）南向挑檐出挑一般在 400 ～ 1300mm 之间，东西挑檐出挑一般在 0 ～ 3000mm 之间，东西向比南向的变化更大。我国严寒、寒冷及夏热冬冷地区冬季寒冷，建筑保温是重点，因此南向挑檐出挑长度小（约 400mm），东西向挑檐几乎为零（约 0mm），保证冬季建筑南向更多透光入室及东西向日晒。夏热冬暖区夏季炎热，建筑隔热是重点。由于夏季太阳高度角大，南向阳光不能入室，无须特别遮阳，因此南向屋檐出挑不大（约1300mm）；东西向日晒远远大于南向，且从早至晚作用时间长，因此东西向屋面长挑檐非常大（约3000mm），能有效遮阳。

4）南向屋檐长度与纬度的相关系数为 –0.521，东西向屋檐长度与纬度的相关系数为 –0.760，说明东西向屋檐长度对地理纬度的变化更敏感。

二、阳光入室深度与纬度

1. 冬至日及夏至日阳光入室分析图（图 5.3.3 ~ 图 5.3.6）

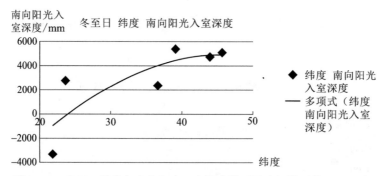

图 5.3.3　冬至日纬度与南向阳光入室深度关系图（相关系数 –0.808）

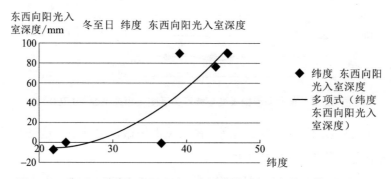

图 5.3.4　冬至日纬度与东西阳光入室深度关系图（相关系数 –0.491）

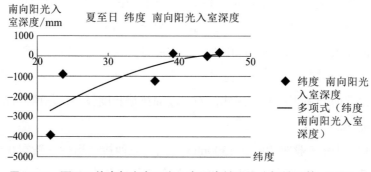

图 5.3.5　夏至日纬度与南向阳光入室深度关系图（相关系数 –0.761）

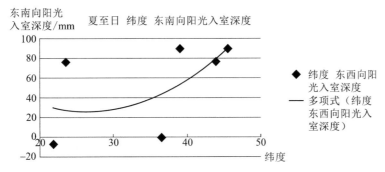

图 5.3.6　夏至日纬度与东西向阳光入室深度关系图（相关系数 −0.764）

2.分析结果

从图 5.3.3 ～图 5.3.6 中可以得出：

1）纬度越高，建筑南向阳光入室深度越大，且增进明显。纬度越高越寒冷，随之屋檐出挑长度越短，以确保阳光可以最大限度进入室内，加热室内；纬度越低越炎热，屋檐出挑长度越长，阳光可以最大限度被阻止在室外，避免室内增温。

2）同一地区，建筑南向阳光入室深度冬至日远远大于夏至日；东西向阳光入室深度冬至日与夏至日相当。南向在太阳高度角较大的冬至日，阳光可以最大限度进入室内，加热室内温度；在太阳高度角较小的夏至日，阳光可以最大限度被阻止在室外，避免室内增温。东西向屋面出檐变化大，且纬度越低出挑越多，可以保证冬季更多阳光进入室内，夏季阳光有效遮挡于室外。

3）南向阳光入室深度在 −1000 ～ 5000mm，东西向阳光入室深度在 −1 ～ 90mm，其中冬至日南向阳光入室深度与地理纬度的相关性最强。冬至日阳光入室深度与纬度的相关系数南向为 −0.808，东西向为 −0.491，夏至日南向为 −0.761，东西向为 −0.764。

三、小结

传统民居屋檐形式各异，出挑长度不一。从本节的分析可以得出一些规律：

1）随着纬度的增加，屋面各个方向挑檐长度会越短，并且东西向屋檐长度与纬度的相关性大于南向屋檐出挑长度与纬度的关系。

2）北纬 26° 线是一条分界线。分界线以北地区，南向挑檐长度大于东西向，以南地区东西挑檐长度向大于南向。

3）南向挑檐出挑一般在 400 ～ 1300mm，东西挑檐出挑一般在 0 ～ 3000mm，东西向比南向的变化更大。

4）纬度越高，建筑南向阳光入室深度越大，且增进明显。

5）同一地区，建筑南向阳光入室深度冬至日远远大于夏至日；东西向阳光入室深度冬至日与夏至日相当。

6）冬至日南向阳光入室深度与纬度的相关性最强。

第六章
中国民居外围护构件屋面坡度的气候适应性

第一节　相关气候因子

一、降水

降水是气候的重要因素之一。世界降水分布特点为赤道多雨，两极少雨；南北回归线的大陆东岸多雨，西岸少雨；温带沿海地区多雨，大陆地区少雨；山地迎风坡地多雨，背风坡地少雨（图6.1.1）。

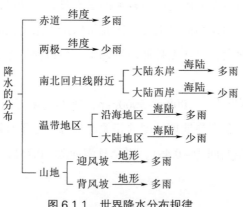

图 6.1.1　世界降水分布规律

我国特殊的海陆位置使得降水也随距海洋的远近发生变化：距海近，降水多；距海远，降水少。总体来说，我国各地区的降水差别很大，年降水量空间分布的总趋势是从东南沿海向西北内陆递减，呈现出南多北少、东多西少的态势。中国降水最多的地区多集中在东南部，降水量均在1600mm以上，特别是台湾的火烧寮，年均降水量达6000mm以上。800mm等降水线通过秦岭、淮河附近至青藏高原东南边缘，与1月份的0℃等温线大体一致。400mm等降水线大致通过大兴安岭、呼和浩特、张家口、兰州、拉萨市至喜马拉雅山脉东缘。年降水量200mm以下的地区大多数在西北内陆地区。而我国西北大沙漠区降水十分稀少，其中降水量最少的地方是塔里木盆地，年均降水量不到10mm。同时我国降水的时间分布受季风影响也很不均匀，主要是夏秋季节多，冬春季节少。

总体而言，我国降水的空间、时间分布特点为：东多西少，南多北少；夏秋季节多，冬春季节少。

二、雪荷载

某地降雪会在其建筑屋面上形成雪荷载。屋面雪荷载与屋面坡度密切相关，一般随坡度的增加而减小。当屋面坡度大到某一角度时，积雪就会在屋面产生滑移或滑落，坡度越大滑落的雪越多。在我国严寒、寒冷地区及南方积雪较大的地区，严重的屋面积雪会引起房屋倒塌事故。雪荷载的大小及其在屋面的分布，将直接影响建筑结构的安全性。

1. 雪荷载标准值（S_k）

雪荷载标准值是指作用在屋面水平投影面上的雪重量：

$$S_k = \mu_r \cdot S_0$$

式中　　S_k——雪荷载标准值，kN/m^2；

　　　　μ_r——屋面积雪分布系数；

　　　　S_0——基本雪压，kN/m^2。

2. 基本雪压及分布

雪压是单位水平面积上所承受的积雪荷载（即积雪自重）。我国规定的基本雪压是以当地一般空旷平坦地面上概率计算所得 50 年一遇最大积雪的自重确定，即积雪深度乘以积雪密度。

新疆北部属我国最大雪压区。该区冬季受北冰洋南侵的冷湿气流影响，雪量丰富，阿尔泰山、天山等山脉对气流的阻滞和抬升作用，更利于降雪；加之温度低，积雪可以保持整个冬季不融化，旧雪覆以新雪，雪压更大。阿尔泰山区域雪压值甚至达到 $1kN/m^2$（kPa）。

东北地区和内蒙古东北部地区属我国雪压次大区。吉林天池年降雪共计 142d，是我国降雪日数最多的地区。大兴安岭根河以北雪天多、雪量丰富，雪压在 $0.6kN/m^2$ 以上。长白山区雪压在 0.7kPa 以上。黑龙江省北部和吉林省东部的广泛地区，雪压值可达 $0.7kN/m^2$ 以上。但是吉林西部和辽宁北部地区，因地处大兴安岭的东南背风坡，气流有下沉作用，不易降雪，积雪不多，雪压仅在 $0.2kN/m^2$ 左右。

长江中下游及淮河流域地区冬季积雪情况不稳定，有些年份一冬无积雪，而有些年份积雪深重，甚至带来雪灾。不少地点雪压可达 $0.40 \sim 0.50kN/m^2$，但积雪期较短，长则 10d，短则 $1 \sim 2d$。

川西、滇北山区的雪压较高，雪压在 $0.40 \sim 0.60kN/m^2$ 之间，但该区的河谷内积雪较少。

华北及西北大部地区雪压相应较小，一般为 $0.2 \sim 0.3kN/m^2$，且由东向西减少。东部地区雪压一般在 $0.2 \sim 0.4kN/m^2$ 之间，西北及内蒙古干旱地区，雪压在 $0.2kN/m^2$ 以下。该区内的燕山、太行山、祁连山等山脉，因有地形的影响，降雪稍多，雪压可在 $0.3kN/m^2$ 以上。

青藏高原海拔高度相差悬殊，降水变化较大。4000m 以上地区一年四季均会出现降雪，但藏南谷地由于受孟加拉湾暖湿气流及大风的影响，降雪少，且积雪常被吹落，不易积雪。

3.影响屋面积雪的因素

风：风对屋面积雪的影响主要是由风的漂积作用引起的。雪天风会把部分落在屋面上的积雪吹到附近的地面或其他较低的物体上，这种作用叫作风的漂积作用。当风速较大或房屋处于强暴风位置时，部分已经积在屋面上的雪也会被吹走，从而导致平屋面或小坡度（坡度小于10°）屋面上的雪压普遍比邻近地面上的雪压小；对于高低跨屋面，风将较高屋面的雪吹落在较低屋面上，低跨屋面积雪大于高跨屋面；对多坡度屋面及曲线型屋面，屋谷附近区域的积雪比屋脊区大。

屋面表面的光滑程度：屋面表面的光滑程度对雪滑移的影响较大。屋面表面越光滑，雪荷载在其上的滑动可能性越大。

屋面温度：冬季供暖的屋面比不供暖的屋面积雪少，因为屋面散发的热量使贴近屋面表层的积雪融化，同时积雪可以滑移。

三、风荷载

风荷载也即风的动压力，是空气流动时对工程结构所产生的压力。风荷载与基本风压、地形、地面粗糙度、距离地面高度、建筑体形等诸因素有关。

最根本的影响因素为基本风压。基本风压是以当地一般空旷平坦地面、离地10m高统计所得的50年一遇10min平均最大风速为标准，按基本风压等于最大风速的平方/1600确定的风压值。基本风压与风剖面、重现期（一般为30年）、离地高度等因素有关。风速在17m/s以上为大风，24时中只要出现17m/s的风速，不论其出现次数多少或每次大风持续时间长短，均作为1个大风日。

四、太阳辐射强度

太阳直射辐射量是表示太阳辐射强弱的物理量，称为太阳辐射强度，单位是J/cm^2，即在单位时间内垂直投射到单位面积上的太阳辐射能量。大气上界的太阳辐射强度取决于太阳的高度角、日地距离和日照时间。

太阳高度角愈大，太阳辐射强度愈大。因为同一束光线，直射时照射面积最小，单位面积所获得的太阳辐射则多；反之，斜射时，照射面积大，单位面积上获得的太阳辐射则少。太阳高度角因时、因地而异。一日之中，太阳高度角正午大于早晚；夏季大于冬季；低纬地区大于高纬度地区。

日地距离是指地球环绕太阳公转时，由于公转轨道呈椭圆形，日地之间的距离则不断改变。地球上获得的太阳辐射强度与日地距离的平方成反比。地球位于近日点时，获得太阳辐射大于远日点。

太阳辐射强度与日照时间成正比。日照时间的长短随地理纬度和季节不同而变化。

日照时间的计算：日照的有效时间根据建筑物朝向确定（表6.1.1）。建筑物朝向的角度超过日照有效时间表规定角度范围的，不作日照分析。

日照有效时间表 表 6.1.1

建筑物朝向	日照有效时间	建筑物朝向	日照有效时间
正南向	9：00～15：00		
南偏东 1°～15°	9：00～15：00	南偏西 1°～15°	9：00～15：00
南偏东 16°～30°	9：00～14：30	南偏西 16°～30°	9：30～15：00
南偏东 31°～45°	9：00～13：30	南偏西 31°～45°	10：30～15：00
南偏东 46°～60°	9：00～12：30	南偏西 46°～60°	11：30～15：00
南偏东 61°～75°	9：00～11：30	南偏西 61°～75°	12：30～15：00
南偏东 76°～90°	9：00～10：30	南偏西 76°～90°	13：30～15：00

注：朝向角度取整数，小数点四舍五入。

第二节 屋面形式、材料与构造

一、坡屋面

常见的坡屋面有草屋面、瓦屋面、泥草屋面、石板屋面等。

1. 草坡屋面

如满族民居的草坡屋面（图 6.2.1）：在木架上先铺一层木板或苇席，后在其上苫草，即铺以苇芭或秫秸，上覆盖草，铺至平整，久经风雨后草变成黑褐色，更显朴素。屋脊用草编制而成，其下依次铺苫房草，厚二尺许，草根当檐处齐平。为防止大风将苫草吹落，要用绳索纵横交错地把草拦住、固定好，还要在屋脊上置一根压草的木架，俗称"马鞍"。苫房要有较高的技术，苫得好，不仅样式美观，还牢固耐用，不透风、不漏雨。技术高超者草屋顶一次可以使用 20 年，否则 3～5 年就要重新苫房。

图 6.2.1 坡草屋面——满族民居

2. 坡瓦屋面

坡瓦屋面的瓦有铺砌及空挂两种，适合于不同的气候，较寒冷的气候区采用铺砌形式，较温和或炎热气候区常采用空挂形式。

严寒气候区的满族民居坡瓦屋面（图 6.2.2）：一般采用小青瓦仰面铺砌，两端做两垄或三垄合瓦压边，以免显得单薄。在檐边处以双重滴水瓦结束，既美观又能加速屋面排雨。瓦屋面的构造为在屋面椽子上先铺 100 ～ 150mm 厚坐板或席子，上部间距 400 ～ 500mm 钉压条挡住坐泥以免向下滑落，再抹保温隔热的坐泥 50 ～ 70mm 厚，其上抹防止滋生稻草的瓦泥即插灰泥 100 ～ 130mm 厚，比例是 4（黄土）：1（白灰麻刀），再加细稻草少许，上盖小青瓦。这种屋面构造的特点是热阻较大而热容也大，利于建筑保温。

图 6.2.2　坡瓦屋面——满族民居

夏热冬暖气候区的江浙民居坡瓦屋面是先在檩条上搁椽子，椽上铺望板或薄砖，其上盖板瓦（小青瓦），瓦底一般不铺灰砂，只在檐口和屋脊封口处铺灰砂用以窝瓦。底瓦大头向上，盖瓦大头向下，以利于排水。有些民居在椽条上密铺方形木椽子，上铺望板或薄砖和瓦；或者在椽条上直接铺 1 寸多厚的木板，板上铺方砖和瓦。这种屋面构造的特点也是热阻较大而热容相对较小，利于建筑隔热。

3. 木板坡屋面

云南玉溪哀牢山区雨量充沛，森林茂密，溪流纵横，世居山坳里的少数民族同胞，经过一代又一代的实践，创造出了适宜高温地区居住的民居形式——闪片房。闪片房不需要一砖一瓦，四面墙壁用土石垒起，墙顶放五至七根横梁，再用青松或云杉解成一分板铺盖在屋顶上，后用牛皮条、棕绳或藤蔓等把木板紧紧捆在横梁上，形成别有特色的木板屋面（图 6.2.3）。远远望去，一间闪片房像一册册摊开的古代简册。

图 6.2.3　木板坡屋面——拉祜族民居

4. 石板坡屋面

贵州的镇宁、安顺等布依族地区盛产优质石料，当地布依族人因地制宜，就地取材，用石料建造出一幢幢颇具民族特色的干栏式楼房或半边楼式的石板房。石板房以石条或石块砌墙，墙可垒至 5～6m；以石板盖顶，风雨不透，形成别有特色的石板片屋面（图 6.2.4）。除檩条、椽子是木料外，其余全是石料。这种房屋冬暖夏凉，防潮防火。

图 6.2.4 石板坡屋面——布依族民居

二、平屋面

1. 平屋面设计要求

覆土厚度：防雨设计中要注意屋面覆土厚度的要求。对于平屋面民居，若连续降雨时间久了，或上次下雨后，屋面尚未干燥，又淋新雨，就可能漏雨，这就是人们常说的"久雨必漏"。一年中雨水在屋顶覆土表面流淌的时间，可以用降雨日数来代表。屋面覆土厚度因屋面承重极限而有一定的限制。屋面覆土的厚度，可用连续降雨时间乘上透水速度计算出来，若计算结果超出屋面承重的厚度，则不能只考虑防水，还必须考虑在覆土层上加盖其他防水材料或排水瓦片。

缓坡要求：防雨设计中要注意平屋面缓坡的要求。在滇西北干旱地区的一些民居中，平屋顶往往也带有一定的缓坡，这不仅可以保证顺利排走雨水，而且也让雨水对屋顶表面的泥土冲刷作用很小。

2. 土泥平顶——云南土掌房

土掌房的屋顶做法是以整棵的木材铺底，上面排列木楞，间距约 300mm（也可密铺），木楞之上铺柴草、松针之类（用于吸水），然后垫黏土用木棒拍打密实，最后以一层不含杂质的黏土经洒水抹泥填平，筑成约 200mm 厚的平台为顶，可作晒场和凉台。如果屋面局部漏雨，及时拍土抹泥即可，一般可维持 30～40 年不坏。

3. 草泥平顶——青海庄窠

青海庄窠的屋面一律为单坡草泥平顶。青海降水量少，屋面不需要太大的坡度，所以坡度一般控制在 10% 左右，一方面利于屋面排水，另外还可以作为晾晒谷物之用。

单坡草泥平顶屋面构造是先在檩条上钉直径约为 120mm 的树干椽子，间距 250mm；

按照椽子截面的大小在后庄墙上挖孔，将椽子一端伸进庄墙预留孔洞内并用泥填实固定，另一端挑出房屋前檐墙面 600～800mm 形成檐廊。椽子固定好后其上密铺剥了皮的直径为 20～40mm 的小树枝。为了密实缝隙同时增加保温性能，在其上均匀铺撒一层厚约 10mm 压扁的干麦秆，麦秆可防止黄土落入树枝层内而掉落到室内地面上。取 150mm 厚黄土盖在上面并压实。黄土上加铺一层约 50mm 厚的由麦草、黄土和水拌合而成的草泥，表面提浆抹平。草泥层可增加屋面的密实性，防止雨水渗透。

在以后使用的过程中要经常对屋面进行维护，尤其在雨天后。同时每过 3～5 年要重新加铺一层草泥。小坡度的屋面减小了散热面积，覆盖屋面的所有材料都具有导热系数小的特点，使屋面具有很好的保温隔热性能。

平屋面适用于少雨地区，常采用土及草泥材料；坡屋面适用于多雨地区，常采用瓦、木板、薄石板、草材料。不同的屋面材质，结合当地的降水因素形成了中国传统民居丰富多彩的样式，图 6.2.5。

图 6.2.5　我国各民族和地区屋面造型各异的传统民居

第三节　屋面坡度决定因素分析

降水量、雪荷载、风速、日照时数、温度与诸气候因子在某种程度上影响着传统民居的屋面坡度，本节将深入探讨气候因子与中国典型传统民居外围护结构构件屋面坡度与气候的适应性。

一、数据统计

为了更好地说明降水、日照、气温与传统民居屋面坡度的关系，表 6.3.1 对中国代表性传统民居屋面坡度与年降雨量、年日照时数年均温度三个气候因子进行了统计，通过回归分析计算出影响民居屋面坡度的主导气候因子。

中国民居屋面坡度分析表　　　　表 6.3.1

A　吉林民居

序号	民居名称	地点	民族	屋面坡度	屋面形式及材料	年降雨量/mm	基本雪压/kPa	年日照时数/h	年均气温/℃
1	城关某宅	通榆县开通	汉族	11°	2 拱形 / 碱土顶	332	0.2	2919	6.6
2	大赉联合乡住宅	白城市大赉	汉族	14°	2 拱形 / 碱土顶	398	0.2	2919	5.0
3	盛宅	松原市	满族	32°	双坡 / 瓦	450	0.25	2880	4.5
4	黄泥河林区井干住宅	敦化县	汉族	31°	双坡 / 草顶泥抹面	549	0.5	2429	5.6
5	智新乡长财村某宅	敦化龙井	朝鲜族	32°	四坡 / 草顶泥抹面	549	0.5	2429	5.6
6	智新乡长财村李宅	敦化龙井	朝鲜族	26°	四坡 / 歇山瓦顶	549	0.5	2429	5.6
7	甘家子郭宅	四平市公主岭	汉族	34°	双坡 / 瓦	650	0.35	2679	5.6
8	三道码头李宅	吉林市	汉族	34°	双坡 / 瓦	700	0.45	2500	4
9	通天区头道胡同张宅	吉林市	汉族	34°	双坡 / 瓦	700	0.45	2500	4

B　新疆民居

序号	民居名称	地点	民族	屋面坡度	屋面形式及材料	年降雨量/mm	基本雪压/kPa	年日照时数/h	年均气温/℃
1	皮山托地阿洪住宅	和田	维吾尔族	0°	平顶 / 土 / 阿以旺	36	0.2	3000	12.5
2	洛浦胡丁拜伊禅住宅	和田	维吾尔族	0°	平顶 / 土 / 阿以旺	36	0.2	3000	12.5
3	幸福路黎明巷 22 号	喀什	维吾尔族	0°	平顶 / 土 / 阿以旺	65	0.45	2650	11.7
4	团结路第一光明巷 26 号	喀什	维吾尔族	0°	平顶 / 土 / 阿以旺	65	0.45	2650	11.7
5	解放路 332 号民居	乌鲁木齐	回族	8°	单坡 / 土	236	0.8	2775	7.3
6	哈密回族民居	哈密	回族	7°	单坡 / 土	40	0.2	3400	9.9

C　青海民居

序号	民居名称	地点	民族	屋面坡度	屋面形式及材料	年降雨量/mm	基本雪压/kPa	年日照时数/h	年均气温/℃
1	十世班禅故居/庄窠	循化撒拉族自治县	藏族	5°	平顶/草泥	264	0.15	2680	8.4
2	千户家庄窠	贵德县	—	6°	平顶/草泥	380	0.1	2850	7.6

D　西藏民居

序号	民居名称	地点	民族	屋面坡度	屋面形式及材料	年降雨量/mm	基本雪压/kPa	年日照时数/h	年均气温/℃
1	拉萨民居/窑洞	拉萨	藏族	5°	平顶/土	355	0.15	3000	7.4
2	乃东白央宅/窑洞	拉萨	藏族	4°	平顶/土	355	0.15	3000	7.4
3	昌都民居/窑洞	昌都	藏族	4°	平顶/土	477.7	0.2	2700	7.5
4	洛桑旦增宅/窑洞	阿里普兰	藏族	3°	平顶/土/土木	172.8	0.7	3153	3
5	阿旺宅/窑洞	阿里普兰	藏族	3°	平顶/土/土木	172.8	0.7	3153	3

E　甘肃民居

序号	民居名称	地点	民族	屋面坡度	屋面形式及材料	年降雨量/mm	基本雪压/kPa	年日照时数/h	年均气温/℃
1	藏族民居高低院	临潭	藏族	7°	平顶/土	518	0.20	2342	3.2
2	313地区黄土窑洞	庆阳		7°	平顶/土/窑洞	500	0.25	2400	9
3	早胜乡李家村勾宅	宁县		0	平顶/土/窑洞	574	0.25	2375	8.7

F　山西民居

序号	民居名称	地点	民族	屋面坡度	屋面形式及材料	年降雨量/mm	基本雪压/kPa	年日照时数/h	年均气温/℃
1	仁义街4号院	平遥	汉族	28°	双坡/瓦	439	0.3	2433	10.1
2	仁义街4号院	平遥	汉族	30°	双坡/瓦	439	0.3	2433	10.1
3	芮城东户范院	运城	汉族	30°	双坡/瓦	540	0.2	2276	13.1
4	乔家大院	祁县	汉族	30°	双坡/瓦	442	0.3	2675	9.9
5	乔家大院	祁县	汉族	34°	双坡/瓦	442	0.3	2675	9.9

G　河南民居

序号	民居名称	地点	民族	屋面坡度	屋面形式及材料	年降雨量/mm	基本雪压/kPa	年日照时数/h	年均气温/℃
1	建安街某宅	洛阳	汉族	38°	双坡硬山/瓦	630	0.35	2246	14.9
2	洛阳某府邸	洛阳	汉族	33°	双坡硬山/瓦	630	0.35	2246	14.9
3	后炒不胡同	开封	汉族	31°	双坡硬山/瓦	670	0.3	2355	14
4	开封学院门街某宅	开封	汉族	36°	双坡硬山/瓦	670	0.3	2355	14

H　湖南民居

序号	民居名称	地点	民族	屋面坡度	屋面形式及材料	年降雨量/mm	基本雪压/kPa	年日照时数/h	年均气温/℃
1	花垣茶洞石宅	花垣县	土家族	31°	瓦	1418	0.3	1100	15
2	花垣茶洞石宅	花垣县	土家族	34°	瓦	1418	0.3	1100	15
3	曾国藩故居	娄底双峰县		31°	瓦	1270	0.4	1550	17.0
4	列夕某宅	永顺		34°	瓦	1357	0.35	1306	16.4
5	列夕胡宅	永顺		31°	瓦	1357	0.35	1306	16.4
6	沱江吊脚楼	凤凰	苗族	30	瓦	1308	0.3	1266	15.9
7	山江龙宅	凤凰	苗族	30	瓦	1308	0.3	1266	15.9
8	坪坦乡某宅	怀化市通道县	侗族	32	瓦	1480.7	0.25	1411	16.3
9	洪泥塘郑宅	江华	瑶族	26	瓦	1509.8	0.2	1654	18.7
10	洪泥塘赵宅	江华	瑶族	27	瓦	1509.8	0.2	1654	18.7

I　重庆民居

序号	民居名称	地点	民族	屋面坡度	屋面形式及材料	年降雨量/mm	基本雪压/kPa	年日照时数/h	年均气温/℃
1	朱家院子	安居	汉族	33°	2坡/瓦	1118.5	0	1260	17.7
2	大夫第	安居	汉族	33°	2坡/瓦	1118.5	0	1260	17.7
3	吴氏宗祠	安居	汉族	34°	2坡/瓦	1118.5	0	1260	17.7

J 四川民居

序号	民居名称	地点	民族	屋面坡度	屋面形式及材料	年降雨量/mm	基本雪压/kPa	年日照时数/h	年均气温/℃
1	夕佳山民居	宜宾市江安	汉族	33°	2坡/瓦	1129	0	1128	17.6
2	夕佳山黄氏宅第	宜宾市江安	汉族	35°	2坡/瓦	1129	0	1128	17.6
3	彝族民居	凉山彝族自治州	彝族	27°	2坡/瓦	960	0.3	2258	16.1
4	老木卡寨杨道发宅	阿坝州理县	羌族	7°	平顶/碎石土/碉房	590	0.4	1686	8
5	鹰嘴寨王丙宅	茂县	羌族	6°	平顶/碎石土/碉房	490	0.25	1557	11.1
6	纳普寨罗兴汉宅	茂县	羌族	6°	平顶/碎石土/碉房	490	0.25	1557	11.1
7	"崩空"民居	甘孜州新龙县	藏族	7°	平顶/碎石土/碉房	603	0.4	2149	7.5

K 广西民居

序号	民居名称	地点	民族	屋面坡度	屋面形式及材料	年降雨量/mm	基本雪压/kPa	年日照时数/h	年均气温/℃
1	大苗山区民居	融水	苗族	35°	悬山/小青瓦	1823	0	1379	19.4
2	八协寨梁宅	三江	侗族	34	悬山/小青瓦	1730	0	1334	18.3
3	平安寨廖宅	桂林龙胜		33	悬山/小青瓦	1544	0	1600	18.1

L 广东民居

序号	民居名称	地点	民族	屋面坡度	屋面形式及材料	年降雨量/mm	基本雪压/kPa	年日照时数/h	年均气温/℃
1	典型西关大屋	广州	汉族	26°	双坡硬山/瓦	1761	0	1890	21.7
2	典型西关大屋	广州	汉族	29°	双坡硬山/瓦	1761	0	1890	21.7
3	客家圆寨	佛山	汉族	26°	双坡硬山/瓦	1655	0	1519	21.7
4	客家圆寨	佛山	汉族	27°	双坡硬山/瓦	1655	0	1519	21.7

续表

M　安徽民居

序号	民居名称	地点	民族	屋面坡度	屋面形式及材料	年降雨量/mm	基本雪压/kPa	年日照时数/h	年均气温/℃
1	城横沟弦25号宅	黟县	汉族	24	2坡/瓦	1686	0.45	1897	15.8
2	碧山村何宅	黟县	汉族	24	2坡/瓦	1686	0.45	1897	15.8
3	西溪南村吴宅	歙县	汉族	24	2坡/瓦	1477	0.45	1963	16.4
4	呈村降村李宅	歙县	汉族	24	2坡/瓦	1477	0.45	1963	16.4

N　海南民居

序号	民居名称	地点	民族	屋面坡度	屋面形式及材料	年降雨量/mm	基本雪压/kPa	年日照时数/h	年均气温/℃
1	郑氏祖屋	琼山县	汉族	28	瓦屋顶	1133.3	0	1974	16.1

O　贵州民居

序号	民居名称	地点	民族	屋面坡度	屋面形式及材料	年降雨量/mm	基本雪压/kPa	年日照时数/h	年均气温/℃
1	滑石哨寨罗尚奎宅	关岭	布依族	36°	双坡/薄石板	1430	0.3	1250	16.2
2	滑石哨寨伍国平宅	关岭	布依族	33°	双坡/薄石板	1430	0.3	1250	16.2
3	水西寨潘宅	榕江	水族	28°	双坡/瓦	1211	0.15	1312	18.1
4	水西寨杨宅	榕江	水族	30°	双坡/瓦	1211	0.15	1312	18.1
5	陡寨赵学信宅	从江县	侗族	27°	双坡/瓦/披檐	1195	0.15	1283	18.4
6	者戈寨吴可文宅	从江县	侗族	29°	歇山/瓦	1195	0.15	1283	18.4
7	肇兴寨某民居	黎平	侗族	28°	歇山/瓦	1311	0.2	1296	16
8	肇兴寨某民居	黎平	侗族	27°	歇山/瓦	1311	0.2	1296	16
9	下岩寨雷里正宅	剑河	苗族	32°	双坡/青瓦	1220	0.2	1236	17.7
10	冲子口李宅	镇远	苗族	29°	双曲坡/青瓦	1093	0.3	1200	16.6
11	朱国华店铺	黄平	苗族	34°	双曲坡/青瓦	1114	0.3	1153	15.1

P 云南民居

序号	民居名称	地点	民族	屋面坡度	屋面形式及材料	年降雨量/mm	基本雪压/kPa	年日照时数/h	年均气温/℃
1	先锋街20号	丽江	纳西族	25°	2坡/瓦/三坊一照壁	940	0.3	2530	12.6
2	七一街星火巷某宅	丽江	纳西族	24°	瓦	940	0.3	2530	12.6
3	中阳和某宅	大理	白族	29°	石/苍山石	1079	0	2277	15.1
4	金华二街71号	剑川	白族	28°	瓦/四合五天井	731	0	2218	12.8
5	金华西营盘155号	剑川	白族	26°	瓦/四合五天井	731	0	2218	12.8
6	猛品生产队谭德宽宅	红河	—	45°	瓦/土掌房/L形合院	1340	0	1874	20.3
7	甲寅大队马宅1、2	红河	哈尼族	41°	瓦/独坊/跌落层/晒台	1340	0	1874	20.3
8	牛洪大队白宅	绿春	哈尼族	35°	瓦/一坊房/跌落层/晒台	2042	0	2032	16.6
9	牛洪大队龙宅	绿春	哈尼族	32°	瓦/二平行坊房/跌落层/晒台	2042	0	2032	16.6
10	现心公社青鱼湾普宅	石屏	彝族	31°	瓦屋顶	955	0	2233	18.3
11	阿拉乡阿拉村1号	石屏	彝族	25°	瓦屋顶	955	0	2233	18.3
12	倮马队白正昌宅	元阳	哈尼族	49°	草顶/土掌房	1340	0	1875	20.3
13	水普龙生产队李宅	元阳	哈尼族	48°	草顶/土掌房	1340	0	1875	20.3

Q 浙江民居

序号	民居名称	地点	民族	屋面坡度	屋面形式及材料	年降雨量/mm	基本雪压/kPa	年日照时数/h	年均气温/℃
1	新华路茅宅	杭州	汉族	28	瓦屋顶	1164	0.45	1422	16.5
2	新华路陈宅	杭州	汉族	28	瓦屋顶	1164	0.45	1422	16.5

R 福建民居

序号	民居名称	地点	民族	屋面坡度	屋面形式及材料	年降雨量/mm	基本雪压/kPa	年日照时数/h	年均气温/℃
1	沈葆祯宅	福州	汉族	25	瓦屋顶	1393	0	1755	19.8
2	清水钟宅	永安	汉族	25	瓦屋顶	1688	0	1872	16.8

续表

S 江苏民居

序号	民居名称	地点	民族	屋面坡度	屋面形式及材料	年降雨量/mm	基本雪压/kPa	年日照时数/h	年均气温/℃
1	周庄沈厅	昆山	汉族	28	瓦屋顶	1133.3	0.3	1974	16.1
2	铁瓶巷顾宅	苏州	汉族	29	瓦屋顶	1094	0.3	1965	15.7

二、风速与屋面坡度

从中国全年风速图中可发现，我国内蒙古、东北三省、西藏中部地区属于强风集中区，华东、新疆南疆次之，中部、华南地区强风风力较弱。

1. 同风速区不同屋面坡度

1）吉林西部碱土民居与满族民居

吉林省西部通榆、吉林、白城、松原等地属中温带半干旱大陆性季风气候，年均气温4~6℃，年平均日照时数在2400h以上，这里大风天气尤甚。据1951年以来气象资料记载，年大于8级以上的大风平均24d，8级以下的风天，年平均47d，春风尤甚，约占年风天的60%以上，年平均风速可达3.7m/s，4~5月8级以上大风日月平均8~10d。通榆地区月平均最大风速甚至为5.6m/s。

吉林白城、通榆等地土壤属盐碱地，当地传统民居为碱土平房，屋面是平顶或略呈弧形、屋面微微隆起、向前后檐坡下的囤顶，屋面坡度在10°左右，以利于平屋面排水。白城囤顶碱土平房及风气候图（由 Weather Tool 软件生成，以下风气候图同）见图6.3.1a。

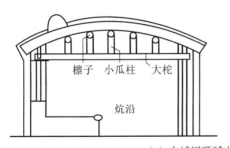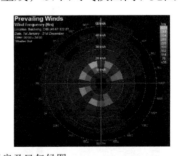

（a）白城囤顶碱土平房及风气候图

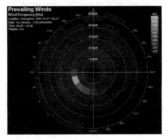

（b）吉林硬山式满族民居及风气候图

图6.3.1 东北同风速区不同屋面坡度民居

与通榆、吉林、白城、松原地区风气候几乎相同的吉林市，不再是平顶或接近平顶的囤顶式房屋。满族民居是当地传统民居的代表，瓦顶或泥草顶的硬山双坡屋顶形式是满族民居的典型特征，屋面坡度平均在35°左右。吉林硬山式满族民居及风气候图见图6.3.1b。

吉林省强风区的白城市与吉林市，两地的风气候几乎相同，但两地的民居一个是汉族碱土平房囤顶式民居，一个是满族坡顶式民居，屋面坡度截然不同，由此得出风气候因素对此地的传统民居屋面坡度不具有必然的决定性。

2）云南元江土掌房与红河蘑菇房

云南哀牢山、无量山的广阔山区，元江、峨山、新平一带常年平均气温为20～25℃，年降雨量为715.4mm。元江风向常见为静风，东南风次之，年平均风速为0.6～6.2m/s，为半干燥暖冬高原季风气候区和全国典型的干热河谷地带，是全国炎热持续天数最长的一个县（222 d/a）。

适应山区地理分布特征和气候特点，彝族、傣族、哈尼族部分先民创造了滇南地区独具特色的民居形式——土掌房。土掌房是一种土墙、土顶、外墙无窗或二层开小窗的土木结构房屋，其屋顶为可以用作晒场和凉台的平顶。在山区，很难找出大片平地用作晒场，平顶用作晒台有如人造平地，既节约土地又解决了晒场问题，这是彝族人民因地制宜的创造。云南元江平顶土掌房与风气候图见图6.3.2a。

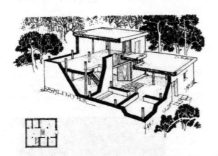 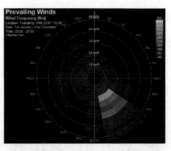

（a）云南元江平顶土掌房与风气候图

 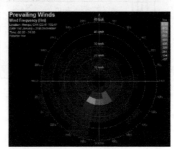

（b）云南红河坡顶土掌房与风气候图

图6.3.2　云南省同风速区不同屋面坡度民居

处于同风速区的红河州南部的元阳、绿春、红河等县，因降雨量逐渐增多，年降雨量达到1600mm以上，属热带气候，居住在此地的哈尼族人创造了坡顶土掌房，为两层草顶或瓦顶的悬山或四坡式房屋。草顶房坡陡屋脊短，远望如菌帽，故又名蘑菇房。这种形制是平顶土掌房在多雨地区的发展变异，是适应气候的必然。云南红河坡顶土掌房与风气候图见图 6.3.2b。

云南省元江与红河，两地的风气候几乎相同，但两地的民居一个是平房土掌房民居，一个是陡坡顶蘑菇房民居，屋面坡度截然不同，由此得出风气候因素对此地的传统民居屋面坡度不具有必然的决定性。

2. 不同风速区相同屋面坡度

1）吉林满族民居与重庆安居古镇

吉林市、大安等地气候属于中温带亚湿润季风气候类型，冬季寒冷而漫长，夏季温暖湿热而短促，常年平均气温 4℃，冬季由辽西吹来的狂风每年数月不停，1 月份平均气温最低，一般在零下 18℃至 20℃，全年降雨量约 700mm 左右。全区日照时数 2400～2600 h。满族民居是当地传统民居的代表，瓦顶或泥草顶的硬山四坡屋顶形式是其典型特征，屋面坡度平均在 35° 左右，见图 6.3.3a。

重庆属中亚热带季风性湿润气候区，年平均气温 18.3℃，冬暖夏热、春秋多变，降水充沛，全年降水量 1082.9mm。重庆全年风速均较小，大风日少。重庆安居古镇民居大多为清代建造的坡瓦屋顶民居（图 6.3.3b），屋面坡度平均在 35° 左右，虽然屋面形式、材料与坡度几近相同，风气候却比吉林市柔和许多。

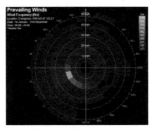

（a）吉林硬山式满族民居及风气候图

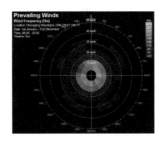

（b）重庆硬山式古镇民居及风气候图

图 6.3.3　不同风速区相同屋面坡度民居——坡屋面

2）新疆和田阿以旺、云南元江土掌房、青海庄窠

新疆和田属于暖温带极端干旱荒漠气候，夏季炎热，冬季寒冷，昼夜温差及年较差均较大。常年平均气温 12.5℃，年均日照时数在 3000h 以上，平均年降水量不足 50mm。这里常年风沙不断，春夏多大风、浮尘、沙暴天气，月平均风速介于 1.3～2.3m/s，3～6 月

月均风速在 2.0 ～ 2.3m/s 之间，其余时间风速介于 1.3 ～ 1.9m/s。和田地区代表民居阿以旺，房屋屋面为土质平顶形式（图 6.3.4a）。

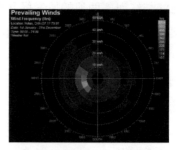

（a）新疆和田阿以旺民居及风气候图

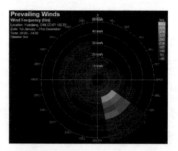

（b）云南元江土掌房民居及风气候图

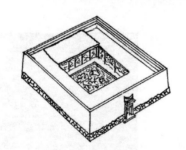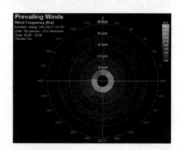

（c）青海西宁庄窠民居及风气候图

图 6.3.4　不同风速区相同屋面坡度民居——平屋面

　　云南元江常年平均气温为 20 ～ 25℃，年降水量为 715.4mm。元江风向常见为静风，东南风次之，月平均风速介于 1.5 ～ 4.0 m/s，其中风速大于 3m/s 的时间从 1 月持续至 5 月初，为半干燥暖冬高原季风气候区和全国典型的干热河谷地。而元江代表民居土掌房是一种土墙、土顶、外墙无窗或二层开小窗的土木结构房屋，其屋顶为可以用作晒场和凉台的平顶（图 6.3.4b）。

　　青海省东部的黄河及湟水流域气候属高原亚干旱气候，冬季寒冷，夏季凉爽，年降水量 300 ～ 400mm，每年有 3 个月以上无霜期，太阳辐射强。当地常年多风，年平均风速大部分地区超过 2m/s，最大风速超过 17m/s，这里不仅风大而且风中夹沙。为了适应寒冷干燥、日照强、风沙大的气候条件，几百年来，沿湟水和黄河一带当地的汉族、回族、藏族居民在同大自然的顽强斗争中，结合自身民族特色，不断探索，逐渐形成了风格独具的地域特色建筑——庄窠民居。庄窠的屋面一律为单坡草泥平顶，屋面不需要太大的坡度，所以坡度一般控制在 10% 左右，一方面利于屋面排水，另一方面还可以作为晾晒谷物（图 6.3.4c）。

新疆和田阿以旺、云南元江蘑菇房、青海西宁庄窠，风速区不同却有着相同的屋面坡度，由此可见风速与传统民居屋面坡度之间没有必然的因果关系。

三、降水、日照、气温与屋面坡度

1. 屋面坡度与降雨量、日照、气温

图 6.3.5 为不同地区中国传统民居屋面坡度、材质、形制与当地年降雨量、年日照时数、年均温度的统计。统计数据采用随机抽取的方式，每个地区的民居取样 2 个，个别地区数据不足取一个。

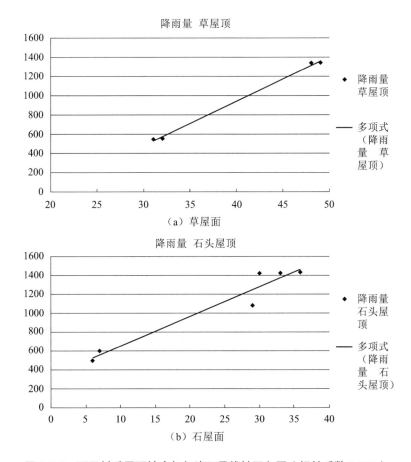

图 6.3.5　不同材质屋面坡度与年降雨量线性回归图（相关系数 0.671）

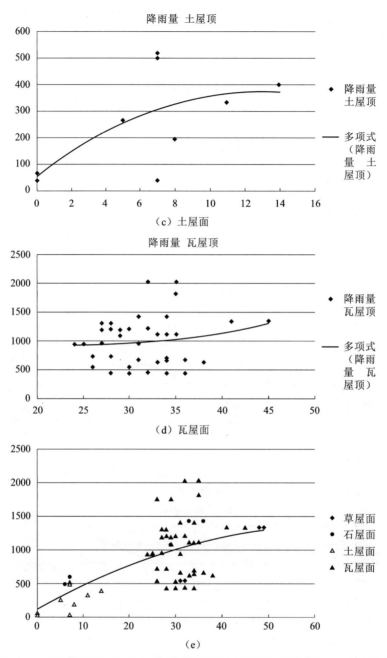

图 6.3.5 不同材质屋面坡度与年降雨量线性回归图（相关系数 0.671）（续）

通过对中国传统民居屋顶的坡度与年降雨量、年日照时数、年平均温度三个气候因子的数据统计，经线性回归分析得出图 6.3.5 ～图 6.3.7，可知屋面坡度与年降雨量线性回归系数为 0.671，与年日照时数线性回归图系数为 −0.412，与年平均温度线性回归系数为 0.473。这说明年降雨量与屋面坡度的关系相关性最紧密，也就是说决定中国传统民居屋面坡度的主要气候因子是降雨量。

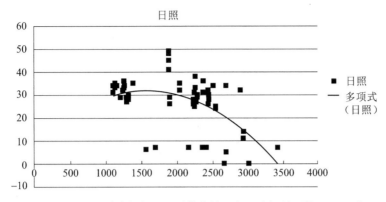

图 6.3.6 屋面坡度与年日照时数线性回归图（相关系数 -0.412）

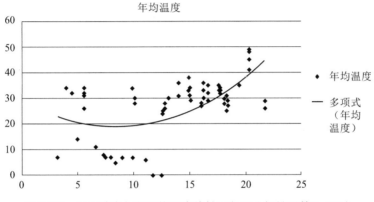

图 6.3.7 屋面坡度与年平均温度线性回归图（相关系数 0.473）

2. 屋面坡度与年均降雨量

1）决定中国传统民居屋面坡度的主要气候因子是降雨量，并且屋面坡度与降雨量成正比关系：降雨量越多，屋面坡度越大，降雨量越少，屋面坡度越小。由此可以得出传统民居屋面坡度的设计主要考虑降雨量。屋顶"辟雨"性能的优劣，主要取决于降雨强度和屋面坡度及屋面材料、构造。其中，降雨强度和屋顶坡度就是决定屋顶"辟雨"性能的主要因素，降雨强度越高则屋顶坡度越陡，反之亦然。

2）中国传统民居平屋面集中于年降雨量较少（平均年降雨量在 400 ~ 500mm）区，且年均降雨量越少，屋面坡度越小。如青海西宁的年均降雨量为 264mm，屋面坡度 5°，新疆和田年均降雨量 36mm，屋面坡度 0°。坡屋面集中于年降雨量较大（平均年降雨量大于 500mm）地区，对于年均降雨量在 500 ~ 1500mm 的地区，坡屋面的坡度在 25° ~ 35° 之间，且年均降雨量越多，屋面坡度越大。如云南红河年均降雨量 1874mm，屋面坡度 45°，山西平遥年均降雨量 439mm，屋面坡度 28°。

3）瓦、石板、草屋面多用于坡屋面，土、泥草多用于平屋面（坡度小于等于 10° 的屋面）；在坡屋面中瓦屋面应用地区最广，碎石及石板屋面应用地区最少。

4）对同一地区的民居屋面，草屋面坡度大于石板屋面与瓦屋面坡度。如云南元阳地区年均降雨量为 1340mm，当地民居蘑菇房草屋面的坡度为 48°～ 49°，而云南红河地区年均降雨量为 1340mm，当地民居土掌房瓦屋面的坡度为 41°～ 45°，贵州黎平地区年均降雨量 1311mm，当地民居瓦屋面的坡度为 27°～ 28°。

5）世界传统民居也同样存在此内在规律。热带雨林气候区屋面坡度普遍较陡，有利于排水。如苏门答腊和苏拉威西岛年降雨量约 2000mm 以上，代表性民居"船"型住屋屋面坡度约 70°；热带季风气候的泰国清迈年降雨量在 1500～ 2000mm，清迈传统民居的屋面坡度约 55°～ 60°；地中海气候区年雨量约 500～ 1500mm，如降雨量约 1500mm 的意大利托鲁利石顶圆屋，屋顶坡度约 45°；年雨量不多的希腊南部地区及各岛屿年降雨量 400～ 1000mm，民居屋顶坡度较小约 40°。降水稀少的干旱地区，屋顶几乎是水平的。如年降雨量不足 125mm 的伊拉克巴格达，屋顶全为平屋顶。非洲西北部亚热带地区的摩洛哥，其南部和东南部靠近撒哈拉大沙漠，四季炎热干燥，降水很少，屋顶全为平屋顶。

降雪丰富的地区屋顶倾斜利于减少积雪。冷温带气候区的北欧国家冬季降雪较多，如芬兰年均降雨量 600mm，因此芬兰、丹麦、奥地利、瑞典、挪威和冰岛等国家的民居为了减少雪荷载，将屋顶倾斜的坡度设计得都比较大。

第七章
结论及展望

第一节　结论

一、国外典型传统民居的气候适应性

纵观世界传统民居，在追随气候变化的过程中，外围护构件的基本形式、材料均呈现出明显的地区差别，各气候区的外围护构件的基本形式、材料自然天成地呈现出与当地气候条件相适应的风貌。

1）湿热气候区终年炎热多雨，温度高、湿度大，为了通风遮阳以降温，房屋开敞轻盈，通透淡雅。湿热地区经常选用低热容的外围护结构材料，白天通风遮阳，夜间通风降温。

2）干热气候区常年干燥酷热，为了防暑蔽日，房屋往往严密厚实，内部开敞。干热气候区，外围护结构材料经常选用重质材料，因为其良好的蓄热性能是控制室内温度波动最有效的措施。

3）温和地区一年四季温和，冬季非严寒、夏季也非酷热，但同样要求冬季保温及夏季隔热。因此，山区多为以山石建房的"闪片房"和"碉楼"民居，平原多为以泥土建房的"夯土"民居，林区多为以木头建房的"井干式"木构民居。

4）严寒气候区终年气候寒冷，为了抵御严寒、增加保温性能，民居外形封闭，内部低矮、狭小，采用接近方形、圆形的节能体形和入口分级的形式。墙面敦实厚重，屋面坡陡檐短，防止屋面积雪压顶，同时也吸纳阳光入室。

二、国内典型传统民居智慧与气候适应性

中国传统民居在选址、规划、布局、空间架构和取材建造等方面都体现出与自然环境之间的良好适应性，是适应地域气候的生态节能建筑。这种历经数百年甚至上千年历史传承的传统民居，值得我们进行深入剖析、研究、提炼，并在现代建筑设计中加以借鉴。

1. 被动式策略有效性综合分析结果

被动式策略与建筑设计关系密切，建筑师恰当地使用被动式策略不仅可以减少建筑对周围环境的影响，还可以减少供暖空调等的造价与运行费用，因此，被动式策略是建筑与气候相互适应的主要途径。对不同气候区的典型传统民居被动式策略的有效性进行综合分

析表明：

1）严寒或寒冷地区，材料蓄热性能发挥的作用最大。尤其对于地处冬季寒冷干旱、夏季炎热少雨气候区的新疆塔里木盆地沙漠南沿，材料蓄热策略的有效性达36%，可以极大程度保证冬季防寒及夏季隔热。

2）夏热冬冷地区，各种被动式策略的有效性比较接近，较之其他气候区被动式策略的有效性不高；夏季自然通风有效性较高，发挥夏季隔热作用；冬季材料蓄热性能较高，发挥冬季保温作用。

3）夏热冬暖地区，自然通风的有效性最高。对于干热地区，自然通风的有效性与材料蓄热的有效性都很高，能充分发挥夏季隔热作用；对于湿热地区，自然通风的有效性远远高于其他措施，能充分发挥夏季通风、隔热、除湿作用。

4）温和地区，各种被动式策略的有效性比较接近，发挥的效能并不高；自然通风效果明显高于其他措施，材料蓄热性能要求不突出。

2. 传统民居外围护结构的气候适应性特征

传统民居外围护结构构件的热工性能是体现气候适应性特征的重要指标，因此，对典型传统民居外墙、屋面的传热阻 R_0、热惰性指标 D、室外温度谐波传至平壁内表面的衰减倍数 v_0 和延迟时间 ξ_0 等热工参数作进行定量计算，并与现代普通砖墙及钢筋混凝土屋面的热工性能进行对比分析，总结出如下不同气候区传统民居外围护结构的气候适应性特征：

1）地处严寒及寒冷地区的典型传统民居——碱土民居、满族民居、青海庄窠、新疆阿以旺民居，其外墙及屋面的热阻及热惰性指标都很大，远远大于现代砖房。高热阻、高热容是该地区建筑外围护结构的普遍特质，对于减少室内外传热总量，以及平抑室内温度波动具有非常明显的效果，也符合严寒或寒冷气候区对于被动式措施的要求。

2）地处夏热冬冷地区的传统民居——徽州民居，其外墙及屋面的热阻接近或稍高于现代砖房，热惰性较之现代砖房要小。高热阻、低热容是该地区传统民居的普遍特性，利于兼顾夏季隔热和冬季保温的要求，同时蓄热性能小利于夜晚散热，符合该气候区对于被动式措施的要求。

3）地处夏热冬暖地区的传统民居，分为两种情况，一种是干热地区，代表性民居是土掌房；另一种是湿热地区，代表性民居是傣家竹楼。由于湿度的不同，两类民居外围护结构的热工性能截然不同。大热阻、大热容是夏热冬暖干热地区的普遍特性，对于减少室内外传热总量，以及平抑室内温度波动具有明显的效果。小热阻、小热容是夏热冬暖湿热地区的普遍特性，其目的在于加强房间的自然通风，保证夜间快速散热降温。两种民居外围护结构也符合各自气候区对于被动式措施的要求。

4）地处温和地区的传统民居——贵州石板房，其外墙的热阻较小而热惰性较大，低热阻、高热容是该地区传统民居的普遍特性，同样利于兼顾夏季隔热和冬季保温的要求，符合该气候区对于被动式措施的要求。

3. 各气候因子与房屋热特性的相关性分析

影响民居外围护结构热工性能的主要因素是室外气温，外围护结构的材料、构造、尺寸随室外气温的变化而大相径庭，从而影响外围护结构总的热工性能。通过对外围护结构热阻及热惰性指标与各气候因子的相关性分析可以得出：墙体和屋面的热阻与各地区最低气温指标相关性最大，包括一月最低温和年极端最低温；屋面的热惰性与各地区的最低气温指标相关性最大；而墙体的热惰性与各地区的年平均气温相关性最大。

三、典型传统民居屋檐长度的气候适应性

传统民居屋檐形式各异，出挑长度不一。从本节的分析中可以发现一些内在规律：

1）同一时间，纬度越高地区，建筑南向阳光入室深度越大，且增进明显，与民居南向出檐变化小的特点一致；

2）同一地区，一年中建筑南向阳光入室深度冬至日远远大于夏至日，与南向出檐变化小的特点一致；

3）同一时间，纬度越高地区，建筑东西向阳光入室深度越大，但增加不显著，与东西向出檐变化大的特点一致；

4）同一地区，一年中建筑东西向阳光入室深度冬至日与夏至日相当，与东西向出檐变化大的特点一致；

5）南向比东西向阳光入室深度变化大许多，其中冬至日南向阳光入室深度与地理纬度的相关性最强。

四、典型传统民居屋面坡度的气候适应性

不同坡度的屋面适用的材料及构造做法，形成了中国千姿百态、形式各异的传统民居屋面形式。

1）瓦、石板、草屋面多用于坡屋面，土、泥草多用于平屋面；

2）在坡屋面中瓦屋面应用地区最广，碎石及石板屋面应用地区最少；

3）同一地区的民居屋面，草屋面坡度大于石板屋面与瓦屋面坡度；

4）传统民居屋面坡度与诸气候因子（太阳辐射、气温、风速、降雨）的相关性中，降水是决定屋面坡度的主要决定因素；屋面坡度与降雨量成正比的关系，降雨量越多，屋面坡度越大，降雨量越少，屋面坡度越小。

第二节　展望

我国幅员辽阔、地形条件复杂、地理气候多变，同时，我国也是一个拥有几千年文明

史的古老国家，每个地区都有经过长期历史传承发展起来的独特民居形式，这些民居与当地的气候条件相得益彰，共融共生。传统民居中蕴含的这种气候适应性是其精髓所在，值得我们深入研究并加以借鉴。由于作者理论水平有限，加之时间的限制，深深感到本书所做的工作在挖掘传统民居气候适应性特色方面还有很多不足之处，需要进一步加以研究和探索：

1）传统民居气候适应性研究是一个涉及多个学科的、非常复杂的系统性课题，需要以一种统筹的思路整合出一套统一的理论体系；

2）传统民居的形成和发展是与气候适应性及生态性息息相关的，这两种特质之间相互融合、相互影响的机理也是一个需要着重挖掘的课题；

3）传统民居气候适应性特色对现代民居建筑的借鉴意义，还应该进一步深入探讨和研究。

图片来源

第二章

图 2.1.1 气候系统的五个子系统 参考图片来源（改绘）：https://haokan.baidu.com/v?pd＝wisenatural&vid＝10052956456255071720.

图 2.1.2 复杂有机的气候系统 参考图片来源（改绘）：https://haokan.baidu.com/v?pd＝wisenatural&vid＝2733200620217609809.

图 2.1.3 大气垂直分层及温度变化 参考图片来源：姜世中.气象学与气候学［M］.北京：科学出版社，2022：14.

图 2.1.4 大气过程 参考图片来源（改绘）：http://news.enorth.com.cn/system/2003/03/19/000528870.shtml.

图 2.1.5 冰雪圈构成 参考图片来源：https://haokan.baidu.com/v?pd＝wisenatural&vid＝10052956456255071720.

图 2.1.6 陆地表面类型 参考图片来源：https://haokan.baidu.com/v?pd＝wisenatural&vid＝10052956456255071720.

图 2.1.7 生物圈组成及范围（a） 参考图片来源（改绘）：https://mt.sohu.com/20170806/n505660955.shtml.
生物圈组成及范围（b） 参考图片来源（改绘）：https://www.renrendoc.com/paper/211463057.html.

图 2.1.8 天气现象 参考图片来源（改绘）：https://www.bilibili.com/video/BV1um4y117SE/.

图 2.2.1 气候形成变化主要影响因子 参考图片来源：自绘.

图 2.2.2 自然水循环途径 参考图片来源（改绘）：https://haokan.baidu.com/v?vid＝22146808969462449970&collection_id＝9825294235744098623&.

图 2.2.3 自然水循环分类 参考图片来源（改绘）：https://haokan.baidu.com/v?vid＝2214680896946244970&collection_id＝9825294235744098623&.

图 2.2.4 海陆风 参考图片来源：自绘.

图 2.2.5 不同地形的气温日变化（黑龙江） 参考图片来源（改绘）：姜世中.气象学与气候学［M］.北京：科学出版社，2022：196.

图 2.2.6 焚风 参考图片来源（改绘）：周淑贞.气象学与气候学［M］.北京：高等教育出版社，2022：188.

图 2.2.7 谷风与山风 参考图片来源：自绘.

图 2.2.8 峡谷风 参考图片来源：自绘.

图 2.2.9 长白山北坡垂直气候带 参考图片来源（改绘）：周淑贞.气象学与气候学［M］.北京：高等

教育出版社，2022：224.

图 2.3.1　黄道面与黄赤交角（a）黄道面　参考图片来源（改绘）：https://baijiahao.baidu.com/s?id=16525 36275795971038.

黄道面与黄赤交角（b）黄赤交角　参考图片来源（改绘）：https://upimg.baike.so.com/doc/5766 394-5979162.html.

图 2.3.2　天文气候的五带分布　参考图片来源（改绘）：https://www.renrendoc.com/paper/177898234.html.

第三章

图 3.1.1　湿热气候区萨摩亚"凉亭式"住屋　参考图片来源：http://cpicforum.mofcom.gov.cn/tupxw/tupxw.html.

图 3.1.2　法雷住屋灵活启闭的椰帘外墙　参考图片来源：http://blog.sina.com.cn/s/blog_4b12c07b0100j3mh.html.

图 3.1.3　"船屋"布局　参考图片来源：http://wenku.baidu.com/view/0b7872d128ea81c759f57804.html

图 3.1.4　"船屋"深挑檐陡坡屋面　参考图片来源：http://wenku.baidu.com/view/0b7872d128ea81c759f57804.html.

图 3.2.1　临水而居的清迈民居　参考图片来源：http://culture.china.com/zh_cn/life/city/11022829/20041026/11933870.html

图 3.2.2　清迈泰式民居庭院布局及主屋平面、剖面　参考图片来源（改绘）：荆其敏，张丽安. 生态家屋 [M]. 武汉：华中科技大学出版社，2010：165.

图 3.2.3　清迈高脚竹木屋　参考图片来源（改绘）：荆其敏，张丽安. 中外传统民居 [M]. 天津：百花文艺出版社，2004：193-194.

图 3.3.1　加纳草屋散点式布局　参考图片来源（改绘）：荆其敏，张丽安. 生态家屋 [M]. 武汉：华中科技大学出版社，2010：180.

图 3.3.2　加纳草屋　参考图片来源：https://mp.weixin.qq.com/s/2AHMn3TQVOT3lgttzGNYqA.

图 3.3.3　竹木草编织的顶棚与外墙　参考图片来源（改绘）：荆其敏，张丽安. 生态家屋 [M]. 武汉：华中科技大学出版社，2010：180.

图 3.4.1　干热地区民居地毯式布局　参考图片来源：https://www.researchgate.net/figure/Urban-fabric-in-the-stereotypical-Islamic-city-Isfahan_fig4_288218083.

图 3.4.2　巴格达民居地下空间　参考图片来源（改绘）：[英] T. A. 马克斯，E. N. 莫里斯. 建筑物·气候·能量 [M]，陈士驎译. 北京：中国建筑工业出版社，1990：114-116.

图 3.4.3　干热地区民居外观　参考图片来源（改绘）：Newton，B A. Optimizing solar cooling systems. Americun Society of Heating [J]. Refrigeration and Air-Conditioning Engineers Journal，1976，18（11）：26-31.

图 3.4.4　巴格达日最高、最低气温月均　参考图片来源（改绘）：[英] T. A. 马克斯，E. N. 莫里斯. 建筑物·气候·能量 [M]，陈士驎译. 北京：中国建筑工业出版社，1990：117.

图 3.4.5　巴格达某日室内外温度变化　参考图片来源（改绘）：张鲲. 气候与建筑形式解析 [M]. 成都：四川大学出版社，2010：39.

图 3.4.6　中东地区民居中"风井"（a）"风井"降温构造　参考图片来源（改绘）：[英] T. A. 马

克斯，E．N．莫里斯．建筑物·气候·能量［M］，陈士骥译．北京：中国建筑工业出版社，1990：117.

中东地区民居中"风井"(b)"风井"内部温度分布　参考图片来源（改绘）：［美］阿尔温德·克里尚（Arvind Krishan）等．建筑节能设计手册—气候与建筑［M］．刘加平，等译．北京：中国建筑工业出版社，2005：159.

图 3.4.7　"风井"降温原理图　参考图片来源（改绘）：［美］阿尔温德·克里尚（Arvind Krishan）等．建筑节能设计手册—气候与建筑［M］．刘加平，等译．北京：中国建筑工业出版社，2005：158.

图 3.5.1　地中海地区天堂小镇　参考图片来源：http://app.71.cn/print.php?contentid＝786516.

图 3.5.2　联排布局形式　参考图片来源：http://www.360doc.com/content/21/1005/00/76890764_998287183.shtml.

图 3.5.3　小尺度的门窗洞口　参考图片来源：http://www.360doc.com/content/21/1005/00/76890764_998287183.shtml.

图 3.5.4　石墙石坡顶　参考图片来源：https://travel.sina.com.cn/world/2009-05-13/105183231.shtml.

图 3.6.1　韩国民居屋面　参考图片来源：https://m.biud.com.cn/news-view-id-340075.html.

图 3.6.2　韩国传统建筑的屋面挑檐　参考图片来源：Do-Kyoung Kim．韩国传统建筑的自然环境调控系统：同韩国当地建筑的对比［M］．邹建业编译．韩国大学建筑工程学院，2008（2）.

图 3.7.1　芬兰民居方形体形　参考图片来源：http://www.360doc.com/content/23/0527/08/1082305062_1082305062.shtml.

图 3.7.2　厚重的木材外墙　参考图片来源：http://images.google.com.hk

图 3.8.1　极地气候区球形雪屋　参考图片来源：http://culture.china.com/zh_cn/life/city/11022829/20041026/11933870.html

图 3.8.2　分级出入口减少室内外热交换图　参考图片来源：清华大学建筑热环境课件.

图 3.8.3　圆顶雪屋温度日变化曲线　参考图片来源：Newton，B A．Optimizing solar cooling systems. Americun Society of Heating［J］．Refrigeration and Air-Conditioning Engineers Journal，1976，18（11）：26－31．参考图片来源：［英］T·A·马克斯，E·N·莫里斯．陈士骥译．建筑物·气候·能量［M］，北京：中国建筑工业出版社，1990：122.

第四章

图 4.3.1　白城市气候日均变化曲线　参考图片来源：作者根据 ECOTECT 程序生成.

图 4.3.2　吉林白城市气候分析图　参考图片来源：作者根据 ECOTECT 程序生成.

图 4.3.3　白城被动式策略有效性　参考图片来源：作者根据 ECOTECT 程序生成.

图 4.3.4　东北村寨及院落布局（a）　参考图片来源（改绘）：周立军，陈伯超，张成龙等．东北民居［M］．北京：中国建筑工业出版社，2009：24.
东北村寨及院落布局（b）　参考图片来源：自绘.

图 4.3.5　东北院落及进深尺度对比图（a）　参考图片来源（改绘）：周立军，陈伯超，张成龙等．东北民居［M］．北京：中国建筑工业出版社，2009：58.
东北院落及进深尺度对比图（b）　参考图片来源（改绘）：周立军，陈伯超，张成龙等．东北

民居［M］．北京：中国建筑工业出版社，2009：58.

东北院落及进深尺度对比图（c） 参考图片来源（改绘）：周立军，陈伯超，张成龙等．东北民居［M］．北京：中国建筑工业出版社，2009：107.

图 4.3.6 空间总量相同时各形体外表面积差异 参考图片来源：自绘.

图 4.3.7 碱土平房平面、立面、剖面图 参考图片来源（改绘）：张驭寰．吉林民居［M］．北京：中国建筑工业出版社，1985：120.

图 4.3.8 炕头文化——南向炕面上升的热气流空间 参考图片来源：周立军，陈伯超，张成龙等．东北民居［M］．北京：中国建筑工业出版社，2009：59.

图 4.3.9 传统民居屋架形势对比（a） 参考图片来源（改绘）：张驭寰．吉林民居［M］．北京：中国建筑工业出版社，1985：56.

传统民居屋架形势对比（b）梁架混合式 参考图片来源（改绘）：张驭寰．吉林民居［M］．北京：中国建筑工业出版社，1985：76.

图 4.3.10 碱土民居屋顶 参考图片来源：自绘.

图 4.4.1 长春市气候日均变化曲线 参考图片来源：作者根据 ECOTECT 程序生成.

图 4.4.2 吉林长春市气候分析图 参考图片来源：作者根据 ECOTECT 程序生成.

图 4.4.3 长春市被动式策略有效性 参考图片来源：作者根据 ECOTECT 程序生成.

图 4.4.4 坡地风强示意 参考图片来源：自绘.

图 4.4.5 呼兰县满族村落开敞布局 参考图片来源（改绘）：建筑工程部建筑科学研究院建筑物理研究室．炎热地区建筑降温［M］．北京：中国工业出版社，1965：185.

图 4.4.6 广州某村落紧密布局 参考图片来源：建筑工程部建筑科学研究院建筑物理研究室．炎热地区建筑降温［M］．北京：中国工业出版社，1965：185.

图 4.4.7 东北满族民居庭院布局（a） 参考图片来源（改绘）：张驭寰．吉林民居［M］．北京：中国建筑工业出版社，1985：25.

东北满族民居庭院布局（b）（c） 参考图片来源：自绘.

图 4.4.8 太阳入射角度与朝向的选择 参考图片来源：建筑工程部建筑科学研究院建筑物理研究室．炎热地区建筑降温［M］．北京：中国工业出版社，1965：185.

图 4.4.9 火墙构造图 参考图片来源：张驭寰．吉林民居［M］．北京：中国建筑工业出版社，1985.

图 4.4.10 东北满族民居木骨泥墙 参考图片来源：www.51wall.con.

图 4.4.11 东北满族民居木隔墙 参考图片来源：www.51wall.con.

图 4.4.12 东北满族民居青砖外墙 参考图片来源：https://zhidao.baidu.com/question/350268445.html.

图 4.4.13 东北满族民居拉核墙 参考图片来源：www.51wall.con.

图 4.4.14 东北满族民居草泥夯筑墙 参考图片来源：www.51wall.con.

图 4.4.15 筒瓦与板瓦 参考图片来源：自绘.

图 4.4.16 筒瓦屋面 参考图片来源：https://www.bmlink.com/bg13583393555/supply-12028786.html

图 4.4.17 合瓦屋面 参考图片来源：https://graph.baidu.com.

图 4.4.18 仰瓦屋面 参考图片来源：https://graph.baidu.com.

图 4.4.19 仰瓦灰梗屋面 参考图片来源：自绘.

图 4.4.20 瓦屋面 参考图片来源：自绘.

图 4.4.21 满族民居瓦屋面构造 参考图片来源（改绘）：周立军，陈伯超，张成龙，等．东北民居

［M］. 北京：中国建筑工业出版社，2009：78.

图 4.4.22 满族民居传统支摘窗及外贴窗纸 参考图片来源（部分改绘）：周立军，陈伯超，张成龙，等. 东北民居［M］. 北京：中国建筑工业出版社，2009：146.

图 4.5.1 西宁市气候日均变化曲线 参考图片来源：作者根据 ECOTECT 程序生成.

图 4.5.2 青海西宁市气候分析图 参考图片来源：作者根据 ECOTECT 程序生成.

图 4.5.3 西宁市被动式策略有效性 参考图片来源：作者根据 ECOTECT 程序生成.

图 4.5.4 庄窠民居封闭外墙以防风沙 参考图片来源（改绘）：孙大章. 中国民居研究［M］. 北京：中国建筑工业出版社，2004：102.

图 4.5.5 西宁年风频率图 参考图片来源：作者根据 ECOTECT 程序生成.

图 4.5.6 庄窠平面图 参考图片来源：自绘.

图 4.5.7 庄窠民居屋面构造（左） 参考图片来源：孙大章. 中国民居研究［M］. 北京：中国建筑工业出版社，2004.08：102.

庄窠民居屋面构造（右） 参考图片来源：自绘.

图 4.5.8 4 种不同墙体热工性能（墙体厚度：mm） 参考图片来源：自绘.

图 4.5.9 屋面热工性能对比 参考图片来源：自绘.

图 4.6.1 和田市气候日均变化曲线 参考图片来源：作者根据 ECOTECT 程序生成.

图 4.6.2 和田市气候分析图 参考图片来源：作者根据 ECOTECT 程序生成.

图 4.6.3 和田市被动式策略有效性 参考图片来源：作者根据 ECOTECT 程序生成.

图 4.6.4 聚落择绿洲之地 参考图片来源：自绘.

图 4.6.5 街道密集、建筑紧连的村寨格局 参考图片来源：https://www.sohu.com/a/281316462_720273.

图 4.6.6 庭院布局 参考图片来源：自绘.

图 4.6.7 庭院西向种植 参考图片来源：自绘.

图 4.6.8 庭院南向种植 参考图片来源：自绘.

图 4.6.9 阿以旺民居平、剖面图 参考图片来源（改绘）：陆元鼎. 中国民居建筑［M］. 广州：华南理工大学出版社，2004：788.

图 4.6.10 阿以旺中厅（a） 参考图片来源：王其钧. 图解中国民居［M］，北京：中国电力出版社，2008.

阿以旺中厅（b） 参考图片来源：http://images.google.com.hk.

阿以旺中厅（c） 参考图片来源：自绘.

图 4.6.11 夯土墙建造过程示意图 参考图片来源：自绘.

图 4.6.12 阿以旺民居屋面构造图 参考图片来源：自绘.

图 4.6.13 阿以旺民居建筑原型生态适应性模式 参考图片来源：自绘.

图 4.7.1 屯溪气候日均变化曲线 参考图片来源：作者根据 ECOTECT 程序生成.

图 4.7.2 安徽屯溪气候分析图 参考图片来源：作者根据 ECOTECT 程序生成.

图 4.7.3 屯溪被动式策略有效性 参考图片来源：作者根据 ECOTECT 程序生成.

图 4.7.4 西递背山面水全貌 参考图片来源：http://images.google.com.hk.

图 4.7.5 徽州民居狭窄街巷剖面 参考图片来源：茂木计一朗等. 中国民居研究：中国东南地方居住空间探讨［M］. 台湾：台北南天书局，1996：38.

图 4.7.6 瞻淇街狭窄街巷 参考图片来源：东南大学建筑系等. 徽州古建筑丛书 瞻淇［M］. 南京：

东南大学出版社，1996：130.

图 4.7.7　建筑最佳朝向　参考图片来源：作者根据 ECOTECT 程序生成.

图 4.7.8　徽州民居外观图　参考图片来源：自绘.

图 4.7.9　徽州民居各式柱础　参考图片来源：自绘.

图 4.7.10　墙体砖砌法　参考图片来源：自绘.

图 4.7.11　徽州民居瓦屋面　参考图片来源：东南大学建筑系等. 徽州古建筑丛书　瞻淇［M］. 南京：东南大学出版社，1996.

图 4.8.1　元江气候日均变化曲线　参考图片来源：作者根据 ECOTECT 程序生成.

图 4.8.2　云南元江市气候分析图　参考图片来源：作者根据 ECOTECT 程序生成.

图 4.8.3　元江市被动式策略有效性　参考图片来源：作者根据 ECOTECT 程序生成.

图 4.8.4　土掌房聚落　参考图片来源：http://images.google.com.hk

图 4.8.5　土掌房民居组成　参考图片来源：云南省设计院《云南民居》编写组. 云南民居. 北京：中国建筑工业出版社，1986：162.

图 4.8.6　土掌房平面与剖面　参考图片来源：陆元鼎. 中国民居建筑 (下). 广州：华南理工大学出版社，2004.

图 4.8.7　土掌房屋面构造　参考图片来源：自绘.

图 4.8.8　四种不同墙体热工性能对比图　参考图片来源：自绘.

图 4.8.9　土掌房屋面与普通砖房屋面热工性能对比图　参考图片来源：自绘.

图 4.9.1　勐腊市气候日均变化曲线　参考图片来源：作者根据 ECOTECT 程序生成.

图 4.9.2　云南勐腊市气候分析图　参考图片来源：作者根据 ECOTECT 程序生成.

图 4.9.3　勐腊市被动式策略有效性　参考图片来源：作者根据 ECOTECT 程序生成.

图 4.9.4　傣族"山、林、寨、水、田"聚落选址图　参考图片来源：王蒙蒙. 景观基因视角下滇西傣族旅游特色小镇景观设计研究［D］. 西安建筑科技大学，2023：72.

图 4.9.5　"寨头、寨心、寨尾"村寨平面示意　参考图片来源（改绘）：王蒙蒙. 景观基因视角下滇西傣族旅游特色小镇景观设计研究［D］. 西安建筑科技大学，2023：75.

图 4.9.6　竹楼的棋盘式散点布局　参考图片来源：云南省设计院《云南民居》编写组. 云南民居［M］. 北京：中国建筑工业出版社，1986：217.

图 4.9.7　西双版纳傣族民居外观图　参考图片来源：云南省设计院《云南民居》编写组. 云南民居［M］. 北京：中国建筑工业出版社，1986：215.

图 4.9.8　西双版纳傣族民居内部示意图　参考图片来源：云南省设计院《云南民居》编写组. 云南民居［M］. 北京：中国建筑工业出版社，1986：216.

图 4.9.9　日照方向　参考图片来源：作者根据 ECOTECT 程序生成.

图 4.9.10　傣族竹楼二层平面图及剖面图　参考图片来源（改绘）：云南省设计院《云南民居》编写组. 云南民居［M］. 北京：中国建筑工业出版社，1986：220.

图 4.9.11　重檐陡坡大屋面　参考图片来源（改绘）：云南省设计院《云南民居》编写组. 云南民居［M］. 北京：中国建筑工业出版社，1986：222.

图 4.9.12　墙体与楼板构造图　参考图片来源：自绘.

图 4.9.13　缅瓦屋顶构造图　参考图片来源：自绘.

图 4.10.1　贵阳市气候日均变化曲线　参考图片来源：作者根据 ECOTECT 程序生成.

图 4.10.2　贵州贵阳市气候分析图　参考图片来源：作者根据 ECOTECT 程序生成.

图 4.10.3　贵阳市被动式策略有效性　参考图片来源：作者根据 ECOTECT 程序生成.

图 4.10.4　贵州石板房原始形式图　参考图片来源：王其钧. 图解中国民居［M］. 台湾：枫书坊，2015：31.

图 4.10.5　石板房块石墙体　参考图片来源：时代图片 www.phototime.cn.

图 4.10.6　石板房片石墙体　参考图片来源：时代图片 www.phototime.cn.

图 4.10.7　人工加工的石瓦片屋顶　参考图片来源：时代图片 www.phototime.cn.

图 4.10.8　天然石瓦片屋顶　参考图片来源：时代图片：www.phototime.cn.

图 4.11.1　$t_{年平均温度}$—墙体 R_0 关系曲线图　参考图片来源：自绘.

图 4.11.2　$t_{1月平均温度}$—墙体 R_0 关系曲线图　参考图片来源：自绘.

图 4.11.3　$t_{7月平均温度}$—墙体 R_0 关系曲线图　参考图片来源：自绘.

图 4.11.4　$t_{极端最低温度}$—墙体 R_0 关系曲线图　参考图片来源：自绘.

图 4.11.5　$t_{极端最高温度}$—墙体 R_0 关系曲线图　参考图片来源：自绘.

图 4.11.6　$t_{年平均温度}$—墙体 D 关系曲线图　参考图片来源：自绘.

图 4.11.7　$t_{1月平均温度}$—墙体 D 关系曲线图　参考图片来源：自绘.

图 4.11.8　$t_{7月平均温度}$—墙体 D 关系曲线图　参考图片来源：自绘.

图 4.11.9　$t_{极端最低温度}$—墙体 D 关系曲线图　参考图片来源：自绘.

图 4.11.10　$t_{极端最高温度}$—墙体 D 关系曲线图　参考图片来源：自绘.

图 4.11.11　$t_{年平均温度}$—屋面 R_0 关系曲线图　参考图片来源：自绘.

图 4.11.12　$t_{1月平均温度}$—屋面 R_0 关系曲线图　参考图片来源：自绘.

图 4.11.13　$t_{极端最低气温}$—屋面 R_0 关系曲线图　参考图片来源：自绘.

图 4.11.14　$t_{7月平均气温}$—屋面 R_0 关系曲线图　参考图片来源：自绘.

图 4.11.15　$t_{极端最高温度}$—屋面 R_0 关系曲线图　参考图片来源：自绘.

图 4.11.16　$t_{年平均温度}$—屋面 D 关系曲线图　参考图片来源：自绘.

图 4.11.17　$t_{1月平均温度}$—屋面 D 关系曲线图　参考图片来源：自绘.

图 4.11.18　$t_{7月平均温度}$—屋面 D 关系曲线图　参考图片来源：自绘.

图 4.11.19　$t_{极端最低温度}$—屋面 D 关系曲线图　参考图片来源：自绘.

图 4.11.20　$t_{极端最高温度}$—屋面 D 关系曲线图　参考图片来源：自绘.

第五章

图 5.1.1　视太阳在天球上的运动图　参考图片来源：http://images.google.com.hk.

图 5.1.2　地球绕太阳运行图　参考图片来源：刘加平. 建筑物理［M］. 北京：中国工业出版社，2000：118.

图 5.1.3　一年中太阳位置的变化　参考图片来源：刘加平. 建筑物理［M］. 北京：中国工业出版社，2000：119.

图 5.2.1　吉林白城市年均气温及太阳辐射　参考图片来源：作者根据 ECOTECT 程序生成.

图 5.2.2　碱土平房南向屋面挑檐与太阳光入室深度　参考图片来源：自绘.

图 5.2.3　吉林长春市年均气温及太阳辐射　参考图片来源：作者根据 ECOTECT 程序生成.

云南省同风速区不同屋面坡度民居（b）（左） 参考图片来源：http://www.minwang.com.cn/mzwhzyk/663688/685987/685988/626682/index.html..

云南省同风速区不同屋面坡度民居（b）（右） 参考图片来源：作者根据 ECOTECT 程序生成.

图 6.3.3 不同风速区相同屋面坡度民居——坡屋面（a）（左） 参考图片来源：周立军，陈伯超，张成龙，等. 东北民居［M］. 北京：中国建筑工业出版社，2009：137.

不同风速区相同屋面坡度民居——坡屋面（a）（右） 参考图片来源：作者根据 ECOTECT 程序生成.

不同风速区相同屋面坡度民居——坡屋面（b）（左） 参考图片来源：https://www.ixigua.com/6939169523580797475?wid_try =1.

不同风速区相同屋面坡度民居——坡屋面（b）（右） 参考图片来源：作者根据 ECOTECT 程序生成.

图 6.3.4 不同风速区相同屋面坡度民居——平屋面（a）（左） 参考图片来源：https://www.sohu.com/a/281316462_720273.

不同风速区相同屋面坡度民居——平屋面（a）（右） 参考图片来源：作者根据 ECOTECT 程序生成.

不同风速区相同屋面坡度民居——平屋面（b）（左） 参考图片来源：https://weibo.com/tv/show/1034：4834254337802256.

不同风速区相同屋面坡度民居——平屋面（b）（右） 参考图片来源：作者根据 ECOTECT 程序生成.

不同风速区相同屋面坡度民居——平屋面（c）（左） 参考图片来源（改绘）：孙大章. 中国民居研究［M］. 北京：中国建筑工业出版社，2004：102.

不同风速区相同屋面坡度民居——平屋面（c）（右） 参考图片来源：作者根据 ECOTECT 程序生成.

图 6.3.5 不同材质屋面坡度与年降雨量线性回归图（相关系数 0.671） 参考图片来源：自绘.

图 6.3.6 屋面坡度与年日照时数线性回归图（相关系数 −0.412） 参考图片来源：自绘.

图 6.3.7 屋面坡度与年平均温度线性回归图（相关系数 0.473） 参考图片来源：自绘.

参考文献

专著

［1］ 王绍周. 中国民族建筑：第一卷［M］. 南京：江苏科学技术出版社，1998.

［2］ 王绍周. 中国民族建筑：第二卷［M］. 南京：江苏科学技术出版社，1998.

［3］ 王绍周. 中国民族建筑：第三卷［M］. 南京：江苏科学技术出版社，1998.

［4］ 王绍周. 中国民族建筑：第四卷［M］. 南京：江苏科学技术出版社，1998.

［5］ 王绍周. 中国民族建筑：第五卷［M］. 南京：江苏科学技术出版社，1998.

［6］ 陆元鼎. 中国民居建筑：上［M］. 广州：华南理工大学出版社，2004.

［7］ 陆元鼎. 中国民居建筑：中［M］. 广州：华南理工大学出版社，2004.

［8］ 陆元鼎. 中国民居建筑：下［M］. 广州：华南理工大学出版社，2004.

［9］ 陆元鼎. 中国传统民居与文化（一）［M］. 北京：中国建筑工业出版社，1992.

［10］ 孙大章. 中国民居研究［M］. 北京：中国建筑工业出版社，2004.

［11］ 汪之力等. 中国传统民居建筑［M］. 济南：山东科学技术出版社，1994.

［12］ 荆其敏，张丽安. 生态家屋［M］. 武汉：华中科技大学出版社，2010.

［13］ 荆其敏，张丽安. 中外传统民居［M］. 天津：百花文艺出版社，2004.

［14］ 荆其敏，张丽安. 中国传统民居［M］. 北京：中国电力出版社，2007.

［15］ 荆其敏、张丽安. 世界传统民居：生态家屋［M］. 天津：天津科学技术出版社，1996.

［16］ 荆其敏. 中国传统民居百题［M］. 天津：天津科学技术出版社，1985.

［17］ 刘敦桢. 中国住宅概说［M］. 武汉：华中科技大学出版社，2018.

［18］ 刘致平. 中国居住建筑简史［M］. 北京：中国建筑工业出版社，1990.

［19］ 王其钧. 图说民居［M］. 北京：中国建筑工业出版社，2004.

［20］ 王其钧. 图解中国民居［M］. 北京：中国电力出版社，2008.

［21］ 单德启. 中国传统民居图说：徽州篇［M］. 北京：清华大学出版社，1998.

［22］ 张驭寰. 吉林民居［M］. 北京：中国建筑工业出版社，1985

［23］ 周立军，陈伯超，张成龙，等. 东北民居［M］. 北京：中国建筑工业出版社，2009.

［24］ 陈震东. 新疆民居［M］. 北京：中国建筑工业出版社，2009.

［25］ 余英. 中国东南系建筑区系类型研究［M］. 北京：中国建筑工业出版社，2001.

［26］ 东南大学建筑系等. 徽州古建筑丛书瞻淇［M］. 南京：东南大学出版社，1996.

［27］ 罗德启. 贵州民居［M］. 北京：中国建筑工业出版社，2008.

［28］ 李先逵. 四川民居［M］. 北京：中国建筑工业出版社，2009.

［29］ 四川省建设委员会等编. 四川古建筑［M］. 成都：四川科学技术出版，1992.

［30］ 赵万民，李泽新，等. 安居古镇［M］. 南京：东南大学出版社 2007.

［31］ 杨大禹，朱良文. 云南民居［M］. 北京：中国建筑工业出版社，2009.

［32］ 杨大禹. 云南少数民族住屋形式与文化研究［M］. 天津：天津大学出版社，1997.

［33］ 云南省设计院《云南民居》编书组. 云南民居［M］. 北京：中国建筑工业出版社，1986.

［34］ 杨慎初. 湖南传统建筑［M］. 长沙：湖南教育出版社，1993.

［35］ 陆琦. 广东民居［M］. 北京：中国建筑工业出版社，2008.

［36］ 汤国华. 岭南湿热气候与传统建筑［M］. 北京：中国建筑工业出版社，2005.

［37］ 刘加平. 建筑物理：第三版［M］. 北京：中国建筑工业出版社，2000.

［38］ 刘加平，杨柳. 室内热环境设计［M］. 北京：机械工业出版社，2005.

［39］ 刘加平，谭良斌，何泉. 建筑创作中的节能设计［M］. 北京：中国建筑工业出版社，2009.

［40］ 叶歆. 建筑热环境［M］. 北京：清华大学出版社，1996.

［41］ 刘念雄，秦佑国. 建筑热环境［M］. 北京：清华大学出版社，2005.

［42］ 周淑贞. 气象学与气候学［M］. 北京：高等教育出版社，2022.

［43］ 周淑贞等. 城市气候学导论［M］. 上海：华东师范大学出版社，1985.

［44］ 姜世中. 气象学与气候学［M］. 北京：科学出版社，2022.

［45］ 中国气象局气象信息中心气象资料室，清华大学建筑技术科学系. 中国建筑热环境分析专用气象
数据集［M］. 北京：中国建筑工业出版社，2005.

［46］ 建筑工程部建筑科学研究院建筑物理研究室. 炎热地区建筑降温［M］. 北京：工业出版社，
1996.

［47］ 西安建筑科技大学绿色建筑研究中心编. 绿色建筑［M］. 北京：中国计划出版社，1999.

［48］ 杨柳. 建筑气候学［M］. 北京：中国建筑工业出版社，2010.

［49］ 薛志峰等. 超低能耗建筑技术及应用［M］. 北京：中国建筑工业出版社，2005.

［50］ 李华东，鲁英男，陈慧，鲁英灿. 高技术生态建筑［M］. 天津：天津大学出版社，2002.

［51］ 张鲲. 气候与建筑形式解析［M］. 成都：四川大学出版社，2010.

［52］ ［英］T. A. 马克斯，E. N. 莫里斯. 建筑物·气候·能量［M］. 陈士驎，译. 北京：中国
建筑工业出版社，1990.

［53］ Do-Kyoung Kim. 韩国传统建筑的自然环境调控系统：同韩国当地建筑的对比［M］. 邹建业，
译. 韩国大学建筑工程学院，2008.

［54］ ［美］拉普普. 住屋形式与文化［M］. 张玫玫，译. 台湾：台湾境与象出版社，1976.

［55］ 茂木计一朗等. 中国民居研究——中国东南地方居住空间探讨［M］，台湾：台北南天书局，
1996.

［56］ ［美］阿尔温德·克里尚等. 建筑节能设计手册——气候与建筑［M］. 刘加平等，译. 北京：
中国建筑工业出版社，2005.

期刊文章

［1］ 吴良镛. 北京宪章［J］. 时代建筑，1999（3）.

［2］ 范晓冬. 传统居民的地域特色［J］. 福建建筑，2000（4）.

［3］ 李连璞，刘连兴. "天人合一"思想与中国传统民居可持续发展［J］. 西北大学学报，2004（1）.

［4］ 高毅存. 北京四合院民居尺度［J］. 北京规划建设，2000（5）.

［5］ 顾军，王立成. 试论北京四合院的建筑特色［J］. 北京联合大学学报，2002（1）.

［6］ 陈启高. 传统中国建筑四合院的研究［J］. 重庆建筑大学学报，2000（1）.

［7］ 林波荣. 传统四合院民居风环境的数值模拟研究［J］. 建筑学报，2002（5）.

［8］ 汤里平. 干栏体系住居在我国历史存在的大体状况［J］. 湘潭工学院学报，2002（2）.

［9］ 张良皋. 干栏体系的现代意义［J］. 新建筑，1996（1）.

［10］ 刘连新. 青海农村旧居围护结构保温问题的探究与启示［J］. 青海大学学报，2002（5）.

［11］ 张靖. 从传统技术而来的建筑气候设计［J］. 华中建筑，2006（8）.

［12］ 黄薇. 建筑形态与气候设计［J］. 建筑学报，1993（2）.

［13］ 龚光彩，李红祥，李玉国. 自然通风的应用与研究. 建筑热能通风空调，2003（4）.

［14］ 王焱. 围护结构与建筑热稳定性［J］. 工业建筑，2003（1）.

［15］ 马秀力，肖勇全，李彬，等. 建筑围护结构的综合节能及经济性分析［J］. 工业建筑，2006（1）.

［16］ 金虹，张伶伶. 北方传统乡土民居节能精神的延续与发展［J］. 新建筑，2000（2）.

［17］ 朴玉顺，温突. 朝鲜族民居的独特采暖方式［J］. 沈阳建筑工程学院学报，2000（3）.

［18］ 刘凤云，周允基. 清代满族房屋建筑的取暖及其文化［J］. 中央民族大学（社会科学版），1999（6）.

［19］ 王中军. 东北满族民居的特点［J］. 长春工程学院学报，2004（1）.

［20］ 汪之力. 中国传统民居概论（上）［J］. 建筑学报，1994（11）.

［21］ 汪之力. 中国传统民居概论（下）［J］. 建筑学报，1994（12）.

［22］ 宋凌，林波荣，朱颖心. 安徽传统民居夏季室内热环境模拟［J］. 清华大学学报，2003（6）.

［23］ 刘重义. 哈桑·法希与土坯建筑［J］. 世界建筑，1985（6）.

［24］ 周铁军. 气候是不可移植的地方特征［J］. 时代建筑，2006（4）.

博士与硕士论文

［1］ 夏伟. 基于被动式设计策略的气候分区研究（博士学位论文）［D］. 清华大学，2009.

［2］ 李保峰. 适应夏热冬冷地区气候的建筑表皮之可变化设计策略研究（博士学位论文）［D］. 清华大学，2004.

［3］ 赵群. 传统民居生态建筑经验及其模式语言研究（博士学位论文）［D］. 西安建筑科技大学，2005.

［4］ 李建斌. 传统民居生态建筑及应用研究（博士学位论文）［D］. 天津大学，2008.

［5］ 王建华. 基于气候条件的江南传统民居应变研究（博士学位论文）［D］. 浙江大学，2008.

［6］ 曾剑龙. 性能可调节围护结构的节能研究（博士学位论文）［D］. 清华大学，2006.

［7］ 张继良. 传统民居建筑热过程（博士学位论文）［D］. 西安建筑科技大学，2006.

［8］ 林涛. 桂北民居的生态技术经验及室内物理环境控制技术研究（博士学位论文）［D］. 西安建筑科技大学，2004.

［9］ 茅艳. 人体热舒适气候适应性研究（博士学位论文）［D］. 西安建筑科技大学，2007.

［10］ 王润山. 陕南乡土民居建筑材料及室内热环境（博士学位论文）［D］. 西安建筑科技大学，2003.

［11］ 汤国华. 岭南传统建筑适应湿热气候的经验与理论（博士学位论文）［D］. 华南理工大学，2002.

［12］ 王东. 族群、社群与乡村聚落营造：以云南少数民族村落为例（博士学位论文）［D］. 清华大学，

2007.

［13］ 姚润明. 室内气候模拟及热舒适研究（博士学位论文）［D］. 重庆建筑大学，1997.

［14］ 师奶宁. 不同区域传统民居围护结构热工性能研究（硕士学位论文）［D］. 西安建筑科技大学，2006.

［15］ 谢林娜. 被动式太阳能建筑设计气候分区（硕士学位论文）［D］. 西安建筑科技大学，2006.

［16］ 尼宁. 生态建筑设计原理与设计方法研究（硕士学位论文）［D］. 北京工业大学，2003.

［17］ 王浩. 朝鲜族传统民居生态建筑经验研究（硕士学位论文）［D］. 哈尔滨工业大学，2007.

［18］ 赵琰. 辽南海岛民居气候适应性研究（硕士学位论文）［D］. 大连理工大学，2007.

［19］ 石基美. 程阳八寨传统民居围护体系技术研究（硕士学位论文）［D］. 昆明理工大学，2008.

［20］ 范雪峰. 云南地方传统民居屋顶的体系构成及其特征（硕士学位论文）［D］. 昆明理工大学，2005.

［21］ 周巍. 东北地区传统民居营造技术研究（硕士学位论文）［D］. 重庆大学，2006.

［22］ 郭鑫. 江浙地区民居建筑设计与营造技术研究（硕士学位论文）［D］. 重庆大学，2006.

［23］ 张俭. 传统民居屋面坡度与气候关系研究（硕士学位论文）［D］. 西安建筑科技大学，2006.

［24］ 张乾. 生态建筑技术的适应性研究（硕士学位论文）│D│. 华中科技大学，2005.

［25］ 傅璟. 中国传统民居环境生态特征研究（硕士学位论文）［D］. 中央美术学院，2006.

标准规范

［1］ 中华人民共和国建设部. 建筑气候区划标准 GB 50178－93［S］. 北京：中国计划出版社，1993.

［2］ 中华人民共和国住房和城乡建设部. 绿色建筑评价标准 GB/T 50378－2019［S］. 北京：中国建筑工业出版社，2019.

［3］ 中华人民共和国住房和城乡建设部. 建筑节能与可再生能源利用通用规范 GB 55015－2021［S］. 北京：中国建筑工业出版社，2021.

［4］ 中华人民共和国住房和城乡建设部. 民用建筑热工设计规范 GB 50176－2016［S］. 北京：中国建筑工业出版社，2016.

［5］ 中华人民共和国住房和城乡建设部. 严寒和寒冷地区居住建筑节能设计标准 JGJ 26－2018［S］. 北京：中国建筑工业出版社，2018.

［6］ 中华人民共和国住房和城乡建设部. 夏热冬冷地区居住建筑节能设计标准 JGJ 134－2010［S］. 北京：中国建筑工业出版社，2010.

［7］ 中华人民共和国住房和城乡建设部. 夏热冬暖地区居住建筑节能设计标准 JGJ 75－2012［S］. 北京：中国建筑工业出版社，2012.

［8］ 中华人民共和国住房和城乡建设部. 温和地区居住建筑节能设计标准 JGJ 475－2019［S］. 北京：中国建筑工业出版社，2019.

外文资料

［1］ UNESCO. Oprational Guidelines for the Implementation of the World Heritage Convention［M］. Paris，1997.

［2］ Watson D，Lab K. Climatic Design：Energy-efficient Building Principles and Practices［M］.

McGraw-Hill，New York，1983.

［3］ Brent C Brolin.Architecture in Context：fitting New Building with Old［M］. New York，Cincinnati，Toronto，Melbourne，1980.

［4］ P Fanger. Thermal Comfort，Analysis and Applications in Environmental Engineering［M］. Copenhagen：Danish Technical Press，1970.

［5］ Gallo C. Architecture，Comfort and Energy［M］. Oxford：Elsevier Science Ltd.，1998.

［6］ Crosbie M. Green Architecture：A Guide to Sustainable Design［M］. Rockport Publishers，1994.

［7］ Vale. Green Architecture：Design for a Sustainable Future［M］. London：Thames and Hudson，1996.

［8］ Michael Humphreys. Outdoor Temperatures and Comfort Indoors［J］. Building Research and Practice，1978（3~4），6（2）.

［9］ Newton B A. Optimizing Solar Cooling Systems，American Society of Heating［J］. Refrigeration and Air-Conditioning Engineers Journal，1976，18（11）.

［10］ Albert Malama，Steve Sharples. Thermal Performance of Traditional and Contemporary Housing in the Cool Season of Zambia［J］. Building and Environment，1997，1（32）.

［11］ Chrisna Du Plessis. Bringing Together Head，Heart and Soul−Sustainable Architecture in South Africa［J］. Architectural Design，2001，4（71）.

［12］ ASHRAE.Standard 55—2017 Thermal Environmental Conditions for Human ocupancy［S］. Atlanta：ASHRAE，2017.

其他数据

［1］ 维普资讯：http:// www.cqvip.com

［2］ 万方数据：http:// www.wanfangdata.com.cn

［3］ Elsevier：SDOL 电子期刊全文数据库：http://www.Sciecedirect.com

［4］ Ecotect：http://www.ecotect.com.cn

［5］ Weather Tool：http://www.ecotect.comproducts/weathertool

［6］ 中国气象局：http://www.cma.gov.cn

后 记

　　本书是国家自然科学基金面上研究项目"西北地区乡村既有砖混民居的绿色化更新方法研究"（编号 52378038）重要研究成果之一。课题研究与成果出版全程受国家自然科学基金面上研究项目"西北地区乡村既有砖混民居的绿色化更新方法研究"（编号 52378038）的资金支持。本著作由张涛（承担 20.5 万字）及张琪玮（承担 15 万字）共同完成。特别感谢西安建筑科技大学、绿色建筑全国重点实验室在课题研究、著作出版过程中给予的政策支持与经费补助，感谢同课题组诸位研究生在图片制作方面所付出的辛勤努力。